KB254026

Suburban Safari
풀 위의 생명들

옮긴이 **안소연**

전문번역가로 성균관대학교 생물학과를 졸업하고 같은 대학교 번역학과 대학원을 졸업
했다. CNN과 BBC뉴스, KBS "동물의 세계" 외 다수의 다큐멘터리를 번역했다.
옮긴 책으로는 『숲에 사는 즐거움』 『멸종의 역사』 『에덴의 진화』 등이 있다.

풀 위의 생명들

한나 홈스 지음 · 안소연 옮김

지호

뻔뻔이를 추억하며

In Memory of Cheeky

차 례

나는 도시와 도시 근교를 경멸하는 가족 틈에서 자랐다. 우리는 시골 사람들이었다. 우리는 직접 키우는 암소의 젖을 짜고, 우리가 기르는 단풍나무의 수액을 끓였으며, 울새와 갈매기를 알 때부터 애완용으로 키웠다. 우리는 여름이면 가끔씩 우리 집 앞까지 와서 자기 아이들에게 당근이 흙 속에서 어떻게 자라는지를 보여달라고 부탁하는 도시인들을 불쌍하게 생각했다. 우리는 자연 속에서 스스로 살아갈 수 있는 능력이 있다고 자부했다.

그러나 나는 소똥 냄새를 맡으며 학교에 가는 것을 참을 수 없었다. 나는 반항하듯 급히 도시로 가버렸다. 여러 해 동안 약간의 식물, 아니 장미 한 송이도 키우지 않았다. 공원의 나무들을 구별하지도 못했다. 새들의 이름도 잊어버렸다. 그러던 어느 날, 사무실에서 환경 관련 잡지를 읽다가 퀴즈 하나를 우연히 보았다. "현재 살고 있는 지역의 텃새 다섯 종류와 철새 다섯 종류의 이름을 써보시오." 퀴즈가 나를 자극했다. "겨울 폭풍은 어느 방향에서 오지? 다음 보름달은 언제 뜨지? 이봐 아가씨, 대체 얼마나 와버린 거야?"

나는 아주 멀리멀리 와버렸다. 그리고 그때부터 내가 지구를 함께 공유하는 동식물에 대해 무지하다는 사실이 머릿속에서 떠나지 않았다.

그러나 내 생각에 답은 땅으로 돌아가는 것이 아니었다. 정당하게 돌아갈 수 있는 땅은 어디에도 없다. 모든 새 집은 딱따구리나 너구리 가족, 또는 2백 년 이상의 시간 동안 햇빛을 향해 자란 나무들의 땅을 빼앗고서 들어선다. 아니, 나는 이미 자연이 지구에 남긴 얼마 되지 않는 것들을 구하는 일은 도시와 마을에 거주하는 사람들에 달려 있을 것이라고 이미 결론을 내렸었다(그리고 어쨌든 솔직히 다 털어놓자면, 미술관에도 못 가고 일류 요리사가 만든 초콜릿을 맛보지 못하는 생활로 돌아갈 수는 없었다).

그때 나는 메인 주 사우스포틀랜드South Portland의 바다 근처 800제곱미터(약 240평)의 땅에 정착한 지 얼마 되지 않았다. 나는 마다가스카르나 몽골 같은 이국적인 지역의 경이로운 자연에 대해 수년간 글을 쓴 다음에 내 새로운 뒤뜰에도 역시 경이로움을 찾는 마음으로 접근해야 공평할 것이라고 생각했다. 생물이 한 지방에만 한정해 서식한다고 해서 단순한 것은 아니다. 예를 들어 우리 뒤뜰에 있는 떡갈나무는 열매 생산을 조절하여 다람쥐 숫자를 좌우하는 능력이 있다. 또 어떤 생물이 흔하다고 해서 주목할 만하지 않다는 뜻은 아니다. 흔히 볼 수 있는 마못groundhog은 일 년 중 9개월 동안 아무것도 먹지도 마시지도 않고 겨울잠을 잘 수 있다.

나와 친구가 된 생물들, 그리고 내 앞에 펼쳐진 경쟁과 짝짓기와 죽음의 드라마는 주위에서 늘 흔하게 볼 수 있는 것이다. 도시가 사람들에게 내리는 명령을 염두에 두지 않는 자연은 마치 우리가 존재하지 않는 것처럼 자신의 일을 수행하고 있다.

내가 뒤뜰에서 일 년을 보낸 궁극적인 이유는, 지식을 위한 지식을 얻으려는 것이 아니었다(그러나 재미있는 일은 많았다). 그보다는 그 땅에 사는 구성원들인 얼룩다람쥐chipmunk, 미국꾀꼬리Baltimore orioles, 스컹크, 하찮은 이끼까지 최대한 잘 살도록 하려면 그 땅을 어떻게 관리해야 하는지 터득하고 싶었다. 인간이 생물학적 대장Biological Boss의 위치까지 올라간 세계에서 자비심 많은 독재자가 되는 것이 내 목표였다. 그러려면 나의 모든 국민들이 필요로 하는 것과 싫어하는 것을 잘 알아야만 공평하게 통치할 수 있을 것이다.

결국, 자연을 돌보는 것은 자연 속에서 내 일을 하는 것과는 상당히 다른 기술이라는 것을 알게 되었다. 지나고 나서 보니, 당연한 것이었다. 뒤뜰에서 나를 포함한 모든 생물이 필요로 하는 것의 균형을 맞추는 것은 복잡한 일이다. 좋든 싫든 간에 모든 것은 연결되어 있다. 내 발걸음 하나하나가 이웃들에게 영향을 준다. 잔디밭을 일주일에 한 번 깎을지 두 번 깎을지를 정하거나, 나무 한 그루를 베는 일이나 수반水盤을 채울지를 결정하는 등 아무리 사소해 보이는 결정이라도 내 이웃들의 세계를 흔들어놓는다. 지하실에서 덫을 놓아 쥐를 잡을 때는 뒤뜰을 자기 집으로 삼았을지 모를 올빼미들의 먹이를 줄이는 셈이다. 텃새인 까마귀 가족에게 먹이를 주면 까마귀들의 행동을 관찰할 수 있어서 까마귀들을 더 잘 이해하게 되지만, 이렇게 함으로써 이 까마귀들의 먹이량이 자연적인 범위를 벗어나 수명이 짧아지지는 않을까? 내가 노박덩굴을 잘라내면 토종인 옻나무를 위한 공간이 생기지만, 그늘이 사라져 이끼는 갈색으로 변한다.

나는 뒤뜰에서 일 년을 보낸 뒤에, 뒤뜰에서 평생을 보내더라도 이 800제곱미터의 제국을 관리하기에 충분할 만큼 훈련이 되지 못할 것이라는 사실을 알게 되었다.

책

나는 일 년이라는 시간이 적절한 주기이기 때문에 내 이웃들의 삶에 젖어 일 년을 보내기로 결정했다. 나와 같은 인간들을 제외한 이곳에 사는 모든 종은 계절의 흐름에 자신들의 삶을 맞춘다. 식물들은 곤충이 겨울의 휴면 상태에서 깨어나 꽃가루를 옮길 때 꽃을 피운다. 철새들은 곤충의 출현에 맞추어 북쪽으로 이동하면서 멈추는 곳마다 신선한 먹이를 잡아먹어 에너지를 보충한다. 다람쥐 어미들은 배고픈 겨울 몇 달 동안에 임신을 하기 때문에 새끼들에게는 다시 눈이 오기 전에 도토리를 숨겨둘 시간이 있을 것이다. 결실의 계절에 까마귀들은 풍부한 칼로리를 이용해 새 깃털을 길러서 혹독한 겨울을 날 것이다. 가을의 짧은 낮에는 나무들도 추운 겨울을 대비하여 세포를 변환한다.

일 년 중에 언제라도 옥수수를 수확할 수 있는 사람들은 계절을 크게 신경 쓰지 않는다. 그러나 오지에 사는 사람들 대부분에게는 봄의 햇빛이 강해지고 늦여름 과실이 익는 일이 여전히 생사를 결정짓는 중요한 현상이다. 자연은 여전히 봄을 새로운 시작의 계절로 보고 있기 때문에 나도 봄에 관찰을 시작했다.

나의 조사 범위는 한 사람이 하기에는 너무 광범위한 것이었다. 그래서 나는 할 수 있을 때마다 벌레, 쥐, 심지어 잡초의 전문가들을 내 뒤뜰로 끌어들여서 그들의 전문 지식을 발휘하도록 했다. 뒤뜰에 들러서 내게 저녁을 해준 줄리아 차일드, 제임스 비어드, 에머릴과 함께한 것은 영광이고 기쁨이었다. 내 뒤뜰을 이런 노련한 사람들의 눈을 통해 보는 것은 마치 엑스레이 안경을 통해 보는 것과도 같았다.

나의 잔디밭

근교란 무엇인가? 이 단어는 모두에게 다른 의미인 것 같다. 나는 뉴욕 브룩클린의 방 세 개짜리 고급 아파트에 살았을 때 맨해튼의 근교에 있는 것처럼 느꼈다. 이제 땅이 4백 제곱미터로 구획된 이곳에서 나는 열 배는 더 근교라고 느낀다. 그러나 다른 많은 사람들에게는 이러한 지역도 분명히 도시이며, 이보다 도시에서 더 멀리 떨어진 2만 제곱미터와 4만 제곱미터로 구획된 곳이 진정한 근교라 생각한다.

근교는 실제로 논쟁적인 개념이다. 우리가 한 지역을 그곳에 사는 야생생물로 정의한다면, 크고 작은 구획에 상당한 공통점이 있다. 말코손바닥사슴, 코요테, 흑곰 등의 '큰 구획' 동물들은 가끔씩 나의 작은 구획 지역을 지나간다. 내 뒤뜰에서 북쪽으로 1.6 킬로미터 떨어진 포틀랜드 대도시 중심에서도 너구리, 다람쥐, 앵무새, 스컹크, 쥐, 매, 수많은 곤충 등 내 뒤뜰에 서식하는 것과 같은 생물들 대다수가 매일 거리와 나무에서 식량을 얻는다. 최근에 포틀랜드 경찰은 말코손바닥사슴 한 마리가 사람이 많은 곳을 배회하던 것을 보고 교통 혼란을 야기할 것이 분명하다고 판단하여 총을 쏘았다. 자연은 우리 인간이 지도에 그린 선을 크게 신경 쓴 적이 없었다. 자연은 갈 수 있는 곳은 어디라도 간다.

나는 내 뒤뜰을 이용하는 자연의 규모를 보고 놀랐다. 나는 예전부터 자연스러운 세계에서는 잔디밭이 천대받는다고 믿었다. 그리고 아마도 이상적인 잔디밭이라면 내 믿음이 맞을 것이다. 잔디 조성업계가 선전하듯이 미국의 잔디밭은 본래 화학적으로 기른 풀 농장이다. 잔디라는 식물 자체는 북아메리카 토종이 아니다. 잔디는 이 대륙 대부분의 지역에서 자연이 제공하는 것보다 더 많은 물을 필요로 한다. 잔디는 수많은 곤충의 공격을 받고, 이렇게 공격한 곤충은 제초제의 독 때문에 죽고 만다. 잔디는 다른 식물의 침입을 받고 더 심한 화학전을 일으킨다. 그리고 정기적으로 깎아주지 않으면 잔디는 황폐해지고 누런 갈색으로 변하고 만다.

잘 손질한 풀 농원은 보기에 좋고 그 위에서 재미나게 재주넘기를 할 수도 있다. 그러나 이 잔디는 자연계에서는 그리 환영받지 못한다. 살충제 속에서 살아남을 수 있는 곤충마저도 이 풀에서는 살 수 없을 것이다. 대다수의 곤충은 자기들이 먹는 식물 주위를 특히 잘 돌아다닌다. 그리고 곤충들이 풍경에서 사라지고 있는 곳에서는 다른 동물들도 같은 길을 밟을 것이다.

대부분의 뒤뜰에 덤불과 나무가 산다는 것은 다행스러운 일이다. 이는 자연을 행복하게 하는 조합이다. 벌레의 눈으로 보거나 새의 눈으로 볼 때, 대부분의 뒤뜰에는 살아가는 데 필요한 것들이 풍부하게 있다. 벌레나 새가 날개를 두세 번 퍼덕이는 범위 안에 잔디의 '대평원', 덤불의 '사바나', 나무의 '숲'이 있다. 많은 동물들이 이 서식지에서 나름대로 다양하게 모여 번성한다. 내가 이 세계를 탐구하기 전에 추측했던 것보다 훨씬, 훨씬 더 많은 동물들이 살고 있다.

이상적인 풀 농장과는 거리가 먼 내 뒤뜰에는 두 가지 중요한 특징이 있다. 하나는, 내 뒤뜰에는 화학물질이 없다는 사실이다. 그 결과 흙 속의 생물과 곤충의 활발한 군집이 형성된다. 그리고 그 결과 곤충을 먹는 새와 짐승의 군집, 그리고 매우 다양한 식물들을 끌어들인다. 또 이 특징은 다른 특징도 이끈다. 내 잔디는 순수한 잔디가 아니다. 이 잔디는 매주 혹은 격주로 잔디깎기 기계에 머리가 잘리고도 살아남을 수 있는 잡초와 잔디가 저절로 모인 군락이다. 이런 다양한 먹이 공급은 다양한 곤충 개체군이 살 수 있도록 하며, 이 곤충들은 다른 동물들을 끌어들인다. 또 이보다는 덜 중요한 특징은, 내 잔디밭이 이웃의 평균보다 두 배로 긴 800제곱미터 넓이라는 것이다.

그것 말고는 내 잔디밭은 전형적인 미국의 잔디밭이다. 잔디밭에는 화단 두세 곳, 향기 나는 덤불, 떡갈나무 한 그루, 소나무 두 그루, 산벚나무 한 그루, 옻나무 몇 그루가 있다. 울퉁불퉁한 세

그루의 사과나무나 두세 개의 그루터기는 1917년에 내 집이 지어
지기 전에 이 땅이 어떻게 쓰였는지 보여주는 증거이다. 이 잔디밭
은 아무렇게나 박은 말뚝들, 아연 도금 울타리, 녹슨 철망으로 둘러
싸여 있지만 이런 것이 스컹크, 주머니쥐 등 중간 크기의 동물들이
오가는 것을 막지는 못하는 것 같다. 내 뒤뜰 한쪽 주변의 버려진
공터에는 침입식물인 호장근(또는 대나무)과 노박덩굴이 대부분의
땅을 차지했고, 다른 쪽에는 깔끔하게 깎인 잔디와 오래된 과수원
이 계속 이어졌다.

　나는 뒤뜰에 주의를 기울이기 시작하면서 '레이다 망에 포
착되지 않던' 광범위한 종류의 이웃들을 발견했다. 마을에 사는 많
은 동물들은 야행성이어서 나와 그 동물들이 만나는 시간이 극히
적었다. 또 뒤뜰에서 새를 잡아먹는 매 같은 다른 동물들은 포착하
기가 힘들다. 다가온 바로 그 순간을 보지 못하면 전체를 놓쳤다. 그
리고 다른 동물들은 아주 친숙해서 눈에 띄지 않았다. 가까이서 자
세히 살펴보니, 다람쥐와 까마귀는 각각 뚜렷한 개성이 있는 당당
한 주역들로 판명되었고 모두 내 뒤뜰에서 매일 일하고 노느라 바빴
다. 이렇게 사람이 사는 환경에서 그 많은 자연활동을 발견해서 뿌
듯했고, 내 영역 안에서 이렇게 많은 구성원들을 알게 되어 기뻤다.

　좋은 소식만 말하는 것은 솔직하지 않은 일이다. 모든 동물
이 잔디깎기 기계 소리를 기쁘게 받아들이는 것은 아니다. 일 년에
40억 제곱미터의 속도로 새로운 잔디가 미국에 깔리기 때문에 이
는 불행한 일이다. 그리고 모든 땅이 다양한 식물들로 가득 차고 또
그 땅에 화학물질이 전혀 없더라도, 어떤 동물들은 우리가 만든 뒤

죽박죽의 서식지에 전혀 적응하여 살 수 없다. 내 뒤뜰에서 일어나는 놀라운 일 중 하나인 봄에 휘파람새가 이주하는 현상을 예로 들어보자. 휘파람새들은 빨리 지나가고 하루 이틀만 이곳에서 쉬기 때문에 귀중한 보물 같은 존재다. 이 새들은 좀더 야생적인 서식지에 도달해야만 보금자리를 틀고 한 가족을 부양할 수 있다. 해가 갈수록 이 새들은 내가 사는 지역과 북아메리카 전역에서 보금자리를 찾아 더 멀리, 더 열심히 날아야 한다. 야생 서식지가 파괴되면 희귀한 식물은 더 막막한 상황을 만난다. 새들과는 달리 식물에게는 위로 날아가는 대안이 없다. 그리고 식물은 먹이사슬을 지탱하는 닻이다.

잔디가 새로 깔리면, 많은 생물의 서식지가 없어지고 먹이사슬이 붕괴될 뿐만 아니라 잔디깎기 기계가 공기 중에 더 많은 가스를 배출하고 물속에 더 많은 살충제가 퍼지고 사람들이 그들의 풀 농장과 일터를 오갈 때 도로에 더 많은 차량이 오가게 된다. 그래서 잔디가 확산되는 것은 문제이다. 해결책은 뭘까? 간단히 말하면 사람들을 도시로 가게 해서 야생생물들에게는 더 많은 땅을 주고 우리 인간의 난장판은 조금만 남기는 것이다.

아주 행복한 소식은, 푸른 나무를 갈망하는 우리가 상당히 좁은 땅에서도 위안을 찾을 수 있다는 것이다. 도시의 중심부에서 숲 가장자리까지, 자연은 먹고 자라고 싸우고 번식하고 죽느라 바쁘다. 이 드라마에 열중하는 것은 지구에서 가장 쉬운 일이다. 필요한 것은 잔디 의자에 앉아 자세히 살펴보는 것뿐이다.

봄

SPRING

새들의 날개짓

나는 내 뒤뜰을 이삼 주만 조사했을 뿐인데, 지금까지만 해도 특이한 것들을 많이 발견했다. 며칠 전에 바짝 마른 다람쥐 가죽 한 조각이 옻나무 아귀에 끼여 있는 것을 발견했다. 이삼 주 전에는 집참새 한 마리가 개나리 가지가 엉킨 곳에 거꾸로 박혀 있는 것을 발견했다. 누가 집참새를 죽였는지는 모른다. 오늘 만우절도 마찬가지다. 콧수염을 단 까마귀들이 공중을 돌고 있다.

나는 일 년 동안 뒤뜰을 관찰하며 보내기로 하면서, 평균적인 잔디밭에는 보통 생각할 때보다 훨씬 많은 활동이 있을 것이라고 예상했다. 그러나 숨겨진 시체를 발견할 것이라고는 예상하지 못했다. 또한 까마귀들이 다른 새의 꼬리를 당기고 배로 파티를 벌이는 모습을 목격하게 되리라고도 예상하지 못했다. 그리고 바로 까마귀들이 그런 짓을 한다. 오래 지나지 않아 다람쥐들은 괴짜스러운 면모를 보여줄 것이다. 심지어 나무들마저 적들에게 향하는 악의로 나를 놀라게 할 것이다. 그러나 지금은 까마귀가 내 관심을 끈다. 까마귀들은 크고 대담하며 내가 뒤뜰에 앉아 있을 때마다 이상한 행동을 한다. 오늘은 콧수염이 보인다. 까마귀들이 부리에 늘어뜨린 밤색의 긴 조각 여러 개가 마치 콧수염처럼 보이는 것이다. 까마귀들이 둥지를 지으려고 무언가를 모으는 걸까? 나는 좀 의심스럽다. 이유 하나는, 까마귀가 모두 네 마리 있는데 원래 새들은 한 쌍씩 둥지를 짓기 때문이다. 두 번째 이유는, 까마귀는 나뭇가지를 얽어 세면대 크기 정도로 둥지를 만들지, 밤색의 늘어지는 묶음으로 만들지는 않기 때문이다.

내가 이런 생각을 하고 있을 때 콧수염을 달지 않은 까마귀 네 마리가 하늘에서 날아와 떡갈나무를 타고 올라가는 포도덩굴 위에 내려앉는다. 까마귀들은 발을 디디고 버티며 쪼아 포도덩굴 껍질을 벗긴다. 까마귀 각각이 콧수염을 만들 만큼 껍질을 모으고 나면 함께 덩굴을 기어 올라가 동쪽으로 날아간다. 그날 늦게 까마귀 한 마리가 내 잔디밭의 갈색 풀 위에 내려와 부리로 차가운 흙을 퍼 올린다. 이 까마귀는 흙을 옆으로 던지고 또 한 번 흙을 부리로 퍼 올린다. 성과가 없다. 까마귀는 내 북쪽 이웃의 뒤뜰로 가서 계속한다.

나는 금세 내 까마귀들에 사로잡힌다. 까마귀들이 벌레를 찾아 잔디밭 뒤쪽을 활보하고 다닐 때 쌍안경으로 까마귀들의 검은 얼굴을 자세히 본다. 이삼 일간 관찰한 끝에 까마귀 하나하나를 울음소리의 특징에 따라 구분할 수 있다. 이들이 서로를 확인할 때 한 까마귀는 항상 "까악! 까악! 까악!" 하고 운다. 또 다른 까마귀는 "까악! 까악! 까악! 까악!" 하고 운다. 세 번째 까마귀는 고개를 가

녑게 까딱거리며 이렇게 운다. "까아아악! 까악-까악!" 마지막 한 마리는 "까학-까학-까학!" 하고 운다. 마을의 다른 곳에서 까마귀들은 이상하고 낯선 소리를 내기 시작한다.

나는 까마귀에 대한 글을 읽으면서 곧 코넬 대학의 조류학자 케빈 맥고완Kevin McGowan을 알게 되었다. 맥고완의 웹사이트에서 까마귀가 둥지의 안쪽을 꾸미는 재료로 가장 좋아하는 것이 밤색 포도덩굴 껍질이라는 사실을 알았다. 또 까마귀가 둥지의 나뭇가지들을 붙이는 데 끈적끈적한 흙을 사용한다고 한다. 따라서 내 뒤뜰에서 본 까마귀 네 마리는 부모와 다 자란 두 자녀로 이루어진 가족일 것이다. 또 나는 이들이 내 까마귀 가족이고, 더 정확히 말하면 내가 이 까마귀 가족의 일부라는 사실을 알게 되었다. 까마귀 가족들은 저마다 여러 구획을 소유하고 있다. 나의 잔디밭은 이들 가족이 여러 세대 동안 소유한 구역이었을 것이다. 우리, 곧 나와 까마귀들은 한 지역을 공유한다. 뉴욕의 까마귀들이 웨스트나일 바이러스로 죽고 있다는 뉴스를 거듭 읽으면서, 냉정을 잃지 않고 과학적인 호기심을 취하려면 상당한 노력이 필요하다. 내 까마귀들이 웨스트나일 바이러스(1938년 우간다의 웨스트나일 지역에서 처음 발견되었다. 뇌염의 일종으로 주로 모기에 의해 전염되고 조류를 통해서도 감염된다—옮긴이)로 죽는다면 어떨까! 어쨌든 이 세계에는 많은 까마귀들이 있다. 특히 근교에, 특히 지난 이삼십 년 동안에 많은 까마귀들이 살게 되었다.

까마귀가 사람들 마음에 드는 데 시간이 오래 걸린다면, 그것은 우리와 까마귀의 관계가 아주 오랫동안 나빴기 때문이다. 수백 년 동안 까마귀들은 사람들에게서 곡식과 다른 식량들을 훔쳤다. 그래서 사람들은 총을 쏘아 까마귀를 잡았다. 까마귀들은 서서히 잊혀졌다. 하지만 까마귀는 선천적으로 적응력이 강하다. 도시 근교에서 총기 발사가 금지된 다음에, 까마귀들이 도시 근교에 머리를 내밀었다. 그리고 까마귀들은 벌레들이 들끓는 잔디밭, 풍부한 퇴비와 쓰레기, 불이 켜진 공원과 잠자기 좋은 주차장이라는 낙원을 발견했다(맥고완의 사이트에서 본 바로는, 올빼미가 소리없이 갑자기 어둠 속에서 내려오는 것이 까마귀의 악몽 중 하나다. 올빼미들은 까마귀의 머리를 물어뜯고 따뜻한 가슴살을 삼킨다. 그래서 까마귀들은 밤에 불이 켜진 곳에서 자는 것을 좋아한다).

그래서 까마귀들이 오게 되고, 그 수가 몇 배로 늘었다. 포도덩굴에서 일을 한 지 이삼 주 후, 까마귀들은 벌레를 잡아 잔디밭에서 먹는 것을 중단했다. 대신 까마귀들은 벌레를 동쪽으로 옮긴다. 나도 따라갔다. 나는 직접 구한 두 가지 데이터에 기초해서 소나무를 찾는다. 첫째, 껍질을 벗긴 나뭇가지로 만든 작년의 둥지가 이웃집의 높이 15미터짜리 잣나무 꼭대기에 있다는 사실이다. 둘째, 이 지역의 낙엽수들은 올해 난 새잎만 눈에 띄며 아직 빈 가지들이 많다는 사실이다. 현명한 새라면 상록수의 은밀한 장소에다 보금자리를 찾을 것이다.

조용한 시골길에서 아버지와 딸이 공놀이를 한다. 길 건너에 소나무가 줄지어 서 있다. 두 사람에게 나무에서 까마귀를 보았는지 질문하자 아버지가 대답한다. "늘 봅니다." 나는 나무 꼭대기를 곁눈질해 보지만 아무것도 보이지 않는다. 그리고 나서 갈매기가 소나무 근처에 떠돌고 까마귀 한 마리가 나타난다. 까마귀는 '까악, 까악' 소리를 내며 날아가 갈매기에게 달려든다. 갈매기는 굼뜨게 도망가고 둥지를 또다시 살피러 떠돈다. 까마귀는 갈매기 옆에 얼마간 떨어져서 날개를 퍼덕이며 갈매기를 견제하고 있다. 다른 갈매기 세 마리가 나선형으로 날아온다. 까마귀는 더 세게 퍼덕인다. 까마귀는 소를 무리에서 떼어놓기 위해 훈련시킨 말처럼, 선회하다가 쫓다가 선회하다가 쫓다가 하며 '까악 까악' 운다. 갈매기들은 바람을 따라 미끄러지듯 달아난다.

까마귀가 날아간 둥지는 바람에 흔들릴 때를 빼면 움직임이 없다. 둥지에서 한 번 시선을 떼면 다시 찾기 힘들다. 부모 새들은 이런 의도로 둥지를 지은 것이다. 너구리나 갈매기가 까마귀의 알이나 알에서 갓 부화한 어린 새를 찾는다면, 까마귀들은 다른 나무를 찾아 새로 둥지를 짓고 다시 알을 품기 시작할 것이다. 이는 힘든 일이다. 한 해에 모든 까마귀 암수 쌍 중 절반도 안 되는 짝만이 새끼를 기르는 데 성공한다.

나는 까마귀 둥지를 30분 동안 관찰한 다음, 둥지에서 30미터 떨어진 나무에서 까마귀 한 마리를 찾았다. 이삼 분 뒤 이 까마귀는 다른 나무로 이동했다. 그리고 또 다른 나무로 간다. 앞으로 며칠간은 이 둥지를 찾아올 때마다 까마귀들이 이렇게 진지하게 보초 역할을 하는 것을 보게 될 것이다. 대개 까마귀 한두 마리가 둥지 근처에 보초를 선다. 가족이 함께 벌레를 잡으러 나갈 때도 한 마리는 나무에 남아서 주변을 살핀다. 까마귀를 관찰하면 할수록 까마귀들의 지적인 능력에 더 감탄하게 된다. 보초 까마귀는 둥지를 지나 집으로 걸어가는 어린 학생들을 보고는 '까악 까악' 울지 않는다. 하지만 쌍안경으로 둥지를 보고 있는 내 모습을 발견하면 확실한 신호를 보낸다. 때로는 보초 까마귀가 내 뒤로 몰래 날아와 머리 위에 앉은 적도 있다. 그리고 아빠 까마귀가 엄마 까마귀에게 줄 먹이를 들고 둥지를 향해 날아가면, 내 위쪽의 보초는 잽싸게 신호를 보낸다. "깍-깍-깍-깍-깍!" 아빠 까마귀는 갑자기 방향을 틀어 다른 곳에 내려앉는다.

그러나 내가 간섭해도 까마귀들은 별다른 문제를 겪지 않는다. 이 지역은 까마귀들에게는 아주 풍성한 곳이어서 도시 까마귀 가족은 시골 사촌들이 필요한 크기의 절반이나 3분의 1밖에 안 되는 땅에서도 살 수 있다.

까마귀로부터 잠시 눈을 돌리자, 이 지역이 여러 다른 새들도 똑같이 환영한다는 사실을 알게 된다. 은신처, 먹이, 둥지 자리를 제공해주는 다양한 풍경과 부족한 먹이와 물을 보충해주는 사람들이 있기에, 많은 조류들이 사람들과 만족스럽게 공간을 공유한다. 조류 조사는 다음과 같은 사실을 몇 번이고 되풀이하여 확인한다. 새를 가장 많이 찾으려면, 숲에서 나와 도시 인근으로 가면 된다.

대규모 군집을 이루는 새들은 근접 조사에서 우리가 좋아하는 종의 특징을 보이지 않는다는 점을 명심하라. 예를 들어 과학자들이 새다움birdiness을 측정하는 한 가지 방법은 1제곱킬로미터당 생물 몇 킬로그램이 있는가를 나타내는 '생물량biomass'이다. 우리가 새를 톤 단위로 측정할 때 새들은 시골 지역에서 귀하고, 도시 근교에서 더 풍부하며 도심에서 가장 밀집해 있는 것으로 나타난다. 그러나 생물량이 반드시 아름다움을 나타내는 것은 아니다. 도심의 새 대부분은 살찐 비둘기이다. 도시 근교의 상황도 이와 비슷하다. 근교가 여러 종을 끌어들이기는 하지만 토종 조류는 예상보다 적다. 근교에는 흰점찌르레기European starling와 집참새, 그리고 우리가 만든 '깎은 잔디와 그늘나무' 생태계에서 살 수 있는 찌르레기, 홍관조, 박새 같은 토종만이 많다. 깊은 숲, 긴 풀이 자라는 풀밭 또는 졸졸 흐르는 시내가 필요한 토종 조류들은 보통 근교에는 없다.

그러나 바로 지금 이 멋진 깃털을 가진 새들이 비정상적으로 행동하고 있다. 깃털의 물결이 대륙 전체의 북쪽 절반 위에서 끊어지고 있다. 줄무늬 새들은 여름 번식지로 가는 길에 내 뒤뜰에서 쉬면서 봄에 풍부한 곤충, 잡초 씨앗, 꿀을 배불리 먹는다.

호전적인 손님 벌새

5월에 내 마르멜로 덤불이 붉은 꽃을 송이송이 피울 때, 나는 매일 아침 현관에 앉아서 벌새가 도착하기를 기다린다. 어느 화창한 날, 벌새들이 도착했다. 붉은가슴벌새들은 흔들거리고 진한 액체 방울처럼 반짝인다. 수컷들의 붉은 가슴 부분이 햇빛을 받아 빛난다.

벌새들은 '주유소' 개점과 동시에 북쪽으로 가는 이주를 계획한다. 2월에 벌새들은 카리브 해와 중앙아메리카의 겨울 보금자리를 떠나 날아간다. 어떤 벌새들은 한 번에 8백 킬로미터까지 날아서 멕시코 만을 건넌다. 다른 벌새들은 육지를 따라간다. 벌새들은 할 수 있을 때마다 꽃을 깨우는 남북의 물결에 참여한다. 이제 벌새들은 마르멜로 덤불의 꽃이 활짝 필 때 마르멜로 덤불에 도착한 것이다. 벌새들은 한 덤불에서 다른 덤불로 가는 연료를 낭비하지 않고 매일 꽃 5백 송이 내지 천 송이 대부분을 방문할 수 있다.

벌새는 극단적으로 사는 새이다. 벌새들은 온몸이 역도선수처럼 근육으로 이루어졌고 그 근육은 양분을 맹렬히 태운다. 이들은 지방을 잘 만들지 못해서 많은 에너지를 비축할 수 없다. 게다가 벌새들에게는 밤에 새들을 따뜻하게 해주는 솜털 깃털이 없다. 그러나 이런 극단적인 상황에서 오래 살 수 있는 동물은 없다. 그래서 벌새들은 나름대로 칼로리를 비축하는 방식을 발달시켰다. 이들은 하룻밤 내내 겨울잠을 잔다. 벌새들은 온도조절장치를 이용해 일상적으로 밤새 몸의 온도를 2도에서 4도 정도 낮추고 필요하면 8도까지도 낮출 수 있다. 이들은 작은 곰들처럼 숨 쉬는 속도를 늦추어 심장박동을 1분당 1천 회에서 150회까지로 줄인다. 이렇게 쌀쌀한 봄날 아침에, 내 벌새들이 날 수 있는 온도까지 '엔진'을 가열하려면 15분은 족히 필요할 것이다.

지금 바로 벌새들이 깨어난다. 좀 심하게 깼다. 수컷 두 마리와 암컷 두 마리가 마르멜로 덤불에 구멍을 파는데, 사이좋게 나눠 갖지 못하고 있다. 이들은 서로 창을 겨누고 마구잡이로 공격한다. 작은 동물인 벌새는 위협적인 소리를 계속해서 낼 수 있다. 이웃 주민 휴는 인도를 걷다가 이 새들이 서로 싸우는 것을 보고 손을 얼굴로 올리며 말한다. "워! 눈 조심해요." 나는 모이통을 채워서 테라스 근처에 걸어둔다. 벌새들은 몇 초 안에 이 모이통을 찾는다.

수컷 한 마리가 이 모이통이 자신의 사유 재산이라고 선언한다. 이 수컷은 설탕물을 마시지 않을 때는 개나리 덤불 깊숙이 숨어 이 모이통을 노려본다. 내가 이 수컷과 그의 설탕물 사이를 걸어가자 이 수컷은 욕을 내뱉는다. 이 녀석은 수컷이든 암컷이든 상관없이 자기 모이통에 접근하는 모든 벌새들에게 윙윙거린다. 녀석은 아마 이런 공격성으로 암컷을 취해서 수정시킨 뒤에 암컷 혼자서 새끼를 키우도록 버릴 것이다.

새들은 지도를 어떻게 그릴까

이제 매일 아침 새로운 새가 합창소리에 가락을 맞추며 끼어든다. 내 우중충한 뒤뜰을 밝게 장식하고 있는 꾀꼬리, 황금방울새, 휘파람새 등을 포함한, 북아메리카에서 서식하는 새 가운데 80퍼센트는 매년 봄마다 남쪽에서 북쪽으로 가는 길을 찾아야 한다. 이들 가운데 일부는 작년에 둥지를 튼, 바로 그 뒤뜰의 그 구석으로 돌아온다.

새들은 어떻게 그렇게 할까? 철새의 이동을 다룬 글들을 읽다가 우연히 다음과 같은 특별한 사실을 알게 된다. 울새는 왼쪽 눈을 테이프로 붙여 가리고 오른쪽 눈은 가리지 않은 채로 길을 찾아갈 수 있다. 연구원들이 제시한 놀라운 설명에 따르면, 지구의 자기장이 새의 오른쪽 안구에서 화학반응을 일으켜 방향 데이터를 뇌에 전달한다는 것이다. 자기 정보는 지도에 해당한다. 지구의 자기장이 움직여서 지도를 왜곡하기 때문에 새들은 하늘을 가로질러 움직이는 태양의 편광면도 참조한다. 이 새들은 태양을 이용하여 자기

지도를 수정한다.

철새 이동의 실험 중에서 철새의 눈을 가리는 것은 빙산의 일각에 불과하다. 과학자들은 새들을 인공적인 밤하늘을 만들어내는 플라네타리움에 넣어 별들을 비정상적인 속도로 회전시킨 다음, 새들이 이에 따라 방향을 다시 바꾸는지를 알아봤다(제대로 방향을 바꾼다). 또 과학자들은 감수성이 예민한 어린 새들을 별들의 위치를 바꾼 플라네타리움에 넣어 이 성도星圖가 선천적인지 후천적으로 습득된 것인지 봤다(후천적으로 습득된 것이다). 과학자들은 가짜 자기장을 새 주위에 일으켜, 이 새들의 방향감각이 이에 따라 달라지는지 본다(그렇게 달라진다).

올봄에 내 뒤뜰에 날아온 새들은 도전적인 오리엔티어링 경기(산과 숲 등에서 지도와 나침반으로 정해진 지점을 거쳐 목적지에 도착하는 운동경기—옮긴이)의 승리자들이다. 무수한 패배자들은 기진맥진하여 등대 주위를 날았거나, 길을 잃었거나, 방향에서 일탈하여 바다 위에서 에너지가 바닥이 났거나, 바다를 건넜지만 이미 가뭄으로 먹이가 바닥이 난 상황을 만났다.

그래서 나는 먹을 것을 가지고 간다. 나는 이 벌새들에게 여분의 열량이 필요하다고 생각했기 때문에 모이통을 걸어두었다. 그러나 물론 벌새들은 아트라인ArtLine(새 관련 용품 전문 회사—옮긴이)이 모이통을 만들기 전에도 잘 해냈다. 또 벌새들은 우리가 모이통 안에 설탕물을 갈아주지 않아도 분명히 잘 해낼 것이다. 2주일 뒤에 나는 더 이상 벌새를 보지 못한다. 나는 벌새들이 언젠가 이주할 것이라고 생각하면서도 이들이 화단 위에서 마상 창 시합 대회를 벌이는 모습을 몰래 지켜본다. 내가 모이통을 씻고 다시 채워두자 벌새들은 몇 시간 만에 돌아왔다. 그러나 이 새들은 나 없이도 분명히 살아남았을 것이다.

벌새들이 모이통을 그렇게 빨리 찾는다는 것은 그만큼 꾀가 많다는 뜻이다. 실험 결과 이 새들이 빨간 꽃을 찾으려는 충동을 가지고 태어나는 것은 아니다. 새들은 이러한 선호를 익힌다. 내 어린 벌새는 여름에 둥지에서 나올 때는 식물에 대해 전혀 모른다. 녀석은 배가 고플 때 갈색 라일락 씨앗 앞에서 배회하며 부리로 이 씨앗을 두드릴 것이다. 나뭇가지들을 조사할 것이다. 나뭇잎들도 조사할 것이다. 그러나 시간이 지나면 당분에 예민한 녀석의 뇌는 한 가지 유형을 확실히 머릿속에 새길 것이다. 즉 당분이 높은 꽃은 대부분 우연히 빨간색이다. 따라서 벌새들은 빨간색을 좋아하게 된다. 벌새들은 이를 아주 철저히 익혀서 배꼽 주위에 그린 빨간 꽃이나 립스틱을 칠한 주름이 많은 입술에서도 설탕물을 빨아 먹으려 할 것이다.

사과꽃 먹는 꾀꼬리

당분 중독자 또 한 마리가 근처를 지나가다가 이 설탕물을 배불리 먹고 있다. 주황색, 검은색, 하얀색의 깃털이 빛나는 미국꾀꼬리 한 마리가 벌새 모이통이 매달려 있는 기둥에 앉는다. 나는 특별히 오렌지를 사러 슈퍼마켓에 가서 미국꾀꼬리 색의 오렌지 조각들을 테라스 난간 위에 놓는다. 그러나 이 녀석에게는 다른 계획이 있다.

나는 녀석이 결국 뭘 목표로 계획을 세우는지 이해할 수 없지만, 녀석은 다음과 같이 한다. 녀석은 내 오래된 사과나무 한 그루 주위를 날아다니며 새로 나온 잎들을 힐끗힐끗 본다. 녀석은 이렇게 하면서 몇 시간을 보낸다. 다른 수컷 한 마리가 도착하고 똑같이 한다. 이 새들은 사흘 동안 각각 인근의 모든 사과나무를 샅샅이 조사한다. 녀석들은 배나무 두 그루는 무시한다. 일 주일 정도 지난 뒤 사과나무에 꽃이 피면 미국꾀꼬리의 계획이 좀더 분명해진다. 각 사과나무 그루에 꽃이 여섯 송이 정도밖에 피지 않았다. 미국꾀꼬리들이 봉오리를 모두 먹어치웠다.

식물을 잘 아는 이모는 미국꾀꼬리들이 사과꽃을 먹는 것이 지극히 자연스러운 일이라고 말하지만 나는 학술지에서 증거를 찾지는 못한다. 내가 찾은 미국꾀꼬리 전문가는 내게 이 새들은 셀룰로오스를 소화하지 못하기 때문에 봉오리를 먹지 않을 것이라고 말한다. 그러나 한 친구가 나를 대신해 『탐조 지침서 *Birder's Handbook*』를 찾아 확인해주었다. 이건 또 어찌된 일인가? 폴 얼리히Paul Ehrlich와 친구들에 따르면, 미국꾀꼬리는 실제로 사과꽃을 먹는다고 한다.

이제 나는 당혹스럽다. 사과꽃 봉오리가 소화가 되지 않는 셀룰로오스로 되어 있다면, 무엇 때문에 미국꾀꼬리가 사과꽃 봉오리를 먹는 것일까? 이 생각 저 생각을 해보다가 나는 분홍색 색소 때문이라는 결론을 내린다. 새들의 세계에서 멋진 깃털을 뽐내는 것은 암컷이 아니라 수컷이다. 지배적인 이론에 따르면, 암컷은 밝은 색 깃털을 보이는 수컷을 선호한다. 새들은 자기 몸에서 푸른색과 녹색 색소를 만들 수 있다. 그러나 빨간색, 주황색 또는 노란색 깃털을 가진 새들은 카로티노이드 색소가 들어 있는 먹이를 먹어야 한다. 미국꾀꼬리 수컷이 이런 범주에 속한다. 그리고 사과꽃에는 붉은 색소가 들어 있다. 따라서 내 개인적인 이론은, 미국꾀꼬리가 꽃을 먹고 카로틴을 추출한다는 것이다. 내 이론의 가치를 떨어뜨리는 유일한 요소는, 이 새들은 색소를 저장할 수 없기에 새로운 깃털이 자라는 털갈이 기간에 사과꽃을 먹어야 한다는 점이다. 그런데 주요 털갈이 시기는 가을이다. 하지만 내 미국꾀꼬리 전문가는 몇몇 젊은 수컷들이 봄에 털갈이한다는 사실을 놓쳤다. 그래서 아마 붉은 색소가 미국꾀꼬리의 숨은 목표였을 것이다. 젊은 수컷들은 화려함으로 암컷들을 유혹하려는 열망 때문에 색소를 얻으려고 사과꽃을 싹쓸이했다.

카로틴 착색은 내 뒤뜰에 있는 새들 사이에 유행인 활동이다. 홍관조와 황금방울새 모두 부리부터 엉덩이까지 진한 색이다. 생물학자들은 동물들의 특징에 '비용'이 따른다고 말한다. 왜냐하면 어떤 한 특징을 이루고 유지하는 데 노동이 필요하므로 다른 일들을 할 에너지가 적어지기 때문이다. 예를 들어 공작의 꼬리는 운반하기에 무거워서 공작이 포식동물들을 피하는 속도를 느리게 만들기 때문에 비싸다. 가장 붉은 홍관조는 빨간 과일이나 노란 과일이 풍부한 곳을 찾고 역시 이런 과일을 원하는 다른 수컷들과 싸우는 데 에너지를 소비해야 한다. 이 붉은색의 먹이가 양분이 그렇게 풍부하지 않다면 그 붉은 깃털은 훨씬 더 비싼 것이다. 이런 비싼 깃털은 수익을 창출해야 한다.

나는 이 가장 붉은 홍관조 수컷들이 가장 무성하고, 포식동물로부터 가장 안전한 둥지 터를 얻는다고 배웠다. 그래서 붉다는 것은 수컷이 건강하다는 믿을 만한 신호, '진짜 신호'이다. 색깔이 건강을 암시한다는 다른 증거는 아플 때 노란 부리가 희미해지는 흑조를 대상으로 한 실험에서도 나온다. 또한 당연히 가장 붉은 홍관조들이 가장 건강한 암컷을 끌어들이기도 한다. 건강한 암컷은 이른 계절에 알을 낳기 시작하여 여름이 끝날 때까지 두 가족을 기를 수 있다.

그러나 내 뒤뜰에 있는 많은 새들이 짝을 찾을 날은 아직 멀었다. 이 새들 대부분은 선호하는 서식지의 소유권을 두고 경쟁하기 전에 이곳에서 쉬고 있을 뿐이다. 나는 내 휴식 지역에서 오가는 새들을 지켜보다가 이전에 한 번도 본 적이 없는 다음의 새들을 발견했다. 스윈손지빠귀, 당황스럽게 많은 휘파람새들, 흰관참새, 뻐꾸기, 크고 멋진 프리커딱따구리, 캐롤라이나굴뚝새, 내 노트에 '귀엽고 작은 잎 차는 새'라고 기록한 어떤 새. 이 새들 대부분은 원래 도시 근교보다는 조금 더 은밀한 곳에서 가족을 부양할 것이다. 내 조류 지침서에는 스윈손지빠귀가 가문비나무 숲을 원한다고 적혀 있다. 흰관참새는 '한대 덤불'을 바라고 있다. '잎 차는 새'가 무슨 생각을 하는지는 하늘만이 알고 있다.

또 이 새들이 꿈꾸던 보금자리를 모두 어디에서 찾을지도 하늘만이 알고 있다. 명금 개체군 숫자가 추락하는 이유 중 하나는 북아메리카의 땅이 가문비나무 숲과 한대 덤불에서 월마트와 '흰관참새별장'으로 바뀌고 있기 때문이다. 또 한 가지 이유는 멕시코,

중앙아메리카, 카리브 해에 있는 이 새들 다수의 겨울 보금자리 역시 조류 서식지에서 사람, 소, 태양이 기르는 커피나무의 서식지로 바뀌고 있기 때문이다. 대부분의 새들은 특정한 씨앗과 곤충을 먹고, 둥지 만드는 데 특정한 식물을 이용하고, 알을 훔치려는 포식동물들로부터 알을 보호하기 위해 어느 정도 울창한 곳에 둥지를 틀도록 진화해왔다. 사람들이 숲을 잔디밭, 초원, 또는 주차장으로 바꿀 때 텃새들은 먹이, 피난처, 둥지 지을 곳을 다른 곳에서 찾아야 한다. 이 새들은 보기 좋게 실패하고 있다. 수백만 년의 전통을 버리고 새로운 생태계에서 생활양식을 적응하는 것은 특별한 새들뿐이다. 까마귀가 그렇고, 거위가 그렇다. 또 박새가 그렇다.

바람 피우는 박새 수컷들

새들은 종마다 짝짓기 계절도 다르다. 지금은 무시무시한 소리를 지르는, 메인 주를 상징하는 새의 차례이다. 검은머리박새 한 마리가 내 산벚나무 위에 앉아 있고 또 한 마리는 4미터 50센티미터 떨어진 라일락 울타리 위에 앉아 있다. 옛날에 나는 검은머리박새가 내는 소리가 '노래'라고 생각했다. 그러나 이 동물들의 마음속에는 기쁨이 없다. 이 새들은 잔디밭 건너에다가 죽음의 위협을 하고 있다.

뭐, 그게 그렇게까지 나쁜 일은 아니다. 그러나 새들의 다툼은 얄궂은 결과를 낳는다. 승자는 자기 암컷을 무사히 지킬 것이다. 패자의 암컷은 패자가 다른 곳을 보고 있을 때를 기다렸다가 승자의 나뭇가지로 날아간다. 금방 회합이 이루어진 뒤 암컷은 자기 짝에게 돌아갈 것이다. 암컷은 경쟁 상대가 수정한 알을 낳을 것이며, 그러면 이 암컷의 짝은 다른 수컷의 자손을 보호하고 먹이를 주느라 에너지를 낭비할 것이다.

이 모두가 새들의 노래에 따라 정해진다. 결투는 일상적인 일이고 곡조는 단순히 '휘이' 하는 소리이다. 보통의 박새는 단지 재산권을 주장하기 위해 휘이 소리를 낼 것이다. 그러나 공격적인 박새는 소리로 공격을 할 것이다. 녀석은 상대의 가락에 자신의 가락을 맞추어 몰아낼 것이다. 암컷들은 승리자에게 간다.

요 몇 해 동안 과학자들은, 많은 새들이 수컷이든 암컷이든 간에 자신의 자손을 위해 최고의 유전자를 확보하는 데 혈안이 되어 바람을 수없이 핀다는 결론을 내렸다. 그러나 박새는 특히 지위를 의식한다. 내 이웃에 사는 최고 지위 수컷의 아내는 남편의 고함이 기어들어가는 소리를 들을 때 바람피울 가능성이 가장 높다. 그리고 이 암컷이 고양이나 자동차 때문에 죽는다면, 두 번째 지위 수컷의 아내는 자기 남편을 차고 죽은 암컷의 남편을 차지할 것이다. 검은머리박새들은 보기에는 귀여울지 몰라도 지치지 않고 소리를 지르며 끊임없이 음모를 꾸민다.

물론 박새들만 소리를 내는 것은 아니다. 근처의 수컷 새들은 봄에 남성 호르몬인 테스토스테론이 넘쳐서 부리를 가만히 두지를 못한다. 홍관조 수컷들은 서로 큰 소리를 낸다. "휘익! 휘익! 휘익! 휘익!" 대결하는 고양이새catbird들은 박새, 홍관조, 갈매기를 흉내 낸 소리와 그들 스스로 만들어낸 것 같은 소리를 함께 연달아 낸다. 찌르레기 한 마리가 두 살 난 아기의 끔찍한 비명소리를 포함한 흉내 내기 레퍼토리를 처음부터 끝까지 연습한다. 이 소리는 정말 진짜 같아서 나는 겁에 질린 아기가 내는 소리가 아니라는 사실을 다시 확인한 후에 찌르레기에 대해 웹에서 찾아봤다. 나는 구조된 찌르레기 두 마리에게 말하기를 가르친 한 여성의 사이트를 찾았다. 나는 버튼 하나를 클릭한다. "안녕, 스톰." 스톰은 높고 느린 소리로 속삭인다. "스톰은 예쁜 새예요."

이 찌르레기의 레퍼토리는 박새의 음량과 마찬가지로 수컷의 힘을 홍보하는 사적인 광고이다. 내 북쪽 이웃의 뒤뜰에서, 찌르레기 수컷은 자기가 마련한 사과나무 구멍 옆에 서서 자기가 할 수 있는 가장 길고 복잡한 노래를 부른다. 녀석은 지저귀며 째깍거리고, 끽끽거리며 깽깽거린다. 녀석은 아장아장 걷는 아기처럼 소리를 지른다. 근처 찌르레기 암컷들에게는 이 노래가 노래를 부르는 수컷의 건강과 지능을 평가하는 근거이다. 노래가 거의 끝나갈 무렵, 노래를 부르던 수컷은 등을 구부리고 감전된 것처럼 날개를 씰룩거린다. 암컷들의 마음이 움직인다. 암컷들은 근처에서 날개를 치며 구멍을 자세히 살핀다. 안으로 들어간 운이 좋은 새는 둥지 가득 새끼들을 낳은 뒤에 자신의 짝이 꽃을 가져오는 것을 볼 것이다. 정확히 말하면 꽃은 아니고 풀에 가깝다. 야생 당근, 서양톱풀yarrow, 메역취goldenrod, 봄망초fleabane 등이며, 모두 아주 향기로운 식물들이고 어떤 것들은 둥지 안에 몰래 들어와 새끼들을 위협하는 해충의 부화를 막는다고 한다. 사람이라면 여자 한 사람이 찌르레기를 땅에 내려놓는 일보다 더 나쁜 일도 할 수 있다.

양육의 계절

햇볕에 땅이 부드러워지면 여름 군집이 모습을 갖춘다. 떡갈나무와 라일락과 산벚나무와 인동덩굴의 펄럭이는 잎 뒤에서, 그리고 남쪽 이웃의 대나무 숲 깊은 곳에서 새들이 짝짓기를 한다. 암청회색 고양이새들은 뒤뜰의 뒤쪽 구석을 차지하며 찌르레기들은 사과나무에 자리를 잡는다. 근처 곳곳에 있는 나뭇가지, 잡초, 깃털로 만든 주머니 속에 알이 생기면서 호르몬 분비는 줄어들고 외침소리도 줄어든다. '노래'는 줄어들고 '호출'은 늘어난다. 박새chickadee는 암수 모두 "휘이" 하는 대신 "치-카-디" 하고 울며 연락을 취하면서 옻나무 위의 곤충을 잡거나 내 물받이 뒤에 해바라기 씨앗을 숨겨둔다. 홍관조 쌍은 가족끼리 삐 소리를 교환한다. 고양이새 수컷은 이웃에게 빈정대는 것을 그치고 아내와 울음소리를 교환한다. 내가 녀석의 영역에 너무 가까이 돌아다니면, 녀석은 울타리 위로 뛰어올라 내게 "야아아옹!" 하고 소리를 친다. 내가 그 소리에 대답하여 소리치면 녀석은 고개를 치켜들고 다시 비난하는 소리를 되풀이한다.

이때는 모든 새들에게 큰돈이 걸려 있는 중대한 시기이다. 다른 모든 새들과 마찬가지로 까마귀들은 둥지의 내용물에 크게 투자했다. 녀석들은 긴 시간 동안 많은 열량을 써가며 나뭇가지와 진흙과 포도덩굴 나무껍질을 모았다. 아빠 까마귀는 가족들을 이끌며 영역 안에 침입자들이 들어오지 못하도록 막았다. 엄마 까마귀는 열량과 양분을 알들에게 전했다. 엄마 까마귀가 거의 삼 주일 동안 가만히 앉아서 벌레, 차에 치어 죽은 다람쥐, 피자 껍질을 열로 전환하는 동안 아빠 까마귀와 자식 까마귀들은 엄마 까마귀에게 먹이를 가져다주었다. 엄마 까마귀가 그렇게 해서 만든 열은 깃털 없는 새끼들의 피부에 전해지고 알을 따뜻하게 데웠다. 둥지가 거센 바람에 뒤집히거나 너구리나 다람쥐가 알을 가져가면, 이 모든 노력이 허사가 된다. 그러나 이러한 보복은 순리에 맞는 일인지도 모른다. 까마귀들 자체가 다른 둥지를 약탈하는 새로 유명하기 때문이다. 까마귀는 다른 새의 알을 먹을 뿐만 아니라 다 자란 새도 죽인다. 까마귀는 몸집이 더 큰 포유류에게 덤벼들기까지 한다. 『미국까마귀와 큰까마귀 *The American Crow and the Common Raven*』의 저자 로렌스 킬햄 Lawrence Kilham 은 까마귀가 병든 야생 돼지를 해치우고 갓 태어난 새끼 사슴을 찌르는 광경을 봤다고 보고했다(그 새끼 사슴은 무사했다지만, 까마귀에 대해 탄복하고 있던 나는 충격을 받았다).

5월 말 어느 날, 나는 벌레를 물고 있는 까마귀를 따라 둥지에 갔다. 아! 비용이 많이 드는 작은 머리 두 개가 둥지 가장자리 위로 불쑥 나온다. 어른 까마귀 한 마리가 새끼들에게 먹이를 주러 날아오고 있다. 이 까마귀의 발이 둥지에 거의 닿는다. 까마귀가 가까이 가자 새끼들이 머리를 내민다. 까마귀는 부리를 벌리고 있는 새끼들에게 조용히 먹이를 넣어준다. 그리고 까마귀는 나무에서 멀리 떨어지고 새끼들의 머리는 다시 둥지 안으로 들어간다.

부모든 나이 많은 형제든, 모든 어른 까마귀가 어린 새끼들에게 먹이를 가져다준다. 이렇게 형제가 도움을 주는 것은 이례적인 행동이다. 그리고 분명히 이것은 전적으로 도움이 되는 일만은 아니다. 연구원들은 조수가 있는 번식 쌍과 조수가 없는 번식 쌍을 조사하는 연구를 시작했다. 둘 사이에 보금자리를 짓는 데 성공하는 확률에는 눈에 띄는 차이가 없다. 조수들의 도움을 받지 않는 부모들이 알이나 새끼를 포식자들에게 더 많이 잃는 것은 아니기 때문에, 조수들 때문에 둥지가 더 안전한 것은 아닌 것 같다. 또 조수들이 없다고 해서 새끼가 더 많이 굶어 죽지 않기에, 조수들이 가져오는 먹이가 중요한 의미를 가지는 것도 아니다. 조수들은 그저 자기에게 필요한 일을 하고 있다는 것이 가장 그럴듯한 추측이다. 마침내 조수들이 새끼들을 두게 되었을 때, 그들은 이미 경험이 풍부한 부모일 것이다.

그리고 아마 이 어린 조수들이 아기 형제에 대해 충분히 잘 알고 난 뒤에는 번식을 방해하기로 결정할 수도 있다. 내가 '까악'에게 이름을 붙여준 것은 6월 초에 시끄럽게 우는 까마귀들의 소리에 잠이 깬 직후이다. 나는 슬쩍 밖을 봤다. 어른 까마귀 네 마리가 한 이웃집 주변에 자리를 잡고 나무와 송전선에 앉아 있다. 녀석들은 이웃의 현관 지붕을 향해 불만을 맹렬히 쏘아붙이고 있다. 그 지붕 위에서는 까마귀 한 마리가 지붕널의 자갈 조각을 집어 들고, 단풍나무 열매를 가지고 놀고 있다. 때때로 이 까마귀는 주위를 돌아보며 넓은 부리를 열어 "까악"이라고 외친다. 이런 외침에는 불평이 드러나 있다. 음색은 장난감 피리 소리와 비슷하다. 어른 까마귀 한 마리가 높이 날면, 새끼 까마귀는 퍼덕거리며 입을 크게 벌린다. "까아아아아악!" 어른 까마귀들이 이 새끼 까마귀에게 또다시 비난의 소리를 퍼붓는다. '까악'은 단풍나무 씨앗을 집어 올리고 떨어뜨린다. 녀석은 날아보려고 시도하는 중이다. 녀석은 단풍나무 씨앗에는 관심을 두지 않는다.

나는 이 단계에 이른 까마귀의 삶을 관찰하면서 새끼들이 너무 서둘러서 둥지를 떠난다는 사실을 알았다. 녀석들은 보통 땅이나 낮은 나무에서 이삼 일을 보내며 하늘을 나는 일을 어림해본다. 부모들은 녀석들에게 먹이를 주며, 새끼들이 인근을 서툴게 다니면서 고양이, 개, 자동차, 까마귀를 싫어하는 사람들을 피해 다닐 때 큰 소리로 걱정한다. 나는 '까악'이 나타나고 한 시간 뒤에 까악을 점검하러 나가서 녀석이 현관 지붕 물받이 안에 앉아 있는 것을 발견한다. 어른 까마귀들은 근처에서 부루퉁해 있다. 나중에 이웃 한 명이 내게 까악이 결국 움직였다고 말해준다. 녀석은 잔디에 쿵 하고 떨어져서 가족들을 깜짝 놀라게 했다.

오후에 녀석이 보이지 않을 때 나는 둥지로 걸어간다. 새끼 두 마리는 돌아오긴 했지만, 정말 간신히 돌아왔다.

다음 날은 조용한 다른 새끼가 나는 법을 배운다. 어른 까마귀 네 마리가 인근 수풀에서 날아간다. 다섯 번째 까마귀는 뒤에서 쫓아가며, 하늘 곳곳에서 방향을 바꾼다. 어른 까마귀들은 세력권 한계선에 도달하면 왼쪽으로 돌지만, 따라오는 새끼는 돌지 않는다. 어른 까마귀들이 다시 가서, 가지가 가늘고 수직으로 뻗어 있는 키 큰 나무로 새끼를 몰고 간다. 새끼 까마귀는 날개를 퍼덕이며 나뭇가지 하나를 붙잡는다. 나뭇가지가 직각으로 휜다. 녀석은 퍼덕이며 똑바로 서려고 한다. 하지만 이 나뭇가지는 녀석을 지탱할 수 없다. 녀석은 자유롭게 퍼덕이며 다시 시도한다. 시도는 계속된다.

마침내 튼튼한 나뭇가지를 찾았지만 바람이 불어와 균형 잡기가 좀 처럼 쉽지 않다.

이제 무력한 아기 새였던 시기는 끝이 나고 있다. 이웃 휴의 뒤뜰에, 새끼 집참새들이 퍼덕이며 잔디밭에서 시끄럽게 먹이를 달라고 떠들어대고 있다. 내 뒤뜰에서 집참새들은 라일락 울타리 아래에 흩어져 있는 것들을 자세히 살펴보며 부리로 모든 것을 검사하고 있다. 꽃잎은 버린다. 나뭇가지도 버린다. 나뭇잎도 버린다. 무엇을 찾는 것인지 모르겠지만 녀석들은 전력으로 조사하고 있다. 내가 산책하는 길에 이름을 알 수 없는 한 새끼 새가 끝없이 풍부한 작은 단백질 덩어리들을 발견했다. 녀석은 개미탑 옆에서 기다리고 있다. 까마귀 새끼들은 며칠 안에 완벽히 나는 법을 익힐 수 있고 뒤뜰을 담당하기도 한다. 조용한 까마귀가 그렇게 한다. 녀석의 날개는 축 늘어져 있는데 아마 나무에서 떨어지는 바람에 그럴 것이다. 선배들과 마찬가지로 녀석은 조용히 잔디 사이를 걸어가며 벌레를 잡는다. 나는 녀석을 '늘보'라고 부르기로 했다. 늘보는 근면한 까마귀이다.

반면 '까악'은 악몽 같은 까마귀다. 나는 인근의 한쪽 끝에서 다른 끝에서까지 녀석의 "까악! 까아아악!" 하는 소리를 들을 수 있다. 녀석은 동틀녘에 시작하여 해질녘까지 계속한다. 까악은 가족들이 벌레를 잡을 때 가족들에게 차례로 달려든다. "까아아아악!" 녀석은 첫 번째 상대를 공격하지만 그 새는 멀리 벗어나서 급히 먹이를 삼킨다. 녀석은 누나가 벌레를 잡으면 누나를 향해 달려가지만 누나는 혼자 벌레를 찢어서 먹는다. 그리고 세 번째 까마귀가 뒤뜰에 날아 들어오고, 선머슴 같은 녀석이 끽끽 울며 접근하면 이 까마귀는 입을 크게 벌린다. 까악은 검은 목구멍에 달려들어 먹이를 삼킨다. 녀석이 먹이를 삼키는 1분간은 아주 조용하다. 그러고 나서 녀석은 장난감 피리 같은 소리를 다시 낸다. 녀석은 밑 빠진 독이나 다름없으며 스스로 먹이를 잡을 생각은 전혀 없다. 까악이 입을 계속 벌리고 있어서 알 수 있는 한 가지 사실은, 까마귀 부모들의 입 속이 검은색인 것과는 달리 까마귀 새끼들의 입 속은 분홍색이라는 사실이다.

새끼 새들을 어른 새들과 구별하는 것은 자못 어려운 일이다. 몇몇 새끼 새들은 부모들보다 깃털색이 더 흐릿하고, 대다수의 새끼 새들의 부리는 더 쐐기 모양에 가깝지만, 이런 특징들은 미묘할 수 있다. 내 까마귀 새끼들의 깃털은 검은색과 대조적인 갈색이다. 그러나 그 갈색은 아주 어두워서 햇볕에 직접 비춰 봐야 겨우 구별할 수 있다. 새로 검은 깃털이 나고 있기에 이런 작은 단서조차 희미해지고 있다. 그래서 늘보의 날개가 축 늘어져 있지 않고 까악이 '까악' 소리를 내지 않으면, 쌍안경으로 몇 시간 동안 조사해야 파악할 수 있는 분홍색 입 속과 두꺼운 부리 등의 실마리로 돌아가야 한다. 또 어른 까마귀를 고귀하게 보이게 하는 눈 위의 뚜렷한 융기선이 새끼 까마귀들에게는 없다. 옆에서 보면, 새끼들이 머리가 더 작다. 새끼들의 꼬리는 끝이 네모 모양이지만, 어른 까마귀의 꼬리는 둥글다. 새끼들은 다리가 가까이 붙어 있어서 뽐내며 걷는 모양이 잘 나오지 않는다. 또 새끼의 털은 어른의 털보다 짧다. 하지만 이 모든 특징은 알아보기가 매우 어려워서, 대부분의 사람들은 새끼 비둘기를 한 번도 본 적이 없다고 생각하듯이 새끼 까마귀 역시 한 번도 본 적이 없다고 생각할 것이다.

까악 같은 녀석들도 있지만, 나는 점점 내 까마귀들이 좋아지고 있다. 나는 매일 멋진 계획을 가지고 뒤뜰을 향한다. 개미도 관찰하고, 나무도 연구할 생각이다. 그런데 까마귀들이 내 정신을 흩뜨린다. 까악은 뜀뛰기 광이 됐다. 어느 날 녀석은 10분 동안 이웃의 수반에 뛰어 올라갔다가 다시 내려온다. 때때로 녀석은 공중에서 똑바로 뛰어 올라가고 내려와 새로운 방향을 향한다. 다른 까마귀가 땅을 쪼아댈 때마다 까악은 계속 잔디밭을 질주하며 뜀뛴다. 까악은 찌르레기와 비둘기에게 뛰어들어 휙 날아가버리게 만든다. 까악은 다람쥐에게로 깡총 뛰고, 다람쥐는 녀석에게로 다시 깡총 뛰어가 발을 휘두른다. 녀석은 호두 크기만한 녹색 배 하나를 집어 늘보 쪽으로 기울여 높이 들고 있다. 늘보는 형제에게서 멀리 벗어난다. 까악은 배를 떨어뜨리고 늘보에게 달려가 늘보가 가는 길에 내려앉는다.

늘보의 재능은 다른 쪽에 있다. 녀석은 나뭇가지를 잘 다룬다. 늘보는 남는 시간에 오래된 사과나무에 앉아서 나뭇가지를 부러뜨린다. 늘보는 나뭇가지 하나를 이삼 분씩 가지고 놀다가 떨어뜨리고 다른 것을 고른다. 이때는 까마귀와 우정을 맺는 과정에서 위태로운 시기가 될 수 있다. 어떤 사람이 까마귀학자 케빈 맥고완의 웹사이트에 까마귀가 자동차 유리 와이퍼의 고무를 계속해서 뜯는다고 썼다. 맥고완은 그것이 어린 까마귀의 교과서적인 행동이라고 답한다.

　　어린 까마귀들이 유독 아주 귀찮게 굴지만, 어떠한 연령의 까마귀들도 골치아픈 장난질을 할 수 있다. 까마귀 책의 저자 킬햄은 까마귀 한 마리가 '먹이' 한 조각을 자랑하며 야생 칠면조를 유혹하여 자기를 뒤쫓도록 하는 것을 본 적이 있었다. 이 까마귀는 한바탕 뛰놀다가 자신의 노획물을 드러냈다. 소똥 한 덩어리였다. 히히! 킬햄은 까마귀가 독수리와 수달의 꼬리를 잡아당겨 먹이를 포기하게 만들기도 한다고 썼다. 나도 한 번 내가 까마귀를 위해 흩뿌려둔 땅콩을 갈매기 한 마리가 게걸스럽게 먹었을 때 그런 장면을 목격했다. 까마귀 네 마리가 갈매기를 둘러싸는 동안 뒤쪽에서 한 마리가 앞으로 몸을 기울이더니 꼬리 깃털을 확 잡아당겼다. 이와 비슷한 예로 나는 인근 해변의 까마귀 두 마리가 갈매기를 강탈하는 모습을 본 적 있다. 그 갈매기는 게 한 마리를 지켜보고 있었고, 까마귀들이 양쪽에 서 있었다. 이 갈매기는 까마귀들에게 빼앗길까봐 두려워하는 것 같았다. 그래서 이 갈매기는 꾸룩꾸룩 울면서 기다렸다. 게는 눈치를 살펴가며 멀리 걸어갔다. 갈매기는 다시 이 게를 잡았다. 까마귀는 시치미를 떼고 바다 쪽을 바라보았다. 갈매기는 더 크게 소리를 냈다. 게는 도망가려 했지만 다시 끌려왔다. 그리고 갈매기는 더 이상 참지 않고 오른쪽의 까마귀를 공격했다. 갈매기가 아차 하는 바로 그때 왼쪽에 있던 까마귀는 게를 들고 날아가버렸다. 두 까마귀는 게를 나눠 갖지는 않았다.

까마귀들의 향연

7월 중순에 늘보가 갑자기 성가셔졌다. 어느 향기로운 아침에 나는 제정신이 아닌 듯한 까마귀의 높은 목소리에 이끌려 밖으로 나왔다. 사과나무 깊은 곳에서부터 횡설수설과 모순적인 말과 선언이 이어져 나온다. 요즘 들어 나는 까마귀어에 유창해졌다. 내가 듣기로는 마치 늘보가 갑자기 말을 배운 것 같지만, 무슨 말을 하는지 전혀 알아듣지 못하겠다. 처음에는 길게 "까아아아악!" 하고 운다. 그리고 곧바로 "깍깍깍깍" 한 다음 "까악 까악 까악" 운다. 해석을 해본다면 대충 이런 말 같다. "나는 늘보야. 모두 괜찮아. 저런, 까마귀를 먹는 악마! 이것들 봐, 나는 먹이를 찾았어! 나는 늘보야. 여기 악마가 온다! 여기 먹이가 있어." 이 노래의 끝에 늘보는 이웃의 벚나무로 날아가서 열매를 찾아 기어 올라간다. 녀석은 계속 지껄여댄다. "까아아악! 깍깍! 꽥 꾀액. 깍깍깍!"

　몇 주 동안 녀석은 밤새도록 자신이 웃기다고 생각하는 노래를 계속 불러 새벽에 이웃들을 깨웠다. 녀석의 가족은 녀석을 무시하는 법을 익혔다. 가족들은 늘보가 발표하는 축제나 악마를 조사하러 날아오지 않는다. 늘보는 벌레를 사냥하며 혼자 재잘거린다. 새끼 때의 솜털 사이에 듬성듬성 난 깃털과 축 늘어진 어깨의 혹 때문에 늘보는 정신이상처럼 보이기까지 한다.

　가족 전체가 털갈이를 하면서 불쾌해하고 있다. 그리고 이들만 그러는 것이 아니다. 이웃의 모든 새들이 깃털을 바꾸고 있다. 새들의 깃털은 1년 동안 날고 싸우고 사물과 충돌하는 동안 버티도록 설계되어 있다. 여름에 먹이가 풍부해지고 둥지를 지을 필요가 없어지면, 새들은 새로운 깃털에 투자할 수 있게 된다. 나는 땅 위에서 사파이어블루색인 어치의 깃털, 반지르르한 까마귀의 깃털, 홍관조의 연어색 솜털 등 날마다 새로운 것들을 발견한다.

깃털이 빠진 채로 날면 여분의 열량이 필요하지만, 이 시기에 깃털이 빠지는 것은 우연이 아니다. 내 뒤뜰에는 먹이가 가득하다. 뒤뜰의 산딸기가 익어가고 있다. 근처에 사는 고양이새들은 열매 모두를 뒤로 던진다. 내가 산딸기 몇 개를 딸 때, 고양이새는 친근한 음색으로, 적어도 나는 그렇게 생각하고 싶은 소리로 나를 맞이한다. 떡갈나무에 드리운 야생 포도는 익지 않았지만 고양이새와 홍관조 모두 야생 포도를 수확하고 있다. 새들은 너무 커서 삼킬 수 없는 이 포도들을 운반하여 땅으로 가져가 자른다. 나는 부근을 배회하는 고양이 숫자를 생각하고는, 내 동지들이 먹는 동안 계속 망을 본다. 도토리 역시 툭툭 떨어지고 있다. 다람쥐들과 파랑어치들은 도토리를 잔디밭에 묻어두고 그 위를 풀로 덮는다.

깍깍깍! 누군가 배나무 꼭대기에서 가족을 소리쳐 부르고 있다. 곧 까마귀 여섯 마리 모두가 나뭇가지 주위로 기어 올라가 익지 않은 배를 찌른다. 단단한 배가 잔디 위에 쿵 떨어진다. 까마귀들은 각자 단단한 배 하나씩을 꼬챙이에 꿰고 이웃 휴의 집으로 날아간다. 나는 그 집 지붕의 무엇이 그렇게 흥미를 끄는지 모르지만, 까마귀들은 그 지붕 위에 줄지어서 각각 발로 붙잡은 배 하나를 쪼아대고 있다. 가끔 배가 떨어져서 지붕널을 굴러 내려간다. 까마귀는 이 배를 잡거나 다른 하나를 구하러 나무로 되돌아간다.

이 배 덕분에 나는 동물의 식성을 알게 된다. 분명히 까마귀는 배를 좋아한다. 적어도 하루에 두 번씩은 까마귀 무리의 일부가 모여서 배를 먹는다. 새 두 마리가 나뭇가지 위를 올라가는 동안 다른 두 마리는 떨어진 배를 쪼아댈 것이다. 그러나 배를 먹고 한 시간 후에는 까마귀들은 벌레를 잡으러 가거나 우리 거리의 끝에 있는 피자 가게를 향해 사라질 것이다. 녀석들은 다양한 먹이를 좋아한다. 물론 너무 소중해서 반드시 먹거나 감춰두는 예외적인 먹이도 있다. 땅콩이 바로 그런 거부할 수 없는 먹이라는 사실을 나는 알아냈다.

어느 날, 까마귀 한 마리가 지켜보고 있을 때 나는 소금을 치지 않은 땅콩을 잔디 위에 던진다. 이 까마귀는 다른 까마귀들에게 경보를 울린다. "깍깍깍!" 가족이 나무에 모이고, 내가 물러나자 녀석들은 내려온다. 이렇게 땅콩을 두세 차례 뿌리고 나자 까마귀들은 플라스틱 병에서 땅콩이 흔들리는 소리를 알게 된다. "까마귀야, 까마귀야" 하고 부르는 것이 바보 같다고 느껴지면 플라스틱 병을 흔들어 까마귀들을 모을 수 있다. 처음 두세 번은 녀석들이 먹이에 조심스럽게 다가와 땅콩으로 폴짝 뛰어오르고는 뜨거운 석탄 위에 올라간 듯이 금세 껑충 뛰어 돌아간다. 나는 베른트 하인리히 Bernd Heinrich의 『겨울의 까마귀Ravens in Winter』에서 동물 시체에 접근하는 까마귀들에 대한 비슷한 설명을 읽었다. 하인리히는 까마귀가 그렇게 뛰어오르는 것은, 먹이가 까마귀를 기다리면서 누워 있는 것이 아니라 정말 죽었다는 것을 확인하는 데 도움이 된다고 추정했다. 그런 맥락에서, 내 땅콩이 벌떡 일어나 자기들을 물까봐 발끝으로 조심스레 걸어 다니는 까마귀들을 보는 것은 참 애처롭다.

　　땅콩이 다 떨어져서 까마귀에게 오래된 빵, 오래된 갈비, 시든 포도를 줘본다. 그러나 까마귀들은 조금도 즐거워하지 않는다. 빵은 까마귀들에게는 익숙해서인지, 까마귀들은 곧바로 빵을 채간다. 하지만 오래된 스테이크는 아주 무서운 것이어서 까마귀들은 하루 종일 주기적으로 가지러 왔다가 도로 물러난다. 결국 이 스테이크는 스컹크나 주머니쥐가 밤에 끌고 간다. 포도는 여러 번 뛰어들고 경계를 잔뜩 한 뒤에 가져간다. 까마귀들은 얼어서 색이 변한 닭고기를 여러 번 먹은 뒤에도 잔디 위에 똑바로 세워져 있는 한 조각에 혼란스러워한다. 까악은 똑바로 서 있는 먹이 주위를 5분 내내 돌고 웅크리고 앉아 거짓 공격을 한다. 녀석은 결국 몰래 발을 뻗을 만큼 가까이 가서 먹이를 쓰러뜨린다. 이제 먹이를 잡아도 안전하다.

　　까마귀들은 먹이를 먹으러 올 때마다 몇 입만 삼키고 나머지는 나중에 먹기 위해 챙겨서 운반한다. 녀석들은 더 이상 담을 수 없을 때까지 목 안쪽에서 부리 끝까지 땅콩을 가득 담는다. 녀석들은 짭짤한 크래커 다섯 개를 땅에 높이 쌓고 한꺼번에 들어 올린다. 녀석들은 닭고기 큰 덩어리를 찢어서, 옮길 수 있을 만큼 가벼워지면 그 고기 조각을 삼킨다. 녀석들은 먹이를 가득 채워서 숨겨둘 장소로 퍼덕이며 간다. 어떤 녀석은 근처 소나무로 날아가 땅콩을 나뭇가지 사이에 쑤셔 넣을 것이다. 또 어떤 녀석은 남쪽 이웃의 대나무 숲 깊은 곳의 죽은 옻나무들이 엉켜 있는 곳을 좋아한다. 까마귀들은 종종 맛있는 먹이를 내 잔디밭의 덤불 속에 넣고, 숨겨둔 곳

위에 다시 아주 교묘하게 풀을 덮어서 나는 결코 까마귀들의 은닉
처를 찾지 못한다. 나는 뒤뜰에서 단 한 번 까마귀가 먹이를 숨긴
곳을 머리 위에서 찾았다. 내가 옻나무 아래에서 머리를 숙이다가
고개를 들자 옻나무 아귀에 낀, 바닥에서 삐져나온 다람쥐 가죽 한
조각과 하얀 뼈 한 조각이 눈에 들어왔다. 나는 내가 다른 먹이를
주었기 때문에, 녀석들이 이 숨겨둔 먹이를 찾아 돌아오지 않은 것
에 놀라지 않는다.

새들의 전쟁

이렇게 먹이가 풍부한 시기에 모든 새들은 계속 움직인다.
또 먹는 일은 새들이 하는 일의 일부일 뿐이다. 녀석들은 끝없이 포
식동물들을 경계한다. 고양이새 부부는 단계적으로 장과(漿果, 속
에 씨가 들어있는 과실. 귤, 감, 포도 등) 밭으로 날아가 횃대에 앉아
서 자세히 살핀 뒤에야 줄기로 훨훨 날아간다. 그리고 재빨리 과일
을 딴 뒤에는 더 높은 횃대로 돌아간다. 녀석들은 다시 살핀 뒤에
과실을 뒤로 던진다. 고양이새들은 결코 마음을 놓지 못하는 것 같
다. 그리고 그럴 만한 이유가 있다.

어느 날 열린 창문을 통해 무언가 갈가리 찢기는 소리가 들
렸다. 밖을 내다보니 바로 그 순간에 큰 새 한 마리가 라일락 울타
리에서 날아 올라갔다. 녀석은 집참새 한 무리를 향해 곧바로 돌격
했지만 아무것도 잡지 못하고 떡갈나무로 날아올랐다. 녀석은 자리
를 잡고 앉아 황갈색 점박 가슴 위의 머리를 돌리며 주위를 살핀다.
나는 새에 대한 책을 가지고 창가에 앉아서 좌절을 거듭한다. 조류

관련 서적은 보통 모든 새의 어른 수컷, 어른 암컷, 새끼 이렇게 세 종류의 사진을 제시한다. 그러나 내 눈에 들어온 새는, 일반적인 서식 지역에서 6400킬로미터 날아온 미성숙한 트랜스젠더 새 같아 보인다. 오늘 로저 토리 피터슨Roger Tory Peterson(미국의 조류학자. 다수의 조류 관찰 안내서를 썼다—옮긴이)의 조류 관찰 안내서는 내 눈에 띈 사냥꾼을 닮은 어떤 새도 대략적으로 제시하지 않는다. 나는 한 들새 관찰자 친구를 불렀다. 이 친구는 자신의 『시블리 조류 안내서Sibley Guide to Birds』(유명한 조류학자 데이비드 시블리 David Sibley의 조류 관찰 안내서—옮긴이)를 펼친다. 사냥꾼이 뒤뜰을 조사할 때 우리는 그 새가 미성숙한 줄무늬새매일 것이라는 결론을 내렸다.

까마귀들은 줄무늬새매를 발견하고 큰 소리를 내며 녀석을 향해 돌진한다. 녀석은 나무 주위를 돌며 떠난다. 1분 뒤에 녀석은 하늘 높이 나타난다. 그리고 피터슨이 말한 것처럼, 줄무늬새매의 실루엣은 퍼덕-퍼덕-퍼덕-퍼덕거리며 미끄러져간다. 녀석은 머리보다는 힘이 좋은 애송이에 불과하다. 그러나 녀석은 일 주일에 한 번쯤은 내 뒤뜰에 돌아올 것이며 결국 언젠가 나는 줄무늬새매가 발톱을 먹이에 박는 장면을 볼 것이다.

나는 곧 내 새들에게 닥친 또 다른 위험과 마주쳤다. 비 내리는 어느 날 장과를 따러 가는데, 웬일인지 내게 "야옹" 하고 소리를 내는 고양이새 수컷이 나타나지 않는다. 홍관조, 갈매기, 키위의 노래를 따라 부르는 작은 수다쟁이가 오늘따라 조용하다. '흠, 조류 세계에 혼란의 시기가 왔나보군.' 나는 속으로 생각했다. 새끼들이 나다닐 수 있게 되면, 부모들은 철없는 자식들 때문에 덜컥 가슴이 내려앉는다. 어떤 종은 가족들이 무리를 이뤄 집단적으로 인근으로 이동한다. 두세 달 전에 힘들게 얻은 영역이 붕괴되고 있다.

　　나는 집으로 돌아와서 축축한 잔디 속에서 회색 가슴 깃털 하나를 발견한다. '털갈이를 하는 중이군' 하고 생각한다. 그리고 어두운 색의 꼬리 깃털을 본다. 더 이상 찾는 것이 두려워진다. 나는 어쨌든 조직적으로 조사를 해본다. 나무 테라스 근처에 솜털 깃털과 회색 날개 깃털이 있다. 모래투성이의 찢어진 커다란 꼬리 깃털이 거리 근처에 있다.

　　나는 줄무늬새매가 내 고양이새를 잡은 것이라면 어느 정도 마음을 추스르려고 했다. 그러나 이 깃털 흔적들은 이웃의 고양이 여섯 마리가 내 뒤뜰을 지나가는 큰길을 나타내고 있었다. 나는 고양이새가 끌려가면서 고양이와 흙에 대고 날개를 퍼덕이는 장면을 상상할 수 있었다. 줄무늬새매가 고양이새를 죽인 것이라면 나는 받아들일 수 있다. 매는 먹이를 먹어야 한다. 그러나 고양이는 새끼 고양이용 곡물로 아침 식사를 했을 것이다. 고양이는 아마 고양이새를 순전히 본능적인 충동으로 죽였을 것이다. 이것은 내가 나중에 슬픔을 더하는 장황한 설명에서 알게 된 것이다. 목에 방울을 달아도 별로 도움이 되지 않는다. 발톱을 빼도 고쳐지지 않는다. 먹이를 많이 주어도 소용이 없다. 고양이는 배가 고프든 안 고프든 선천적으로 사냥을 하게 되어 있다. 그리고 미국에서 매년 고양이들은 연방법으로 보호받고 있는 수억 마리, 아니 수십억 마리의 새를 죽인다. 고양이 발톱에서 간신히 벗어난 새들도 치명적인 감염의 위험에 다시 처한다.

　　나는 이를 나중에 알게 됐다. 그러나 이날 아침에는 남들이 보이지 않는 옻나무 아래에 서서 고개를 숙이고 손으로 얼굴을 감쌀 것이다. 나는 슬픔에 잠겨 다른 사람의 고양이가 야옹 우는 소리를 제외하면 내 뒤뜰이 조용한 하루를 머릿속에 그려본다. 나는 그 고양이들을 덫으로 잡아서 목에 쪽지를 매달아 주인들이 읽도록 할 생각을 한다. 나는 법무부에 전화를 걸어 연방법으로 고양이새를 죽이는 것을 금지시켜달라고 말하고, 거리의 모든 고양이 주인을 체포하여 이 죄에 대해 심문하라고 주장하는 건 어떨까 생각한다. 날씨가 흐려서 그날 남은 시간 내내 집 안에 있을 구실이 되어준다. 사실은, 잔디밭이 묘지 같다는 느낌이 들었다. 내가 깃털들을 모으는 것이 도움이 될지 모르겠다. 나는 그 깃털들을 묻을 수 있다. 아니면 사과나무 속의 구멍 안에 이 깃털들을 넣어둘 수도 있다. 아니면 이 깃털들로 작은 화살을 만들어서 고양이들을 쏠 수도 있다.

　　다음 날 뒤뜰에서 머리 위에서 나는 새의 움직임이 내 주의를 끈다. 익어가는 포도를 시험 삼아 부리로 쪼아대고 있는 것은 갓 둥지에서 나온 고양이새이다. 아직 어린 녀석의 꼬리와 부리는 무디다. 녀석이 꼬리를 홱 흔드는 몸짓은 어설퍼 보인다. 그러나 녀석은 꼬리를 부모와 똑같은 식으로 홱 흔들며 검은 눈을 기울여 나를 주시한다. 어린 고양이새는 사과나무에 날아가서 큰 곤충을 잡아챈다. 곤충이 꽤 커서 녀석은 곤충을 치켜 올려 자기 목 안으로 잘 겨냥해 넣어야 한다. 곤충이 꿈틀거린다. 그리고 녀석은 곤충을 삼킨다. 녀석의 목소리는 어리고 주저하는 것 같지만 나를 한쪽 눈으로 보며 "야옹!" 하고 소리를 낸다.

나보다 더 나은 여자라면 지금 고양이새의 모래주머니의 모래와 근육 속에서 짓이겨지고 있는 죽은 곤충을 애도할 것이다. 그러나 우리는 우리가 사랑하는 것을 선택한다. 나는 내 고양이새들을 사랑한다.

더 나아가 나는 수백만 명에게 경멸받을 것을 무릅쓰고, 내 까마귀들이 좋아지고 있는 중이라고 고백한다. 이후 여름에, 나는 웨스트나일 바이러스가 창궐하여 메인 주에서 까마귀 한 마리가 죽었다는 소식을 듣게 될 것이다. 이런 일은 내가 사는 마을에도 일어날 것이며 나는 내 까마귀 여섯 마리가 모두 함께 있는 것을 볼 때까지는 어미 새처럼 안절부절못할 것이다.

2 내 마음속의 벌레들

녀석은 강아지처럼 애교가 있다! 녀석은 고양이처럼 솜씨가 좋다! 녀석은 벌레처럼 귀엽다! 녀석은 벌레다!

내가 가볍게 두드리며 귀찮게 굴 때 무당벌레는 대나무 잎 위에서 진딧물을 잡고 있었다. 무당벌레는 거북이처럼 움직여 내 손 안에 들어온다. 나는 녀석을 수플레 도자기 잔에 넣어 렌즈 아래로 밀었다. 안타깝게도 전에 이 그릇에 민달팽이를 넣고 충분히 헹구지 않았었다. 지금 무당벌레의 다리 하나에 휘저은 알 같아 보이는 것이 붙었다. 나는 이삼 분 동안 무당벌레의 하부구조에 감탄한다. 무당벌레의 검은 다리들은 갑옷 같은 배 전체에 접혀서, 붉은 날개 덮개의 가장자리 안에 꼭 들어맞는다. 그리고 무당벌레는 한 쌍의 부속지를 펴서 공기를 차며 끈다. 내가 막대기를 주자 녀석은 똑바로 기어 올라간다. 그러더니 5분 동안 쉰다. 무딘 더듬이 하나가 씰룩거린다. 앞다리 하나가 경련을 일으킨다. 녀석을 잡는 데 사용한 스트레스 화학물질을 녀석이 처리하고 있을까봐 걱정된다. 이삼 분 더 지나자 녀석은 다시 시작한다. 앞다리를 들고 검고 하얀 얼굴을 그 앞다리 쪽으로 돌린다. 놀랍게도 녀석은 윗다리를 깨물고 부속지를 입 쪽으로 당겨 깨끗하게 빤다. 무당벌레는 고양이가 하는 것과 똑같이 머리 위로 다리를 문지르고 다리를 입으로 깨끗하게 빤다. 녀석은 다른 앞다리도 닦는다. 뒷다리는 이제 마른 민달팽이 진액과 함께 붉은 껍데기에 붙어 있다. 녀석은 방해를 받지 않고 일을 하고 나서 껍데기(실은 분화된 앞날개 한 쌍) 가장자리에 뒷다리를 문질러서 노란 물질을 벗겨낸다. 몸단장이 끝나면 녀석은 막대기 위로 올라가 앞날개를 올리고, 비행 날개를 펼치고 날아간다. 녀석은 현미경 렌즈에 통 하고 부딪쳐 바닥에 떨어진다. 녀석은 두 번째 시도로 하늘로 휙 날아가 다시 자기 일을 보러 간다.

분명히 밝히건대 민달팽이도 현미경 아래에서 보면 아주 근사하다. 희미한 줄무늬 덮개가 반짝이는 캐러멜 색 언덕처럼 보인다. 모기 애벌레를 싸고 있는 갈색 탄알 모양도 확대해서 보면 아름답다. 또 어떤 기어 다니는 벌레들을 현미경 슬라이드 밑에 넣고 보고서는 내가 놀라서 도망가기도 하지만, 뒤뜰의 벌레들을 채집해서 보관한다. 나는 메인 주 곤충학회 관계자들이 우리 집을 방문할 때까지 이 작업을 한다. 그들은 전문가들이다. 그들은 내 뒤뜰 곳곳의 곤충들을 잡아당기고 걸러내고 심지어 빨아들이기까지 할 것이다. 그들이 여기 왔을 때 내가 비명을 지르지 않았으면 좋겠다.

나는 웨스트나일 바이러스 검사를 하려고 내 집의 모기들을 잡기 시작한 척 루벨치크Chuck Lubelczyk로부터 메인 주 곤충학회에 대해서 들었다. 척은 금발의 소박한 생물학자로서 메인 주 의학 센터의 곤충매개질환 연구소에서 연구하다가 갑자기 웨스트나일 바이러스가 창궐한 이후 모기로 관심을 돌렸다. 작년 여름 메인 주에서 죽은 새 일곱 마리가 이 바이러스에 양성 반응을 나타냈다. 올해는 누구도 좋은 소식을 기대하지 않는다. 나는 이제 까마귀에 대해 과학적인 관심이 있는 척하기를 그만두었다. 나는 내 뒤뜰을 같이 쓰는 가족 모두를 알고 있다. 녀석들은 시끄럽고, 제멋대로 굴며, 다른 새들에게 비열하다. 그러나 녀석들은 일종의 애완동물이 되었다. 녀석들이 죽으면 내 뒤뜰은 너무 조용할 것이다.

"처음에 사람들은 웨스트나일 바이러스가 이곳에 창궐할 것이라고 생각하지 않았습니다. 그들은 메인 주가 너무 춥다고 생각했죠." 척은 5월 초 어느 날 저녁에 오래된 야생 사과나무에 덫을 걸면서 이렇게 말한다. 순은純銀으로 만든 도마뱀 귀걸이가 그의 귓불에 걸려 있다. "웨스트나일 바이러스가 얼마나 북쪽까지 갈 수 있는지 보는 것은 흥미로운 일이죠. 지금 남쪽으로는 플로리다까지 확산되었습니다. 올해 서쪽으로 미시시피까지 갈 수도 있어요." 나중에 보니, 이 널리 알려진 추정은 바이러스의 이동 거리를 대륙의 반 정도나 잘못 판단한 것이다. 가을까지 까마귀들은 이곳에서부터 록키 산맥까지의 뒤뜰에서 죽어 떨어질 것이다. 벌새, 올빼미, 독수리, 왜가리, 야생 칠면조, 오리 등 백 종이 훨씬 넘는 다른 새 역시 이 바이러스에 양성 반응을 나타낼 것이다. 그리고 곤충의 활동이 주춤해질 때까지, 284명이 사망할 것이다.

척의 모기 덫은 빛과 이산화탄소를 조합해 모기 암컷을 끌어들인다. 그리고 10센티미터의 환풍기가 모기들을 망사 주머니로 빨아들인다. "이 환풍기의 회전을 모기처럼 작은 것이 지나갈 수 있도록 조정합니다. 그러나 나방들은……." 척은 얼굴을 찡그린다. "나방들은 으깨지죠. 그렇지 않으면 나방은 뚫고 지나가 온통 뒹굴면서 엉망으로 만듭니다." 모든 모기 종이 웨스트나일 바이러스를 옮기는 것은 아니어서, 연구소는 무해한 종을 가려냄으로써 시간을 아낀다. 그러나 모기 종을 알아내려면, 현미경으로 작은 몸의 비늘과 털의 숫자를 헤아려야 한다. 그리고 나방이 자신의 비늘이나 더 지저분한 몸의 일부를 모기에게 튀겼다면, 야간의 모기 채집은 시간 낭비가 될 것이다. 척은 떠나기 전에 알 덫을 놓는다. 알 덫은 냄새가 나는 물을 담은 플라스틱 통이다. 웨스트나일 바이러스를 옮기는 모기 중 한 종인 빨간집모기*Culex pipiens*는 자손을 위해 악취가 나는 물웅덩이를 선호한다. 괴어 있는 수반이나 잊고 놓아둔 어린이용 풀장이 이런 종류의 물웅덩이이다.

다음 날 아침, 척은 덫을 거두러 와서 어른 성충과 알을 모두 채집한다. 수백 개의 알이 작은 미사일처럼 똑바로 서서 물 위에 함께 검은 알 뗏목을 이룬다. 그냥 놓아두면 모든 미사일은 웅덩이에 애벌레를 내놓을 것이다. 어리석은 애벌레들은 덩치가 커져서 미생물과 작은 동물들을 먹을 것이고, 먹을 것이 없어지면 서로 잡아먹을 것이다. 척은 무릎을 꿇고 알 뗏목을 유리병에 넣으며 잠시 생각하더니, 우리가 연구실에서 모기 애벌레 떼에게 먹이 주는 것을 잊어버린다면 결국 커다란 애벌레 한 마리만 남게 될 것이라고 이야기한다.

주립 연구소는 내 모기들과 알들이 바이러스를 옮기는지 실험할 것이다. 질병에 걸린 모기는 사람들에게 나쁜 징조일 것이며 까마귀들에게는 더 나쁜 징조일 것이다. 이는 또한 집참새에 대한 나의 견해를 부정적으로 만들 것이다. 집참새들은 웨스트나일 바이러스와 조상 대대로 함께 살고 있기 때문에 바이러스에 어느 정도 면역성을 가지고 있다. 웨스트나일 바이러스에 걸리면 금방 죽게 되는 까마귀들과는 달리 웨스트나일 바이러스에 감염된 집참새는 닷새 동안 피 속에 많은 바이러스를 보유하게 된다. 그리고 집참새의 면역 체계는 바이러스를 물리칠 것이다. 그렇지만 이 닷새 동안 이 참새를 무는 모든 모기는 바이러스를 잔뜩 채울 수 있다. 감염된 모기는 내 다락방에서 겨울을 나면서도 계속 감염된 채로 있을 수 있다.

모기 한 마리가 내게 웨스트나일 바이러스를 주입한대도 나는 분명 눈치 채지 못할 것이다. 웨스트나일 바이러스에 감염된 사람들의 1퍼센트 미만만이 심각하게 병을 앓는다. 나머지 99퍼센트는 평생 면역이 되기 때문에, 나는 내 팔을 지나가는 모든 모기들에게 내놓는다. 까마귀의 경우는 이야기가 다르다. 서로 다른 두 연구에서, 연구원들이 의도적으로 이 바이러스를 주입해 감염시킨 모든 까마귀들이 사망했다. 그중 한 연구에서는 감염시키지 않은 같은 새장의 까마귀들도 웨스트나일 바이러스로 사망했다. 이 까마귀들은 연구원들이 의도적으로 바이러스를 넣은 감염된 새들로부터 직접 바이러스에 감염된 것이다. 올해에 이 질병이 서쪽으로 진행되면서 병에 걸린 까마귀가 백악관 잔디 위에 떨어지게 될 것이다. 까마귀 수가 급감하고 있다는 과학자들의 보고가 동부 해안에 메아리 칠 것이다. 어떤 미국 상원의원은 이 전염병 창궐이 테러범들의 소행이 아닌지 목소리를 높여 의심할 것이다. 야생생물학자들은 뒤뜰과 깊은 숲에 떨어진 새로운 종의 새들을 계속 모을 것이다. 오하이오에서는 일 주일에 올빼미 100마리 이상이 죽었다고 비공식 보고를 할 것이다. 자연 센터와 동물원의 맹금류들도 죽을 것이다. 그리고 나는 내 뒤뜰 주위의 나무에서 까마귀 여섯 마리를 모두 셀 때마다 이들을 살려준 모기들에게 감사할 것이다.

곤충들의 거대한 나라

매우 건조한 8월에 척과 그의 동료인 메인 주 곤충학회 곤충 사냥꾼들이 내 뒤뜰에 모였다. 내가 학회 회장이자 주 곤충학자인 딕 디어본Dick Dearborn에게 처음한 질문은 내 뒤뜰이 자연 지역과 어떻게 다른가였다. 그는 눈을 가늘게 뜨고 안경 너머로 잔디를 본다.

"이곳에 부자연스러운 것은 없군요." 그는 설명한다. "제한된 구역에 다양한 서식지를 두고 계시네요. 여기에는 꽃가루 공급원과 꿀 공급원이 있습니다. 축축한 것부터 마른 것까지, 생장하는 것부터 생장하지 않는 것까지 전부 있습니다. 곤충에게 이 잔디밭은 초원이죠. 이곳의 나무는 숲입니다. 저는 곤충들이 도시와 시골 환경 사이의 차이를 안다고 생각하지 않습니다."

나는 이런 식으로 생각한 적이 없었지만, 서로 다른 곤충들이 내 뒤뜰의 서로 다른 부분에서 이동한다는 사실은 알고 있었다.

그 이전까지 내 곤충 연구 프로그램의 방법은, 긴 의자에 누워서 땅을 응시하는 것이었다. 나는 역시 긴 의자에서 시간을 보내면서, 기어 다니는 곤충의 관점에서 보면 내 뒤뜰이 거대한 국가임에 틀림없다는 사실을 깨달았다. 대다수 곤충들의 입장에서는 한편에서 다른 편으로 건너가려면 루이스와 클라크(미국의 '루이지애나 구입'을 계기로 대통령 토머스 제퍼슨의 명령에 따라 1804~1806년까지 미국에서 실시된 탐험 원정대의 대장들—옮긴이)에 맞먹는 야망이 필요하다.

어느 날 나는 갈색 개미 한 마리의 투쟁을 지켜보았다. 이 개미는 큰턱으로 작은 포획물을 물고 있었고 이 때문에 가는 길이 아주 복잡해졌다(개미는 벌이나 말벌 같은 근연종들처럼 암컷이 압도적으로 많다. 수컷은 드물게 태어나며, 단 한 가지 목적만 가진다. 수컷은 보통 큰 눈으로 처녀인 여왕개미를 찾고, 빠른 날개로 이 여왕개미를 잡는다). 개미가 풀잎 두 장 사이를 비집고 나가려고 했을 때 개미의 포획물이 그 사이에 끼였다. 녀석은 돌아가서 다시 시도했다. 그리고 방향을 돌려 약 3분 동안 기어온 길을 5센티미터 되돌아갔다. 녀석은 돌아서 다른 길을 시도했다. 개미에게 풀잎은 토네이도에 휩싸여 쓰러진 나무만큼 컸다. 녀석은 풀잎 위와 주위와 가운데에서 애를 썼다. 녀석은 20분 뒤에 15센티미터를 나아갔다. 내가 개미를 위해 나뭇가지로 길을 치워주려고 했지만 도리어 이런 행동에 놀라서 먹이를 떨어뜨렸다. 개미는 먹이를 찾느라고 5분을 보냈다. 쌀알만한 검은 딱정벌레가 쓰러진 숲속에서 나와 녀석 옆으로 굴러갔다. 커다란 검은 개미 두 마리가 지나갔다. 내 개미 크기보다 훨씬 작은 각다귀가 풀잎 위로 올라가 멈추더니 날개를 펼쳤다. 약한 바람이 불어 각다귀가 10센티미터 옆으로 밀려나 잔디에 부딪쳤다. 각다귀는 또 다른 풀잎 위로 올라가 또 바람에 10센티미터 날려갔다.

　이 일은 여름에 시간을 즐겁게 보내는 방법이다. 그러나 조그만 곤충들 다수는 야행성이어서, 나는 스컹크가 도처에 있는 추운 밤에 일을 해야 한다는 사실을 깨달았다. 그래서 나는 척의 지령에 따라 덫을 설치했다. 나는 내 뒤뜰 국가의 서로 다른 주에 네 개의 구멍을 팠다. 하나는 죽은 나뭇잎의 그늘진 주에, 하나는 그늘진 잔디밭에, 하나는 햇볕이 잘 드는 잔디밭에, 하나는 햇볕이 잘 드는 화원에 팠다. 각 구멍마다 소독용 알코올을 약간 담은 플라스틱 컵을 하나씩 넣어두었다. 미안, 벌레들아.

　다음 날 아침 나는 햇볕이 잘 드는 잔디밭의 컵을 종이 타월 위에 쏟고 이것을 현미경 렌즈 밑에 밀어 넣었다. 개미 열아홉 마리가 모여 있었다. 또한 집게벌레 한 마리, 작은 거미 세 마리, 검은 딱정벌레 한 마리, 작은 파리 한 마리도 있었다. 딱정벌레의 날개덮개에는 어떤 갑각류(딕 디어본은 나중에 이것을 가리켜 '거의 무해한 무임승차자'라고 말했다)가 붙어 있는 것 같았다. 나는 종이 타월의 위치를 바꾸어 내 벌레들과 함께 뒹굴던 흙덩이를 자세히 관찰했다. 개미의 눈은 매우 큰 아몬드 모양이었다. 집게벌레의 집게발은 무시무시해 보였다. 갑자기 바람이 불어 종이 타월이 현미경 렌즈 쪽으로 올라가 집게발과 털과 튀어나온 눈들이 접안렌즈를 통해 뚫고 나오는 듯했다. 나는 꽥 소리를 지르며 의자 뒤로 물러앉았다.

나의 다음 덫, 정원에 놓은 함정은 내게 덫 사냥꾼의 재앙이라 할 수 있는 민달팽이를 소개했다. 표범 무늬에 2.5센티미터 길이의 민달팽이 두 마리가 함정에 떨어져 끈적끈적한 라텍스처럼 변했다. 함정에 떨어진 다른 모든 것은 두 마리의 민달팽이에 붙었다. 나는 쥐며느리 한 마리만 알아볼 수 있었다. 나는 이 지저분한 것 전체를 덤불 속에 던졌다. 그늘진 잔디밭 역시 그렇게 심하게는 아니지만 '민달팽이화'되었다. 나는 이 한 뭉텅이를 현미경 아래에 밀어 넣고서, 작고 연하고 귀여워 보이기까지 하는 쥐며느리 한 떼를 발견했다. 하지만 죽은 나뭇잎들이 최고였다. 1.3센티미터 크기 딱정벌레의 반짝반짝한 녹색 머리와 어깨가 크리스마스 장식처럼 빛났다. 나비보다도 더 예쁘다. 또한 집게벌레 두 마리와 작고 눈이 빨간 의외의 생물이 있었다. 나는 내 노트에 이렇게 적었다. "과일 파리는 야생동물이다!"

날이 갈수록 덫들에서는 일정한 유형이 보였다. 가장 햇볕을 많이 받은 컵은 가뭄에 잘 견디는 개미와 거미를 거두었다. 쥐며느리와 민달팽이는 그늘진 곳에서만 잡혔다. 낮 동안 민달팽이들은 죽은 잎과 파편 더미 아래에 웅크리고 축축한 채로 있다. 때때로 나는 민달팽이가 민들레 봉오리를 다 먹거나 대나무 숲으로 미끄러져 가는 것을 보았다. 나는 쥐며느리가 바다 생물에서 진화했으며, 육지로 오기는 했지만 아직 아가미의 대용물을 발달시키지 않았다는 사실을 알았다. 쥐며느리가 숨을 쉬기 위해서는 축축한 상태로 있어야 한다. 딱정벌레들 역시 먹이가 있기 때문이거나 아니면 혹시 발산하는 열에 약하기 때문인지 그늘진 곳에서 모습을 드러냈다.

메인 주 곤충학회가 이곳에 와서 내 뒤뜰을 자세히 조사하고 있을 때, 가뭄이 심해졌다. 딕은 그늘진 잔디밭에 무릎을 꿇고 노란 베갯잇을 펼친다. 그는 작은 삽을 가방에서 꺼내서 흙 속에 집어넣는다. 그는 흙을 한 번 퍼서 베갯잇에 둔다.

"아주 건조하네요." 그는 가루를 뿌리며 움직임을 살핀다. "아주, 아주 건조해요. 분명히 뿌리바구미root weevils, 총채벌레thrips, 친치벌레chinch bugs가 있을 거예요." 그는 흙에서 뿌리들을 잘라낸다. 아무것도 움직이지 않는다. 그는 팔꿈치 아래에서 도토리 하나를 털어낸다. "아마 여기에는 긴코바구미가 있을 거예요." 그가 기대에 차서 말한다. 우리는 잔디밭을 건너가며 흙을 파지만 결과는 똑같다. "토끼풀에 총채벌레도 없어요. 벌레들이 중국에 가버렸나봐요." 고등학교 과학 교사인 척 피터스Chuck Peters는 우리와 합류하여 빛나는 갈색 조각을 내민다. "이건 방아벌레의 일부입니다"라고 그는 말한다.

척 피터스는 자신의 딱정벌레 조각을 떨어뜨린다. "아시겠지만 우리는 이런 벌레 조각들을 볼 때 실망하죠." 그러나 벌레 사냥꾼들은 곤충 국가 전체에 퍼져서 조사를 하면서 모든 지역에서 똑같이 가뭄으로 벌레 수가 줄어든 것은 아니라는 사실을 발견한다.

"이 생물들을 보세요." 척 피터스는 숨을 들이쉬며 퇴비통 뚜껑을 들어 올린다. 내 채소 쓰레기 오아시스에는 쥐며느리가 우글거리고 있다. 조금 후에 그는 산딸기 뒤에서 나를 큰 소리로 부른다. 그는 밀짚 다발을 옆으로 밀어 놓고 무언가를 붙잡기 시작한다. "이 미생물 서식 환경에는 생물들이 우글우글합니다!" 그는 가느다란 반날개를 집어 올려 유리병에 넣어 보존한다. 반날개가 물지만 벌레 사냥꾼은 신경 쓰지 않는다. 지네 한 마리가 노출된 흙을 우르르 소리를 내며 지나가 밀짚 속으로 떨어진다. 척이 이 지네를 찌른다. 지네 역시 문다.

"도롱이벌레bagworms가 이 헛간을 좋아하네요." 딕은 내 모형 금속 헛간 옆에 서서 알쏭달쏭한 말을 한다. 나는 그의 손가락을 따라가 잎 조각으로 만들어진 1.3센티미터 길이의 관을 발견한다. 이 관의 한쪽 끝은 강철 벽에 붙어 있다. 나는 스무 개를 더 찾아냈다. 딕은, 이 곤충들은 물속에서 모래로 집을 만드는 날도래처럼, 유기물 쓰레기를 주위로 끌어 모아 결국은 소형 나방처럼 된다고 말한다(사실 가끔씩 이 벌레들을 집 안의 벽에서 발견하고 무엇인지 궁금했다고 인정하려니까 부끄럽다. 나는 여름에는 문을 열어놓고 지내자는 주의여서 올해는 뒤영벌부터 얼룩다람쥐까지 모든 동물이 내 집을 어슬렁거릴 것이다). 척 루벨치크는 헛간 안에서 구부리고 앉아 거미들을 즐겁게 하고 있다. 한 암컷의 알들이 막 부화하여 천문학적인 수의 작은 알갱이들이 얇은 주머니에서 흩어져 나가고 있다. 구석에는 작은 말벌집이 매달려 있다.

우리 모두는 정오의 열기 속에 산딸기 뿌리 덮개에 모였다. 딕은 배를 깔고 엎드려 짚을 벗기며 손가락으로 고랑을 판다. 생물들이 나타난다. 척 피터스가 "반날개네"라고 말하며 집고서 딕에게 넘긴다. 딕은 연구를 위해 반날개를 채집하고 있다. 녹색의 무언가가 딕의 손에 앉는다. "멋진 벌레예요"라고 그는 말하고, 척 피터스는 내게 눈썹을 올려 보인다. "딕이 벌레라고 말하면 매미목

Hemiptera이란 뜻이에요." 많은 곤충들의 날개는 두 쌍이다. 매미목 곤충의 경우 앞날개 모두나 일부가 단단해져서 평평하고 타원형인 껍데기가 된다. 또 매미목은 입을 구성하는 대롱 네 개로 먹이를 빨아들인다. 대부분의 매미목은 식물을 뚫지만, 빈대는 인간을 전문적으로 노린다. 이와 대조적으로 모기는 파리목이다. 구릿빛 딱정벌레 한 마리가 공룡처럼 쿵쾅거리며 진흙 위로 지나간다. 딕은 내게 이 딱정벌레가 지렁이를 먹는다고 말한다.

일행은 계속 나아가 사과나무를 자세히 살핀다. 딕이 가리키며 말한다. "왕개미." 그의 안경이 땀 때문에 미끄러지고 있다. "거미. 다듬이벌레Psocid. 다듬이벌레는 작은 나방 같은 벌레로 나무껍질 위에서 움직이지 않고 가만히 있죠. 녀석들은 곰팡이를 먹죠."

척 피터스는 개인적으로 채집하고 싶은 스텔스 폭격기 모양의 파리 한 마리를 보고 흡입기를 사용한다. 흡입기는 코르크 마개에 튜브 두 개가 달려 있는 병이다. 척은 한 튜브를 파리에게 겨냥하고 다른 튜브를 세게 빨아들인다. 파리가 병 안에 들어와 앉는다. 흡입 튜브 위에 망이 있어서 파리가 척의 입으로 들어가는 것을 막는다. 척의 학생들은 몰래 흡입기에 손을 대 망을 제거하고는 키득키득 웃는다.

마침내 피부를 땀으로 식히는 동물들에게도 햇볕이 참을 수 없을 정도가 됐다. 척 피터스는 자신의 장비를 수거한다. 그는 두 덤불 사이에 돛처럼 방수포를 매달았었다. 우리가 벌레 사냥을 하는 동안 스무 마리 정도의 파리, 딱정벌레, 매미목 곤충들이 그 안에 날아와 굴러 떨어져 비눗물로 가득한 플라스틱 하프파이프 안으로 첨벙 들어갔다. 포획물이다. 또 척은 한 뼘의 연 모양 나일론을 매어두고 막대로 덤불을 치러 갔다. 풍부한 매미목 곤충들이 숨어 있던 곳에서 굴러 떨어져 이 나일론에 도달했다. 피터스는 이 또한 접어서 차로 가져간다. 그리고 벌레 사냥꾼들은 바쁘게 가버린다. 매미목 곤충들과 나는 햇볕 속에 남는다.

늦여름은 기어 다니는 벌레들에게 언제나 힘든 시기이다. 기어 다니는 벌레들은 명확히 냉혈동물로 분류되지만, 이 중 다수는 자체적으로 열을 낸다. 뒤영벌들은 추운 아침에 몸을 떨어서 비행 근육의 온도를 높인다. 잠자리는 앉아서도 몸을 떨며 시동을 걸어서 지나가는 모기를 쫓아 휙 날아갈 준비를 갖춘다. 특히 근육에서 쓸데없는 열이 발생하는 비행 곤충에게는 체온을 낮은 채로 유지하는 것이 중요한 문제이다. 그래서 한여름은 곤충들에게 힘든 시기이다. 사람에게도 그렇다. 이제 나는 곤충을 어떻게 찾는지 알았기 때문에, 내 곤충 국가를 좀더 체계적으로 조사하려고 한다. 다만 좀더 시원한 날에 말이다.

대나무의 축제

어느 화창한 날 아침에 나는 뒤뜰을 돌아보다가 육두구 냄새를 맡고 그 냄새를 따라 내 북쪽 담장의 작은 대나무 울타리로 간다. 작고 하얀 꽃들이 울타리에 피어나고 있다. 대나무는 동물들에게 의존하여 수분을 하는 다른 식물들과 마찬가지로 관심을 끌기 위해 향기를 뿜는다. 또 이 대나무는 껍질 표면의 온도를 높일 것이다. 이것은 새로 발견된 식물의 능력으로, 곤충을 유혹하는 데 도움이 될 것이다. 경험 있는 곤충은 한 꽃에서 다른 꽃으로 꽃가루 몇 알을 옮기는 일에 꿀, 영양가 높은 꽃가루 또는 공짜 워밍업 등의 보상이 기다리고 있다는 사실을 알고 있다.

오늘 대나무를 보면서 이 땅에 수분 매개체 위기 사태가 벌어지고 있다는 생각은 잘 와 닿지 않는다. 하지만 그것은 사실이다. 일부 야생 식물들은 필요한 도움을 얻지 못해서 수분을 하지 못하고 있다. 그 이유는 대체로 화학적이다. 현대의 잔디밭, 정원, 농장을 적시는 농약은 죽이는 대상을 전혀 구분하지 않는다. 벌류, 매미류, 파리류, 나비류가 알풍뎅이와 거세미와 함께 죽는다. 일부 식물들은 수분 매개체를 까다롭게 가리도록 진화했기 때문에 특정 곤충이 사라지면 한 식물의 모든 생식 노력이 좌절될 수 있다. 이 문제에서 내가 가장 즐겨 인용하는 사례는 프랑스 식민주의자들이 멕시코 바닐라를 아프리카 해안의 레위니옹으로 도입한 일이다. 토종곤충은 어느 것도 이 새로운 난초를 찾지 않았고, 멕시코에서 이 식물의 수분을 맡았던 멕시코 벌은 이동을 거부했다. 그래서 중앙아메리카 이외의 지역에서 자라는 모든 바닐라는 사람이 손으로 한 번에 꽃 한 송이씩 수분시킨다(그래서 대부분의 바닐라가 중앙아메리카에서 자란다).

대나무는 북아메리카 토종이 아니지만 이런 문제가 없다. 대나무의 자극적인 향이 곤충들을 끌어들인다. 내 쪽 울타리에서 나는 꿀벌 스무 마리와 거의 그 두 배에 달하는 뒤영벌을 발견한다. 머리가 하얀 말벌과 빛나는 금색 머리의 주황색과 검정색이 섞인 말벌 모두 꽃을 찾는다. 꿀을 모으느라 정신이 없는 말벌 한 마리가 내 손목에 앉아 나를 쏜다. 온갖 모양과 크기의 파리들이 꽃을 이용한다. 녀석들이 꿀을 얻는지 꽃가루를 얻는지 또는 다른 곤충을 잡는 건지 나로서는 모르겠다. 나는 꽃 두세 송이를 꺾어서 나무 테라스 위의 현미경으로 가져갔다. 꽃가루는 하나도 보이지 않지만, 꽃들은 꿀 때문에 미끌미끌하다. 그리고 내가 간단히 계산해본 바로는 이 작은 울타리 안에는 꽃 200만 송이 이상이 있다. 뒤뜰 다른 편의 대나무 숲에는 분명 수억 송이가 더 있을 것이다. 어마어마한 열량이다.

대나무 축제는 며칠간 계속된다. 벌들은 꿀을 모으는 데 아주 열중해서, 일하고 있는 동안에는 벌들을 직접 건드릴 수가 있다. 나는 뒤영벌 목의 노란 털을 헝클어뜨릴 수 있다. 배의 검은색 골진 부분을 쓰다듬을 수도 있다. 꿀벌은 더 바쁘고 더 위협적이지만, 역시 건드릴 수가 있다. 꿀벌의 바쁜 활동은 수분 문제의 일부이다. 유럽인들이 이 꿀벌의 벌통을 아메리카 대륙에 가져왔을 때 꿀벌들은 토종인 뒤영벌들이 차지하고 있는 영역으로 곧장 갔다. 꿀벌은 뒤영벌과 같은 꽃을 찾아가서 같은 꿀을 모으고 이런 일들을 더 효율적으로 했다. 꿀벌은 가장 달콤한 꽃의 진한 농도를 찾는 데 탁월한 능력이 있다. 그리고 꿀벌은 벌집으로 돌아가 춤을 추어서 자매들을 다시 몰고 가 꽃밭의 꿀을 모두 빨아들여 말라버리게 할 수 있다. 그 결과, 꿀벌이 있는 곳에서는 뒤영벌은 이전만큼 많은 새 여왕벌을 키울 수가 없다. 동물학자 베르트 하인리히는 『뒤영벌 경제학Bumblebee Economics』에서 우리 찬장 속 꿀통에 숨은 보이지 않는 비용을 계산했다. 이 꿀을 유럽 꿀벌이 아니라 토종 뒤영벌이 모았다면, 그 꿀은 가을에 새 뒤영벌 가족을 꾸리기 시작하는 '생식 가능한 개체', 즉 젊은 수컷과 공주벌들을 436마리 더 지원했을 것이다.

토종 벌들이 꿀을 잃고 있다는 바로 그 이유 때문에 토종 식물들은 토종 벌들을 잃고 있다. 이곳 주위의 숲에서 자라는 난초인 분홍개불알꽃pink lady's slipper의 연구에서, 과학자들은 이 꽃의 2퍼센트만이 뒤영벌을 유혹하여 수분에 성공한다는 사실을 알게 되었다. 비슷한 연구의 주제가 된 식물들의 절반 이상은 부실한 토양이나 약탈하는 쐐기벌레 때문이 아니라 수분을 매개해주는 생물이 부족해서 수분율이 제한되는 것으로 밝혀졌다. 꿀벌이 뒤영벌을 제쳤다면, 왜 꿀벌이 대신 수분을 매개할 수 없을까? 한 가지 이유는 바닐라 이야기와 관련된다. 일부 복잡한 꽃들은 특정한 곤충이나 새만이 깊숙한 곳까지 손을 뻗칠 수 있다. 이런 특정한 곤충이나 새가 귀해지면, 그 꽃의 운명은 끝난 것이다. 또 다른 이유는 수입된 꿀벌이 토종 개체군을 맹렬히 공격한 뒤에, 꿀벌들의 개체군도 무너졌기 때문이다. 흡혈 진드기가 두 차례 나타나 엄청난 숫자의 꿀벌들이 죽었다. 아마 거의 모든 야생 꿀벌 가족들이 죽었을 것이다. 양봉가들도 기르던 꿀벌 대부분을 잃었다. 토종 수분 매개체들이 농약과 서식지의 포장에도 살아남을 수 있다면(뒤영벌 여왕들은 지하에서 가족을 기른다), 아마 지금이 그들의 생태적 지위를 다시 되찾을 기회일 것이다.

그러나 내 대나무 울타리에서 수분 시스템은 하루하루 더 복잡해진다. 어느 날 선홍색 잠자리 두 마리가 대나무에 앉아서 적당한 크기의 먹이가 날아가기를 기다린다. 하루 지나 작은 회색 새, 바로 작은 딱새 한 마리가 근처 사과나무에 보금자리를 정한다. 녀석은 윙윙거리는 공중에서 급강하하여 곤충 한 마리를 잡고는 다시 자신의 나뭇가지로 되돌아간다.

열흘 뒤 대나무꽃이 갈색으로 변할 때에 새들과 잠자리들은 배불리 먹고, 기생하는 말벌과 파리는 알 한 개나 두 개를 숙주에 내질러놓고, 대나무는 수분이 될 것이다. 충분한 꿀과 꽃가루를 얻은 이 곤충들은 자신들의 자원을 새로운 세대에 투자할 것이다. 뒤영벌은 아마 내 테라스 아래의 땅 밑에서 진흙 꿀단지를 가득 채워서 새끼들을 살찌울 것이다.

곤충들의 성생활

나의 다음 조사는 곤충의 성性에 대해 알려준다. 곤충은 야생동물이지만, 가장 사사로운 활동을 우리 집 바로 옆에서 할 때조차도 전혀 부끄러워하지 않는다. 어느 날 오후 나는 나무 테라스 옆에서 귀뚜라미 한 마리가 투덜대는 소리를 듣는다. 나는 소리를 멈추게 하려고 그쪽을 향해 몰래 다가간다. 이번만은 녀석이 멈추지 않는다. 이 귀뚜라미에게는 지금 안전보다 훨씬 더 중요한 것이 있다. 이 귀뚜라미는 사랑에 빠져 있다. 나는 계단에 천천히 앉아서 발 밑에서 벌어지는 귀뚜라미판 트로이 전쟁을 지켜본다.

나는 정원의 경계선을 긋는 바위들 중 하나의 꼭대기에 서 있는 것이 트로이의 왕자 파리스라고 상상한다. 파리스는 왼쪽 날개를 오른쪽 날개로 찰싹 치면서, 작은 하프를 연주한다. 귀뚤! 귀

뚤! 귀뚤! 몸 뒤쪽 끝에 대롱 모양의 산란관이 있는, 빛나는 검은색인 스파르타의 왕비 헬레네 떼 전체가 정원에서 배회하면서 떨어진 토마토와 다른 파편들을 먹는다.

정원의 평원을 건너 스파르타의 왕 메넬라오스가 온다. 메넬라오스는 헬레네를 지나갈 때도 속도를 거의 늦추지 않는다. 파리스의 바위 아랫단에서 메넬라오스는 힘차게 귀뚤 소리를 낸다! 파리스는 껑충 내려와 메넬라오스와 대면한다. 이 전사들은 서로를 노려본다. 그리고 둘은 굳센 다리에 힘을 주며 앞쪽으로 몸을 기울인다. 둘의 검은 머리가 충돌하고 앞다리를 서로 건다. 둘은 서로 상대를 뒤로 들어 올려 넘기려고 한다. 이들은 상대를 들어 올릴 때도 귀뚤귀뚤 소리를 낸다. 계속해서 부딪치고 들어 올리다가, 결국 메넬라오스가 물러나며 싸움이 끝난다. 파리스는 트로이를 하루 더 지켰다.

파리스는 전리품을 조사한다. 파리스는 폴짝폴짝 춤을 추며 헬레네 한 마리에게 접근한다. 헬레네는 시든 토마토에 정신이 팔려 있다. 또 다른 헬레네는 골파 근처에 놓인 투명한 플라스틱 조각 아래에 굴을 판다. 파리스는 세 번째 헬레네 아래에서 귀뚤귀뚤 소리를 내며 더듬이로 헬레네의 날개를 톡톡 친다. 헬레네가 떠나지 않자 파리스는 헬레네의 등 위로 걸어 올라간다. 그러나 헬레네의 산란관은 흙 속에 묻혀 있고 헬레네는 알을 낳고 있다. 파리스는 헬레네의 머리를 넘어 걸어 나간다. 나무 테라스 아래에서 다른 수컷이 반쯤 작은 소리로 귀뚤귀뚤 소리를 낸다. 이 수컷은 파리스에게 호되게 당할 위험을 피하면서 암컷을 유혹하고 있는 듯하다. 파리스는 마침내 자기 바위로 돌아가고 그 뒤를 헬레네 한 마리가 뒤따른다. 헬레네는 바위 옆의 작은 잔디 동굴 입구에서 잠시 수줍어한 뒤 들어가고, 파리스는 헬레네 뒤를 따라 뛰어 내려간다. 둘은 잠시 후 다시 나타나며 헬레네는 정원으로 돌아간다.

평원 건너에서 또 다른 도전자가 온다. 나는 귀뚜라미들이 거의 뛰지 않는다는 사실을 알았다. 녀석들은 우리들처럼 터벅터벅 걷는다. 새로 나타난 전사는 동굴 입구의 파리스에게 똑바로 걸어 오지만, 파리스가 갑자기 움직이자 이 전사는 꼬리를 내린다. 나는 이 전사를 잔디밭에서 잡아서 내 무릎 위에 올려놓는다. 빛나는 검은 눈에 길고 예민한 더듬이를 가진 멋진 녀석이다. 그는 도약용 다리 하나를 잃어서 싸움을 꺼려하는 것 같다. 녀석은 5분 동안 햇볕을 쬐고 앉은 후에 뛰어내렸다. 이제 수컷 다섯 마리가 암컷들 주위를 돌아다닌다. 파리스가 싸우기에는 너무 많은 숫자이다. 하지만 어쨌든 헬레네들 대부분은 이미 앞다리로 흙을 파헤치고 산란관을 흙 속에 찔러 넣어 알을 낳고 있다. 이 영웅들은 모두 첫 서리가 내리면 죽을 것이다. 그리고 내가 정원을 파괴적으로 가꾸지 않는다면 작은 귀뚜라미들이 봄에 다시 나타날 것이다. 귀뚜라미는 성숙해지기 전에 열두 번은 허물을 벗을 것이고 새로운 세대가 트로이의 평원에서 놀 것이다.

귀뚜라미의 성에 대한 접근은 아주 솔직해서 곤충 세계의 정도에서 벗어나 있다. 톡토기springtail는 귀뚜라미와 전혀 다른 방식으로 짝짓기를 한다. 톡토기는 작은 곤충으로 어느 정도 길게 늘려놓은 빈대를 닮았다. 톡토기는 아주 작다. 북아메리카에는 톡토기가 700종 가까이 서식하지만, 대부분의 사람들은 톡토기를 흙에서 움직이는 점 정도로만 알고 있다. 내가 대충 추정해본 바로는, 잔디에 한 발을 디딜 때마다 이삼백 마리의 톡토기를 밟을 수 있다. 많은 톡토기들에게는 보통의 다리 여섯 개에 더해서 공중으로 몸을 휙 날릴 수 있는 꼬리가 있다. 또한 톡토기에게는 독특한 짝짓기 방식이 있다. 한 톡토기 종의 경우, 수컷이 훨씬 큰 암컷에게 접근하여 더듬이로 암컷을 붙잡는다. 수컷은 땅 위에 정액 한 방울을 떨어뜨리고 나서 상대 암컷을 이 정액 위로 끌고 온다. 또 나무에 사는 다른 종의 경우, 수컷이 노리는 상대 주위의 나무줄기에 정액의 덫을 각각 설치해둔다. 암컷은 울타리를 빠져나가면서 정액 방울과 충돌해 수정이 된다. 그리고 이 종은 톡토기 중에서도 특히 열정적인 종이다. 수컷 대부분은 정액 줄기를 아무 곳에나 두어 어떤 암컷이나 지나가다 걸리도록 한다. 과학자들은 수컷이 정자 정원을 돌보는 것을 관찰했는데, 정자 정원에서 수컷들은 오래 전에 놓아둔 정자를 먹고 새로운 정자를 놓는 듯한 모습을 보인다.

나는 곤충의 성생활을 연구하면서 마침내 고리를 이루는 잠자리의 비밀을 풀 수 있게 됐다. 나는 여러 차례 잠자리 두 마리가 하나의 고리를 이루어 서로 밀착하고 있는 것을 목격했다. 수컷의 꼬리는 암컷의 머리를 잡고 있으며, 암컷은 꼬리를 몸 아래로 비틀어서 수컷의 가슴에 밀착했다. 그렇다. 둘은 짝짓기를 하는 중이다. 잠자리 수컷은 진화의 어느 시점에 자신의 정자를 이용하는 가장 현명한 방법은 꼬리를 앞으로 구부려 정자를 가슴 위의 저장소에 두는 것이라고 결론지었다. 암컷은 이제 이 정자를 모으기 위해 꼬리를 수컷 가슴 위로 올려야 한다. 어떤 경우에는 정자를 완전히 옮기는 데 한 시간이 걸린다. 이런 종류의 일이 어떻게 진화하는지, 어떤 일련의 유전적 변이가 이런 일들을 만들어내는가 하는 물음들은 진화생물학자들을 밤새우게 하는 천만 가지 질문 중 하나이다.

거미의 그물짜기

이제 내가 하던 조사로 돌아가자. 기어 다니는 벌레의 서식지가 내 집에 점점 가까이 온다. 거미 한 마리는 내 사무실 창이 자신의 이상적인 서식 환경이라고 결정하여, 창문을 가로질러 거미그물을 지었다. 아이쿠! 욕심 많은 저 다리들! 저 두터운 배! 거미들에게 전혀 나쁜 감정은 없지만, 거미들 때문에 비명을 지르고 싶어진다. 다행히 유리창 두 장이 우리 사이를 분리하고 있다. 나는 거미를 쳐다본다. 녀석은 거미그물 중앙에서 아래쪽을 향해 있다. 녀석의 다리 여덟 개는 방사상으로 펼쳐져 있다. 시원한 바람에 거미가 흔들린다.

나는 내 쪽 창문으로 손을 올린다. 녀석은 나와 아는 사이가 되는 것을 달가워하지 않는다. 녀석은 거미그물 중앙에서 튀어 올라 식기 세척기가 회전을 시작하는 것처럼 원을 그리며 빙빙 돈다. 내가 새라면, 나는 녀석을 너무 커서 먹을 수 없다고 생각할까? 아니면 너무 포악해서? 나와는 달리, 녀석은 한 번의 조우로 공포를 극복한다. 다음 날 다시 유리창에 내 손을 펴 보이자 녀석은 움직이지 않는다. 나는 깊이 숨을 들이쉬고 자세히 살펴본다. 완두콩 크기만한 배는 갈색 털로 덮여서 부드러워 보인다. 하얀 점들이 등 중앙까지 줄줄이 내려오며 초콜릿 색 점들이 양 옆에 한 줄씩 있다. 다리에는 갈색, 검은색, 하얀색의 바둑판 무늬가 있다. 거미가 평소와 다르게 자신의 꽁무니를 내게 돌리는 자세를 취할 때, 나는 거미그물 중앙과 방적돌기를 연결하는 가는 은빛 줄을 볼 수 있었다. 녀석은 우아하다. 나는 내 정신을 진정시키기 위해 녀석에게 둥글둥글하고 애교 있는 이름을 붙인다. 바베트Babbette.

거미그물 자체는 고전적인 둥근 모양이다. 세로실이 29개이고 이 세로실 각각에 26개의 가로실이 놓여 있다. 거미줄 자체는 보풀이 좀 일어난 것처럼 보인다. 나는 유리창에 코를 대고 가로실 모두에 간신히 볼 수 있을 정도로 아주 작은 진주가 매달려 있는 것을 발견한다. 나는 예전에 이를 설명하는 내용을 본 적이 있다. 둥근 거미그물을 짓는 거미가 만들어내는 거미줄 여섯 개에서 여덟 개 중 하나는 끈적한 구슬을 형성한다고 한다. 거미줄이 거미에서 나올 때, 거미줄 겉에는 공기에서 수분을 끌어들이는 염분이 입혀져 있다. 거미줄에 수분이 모일 때 끈적한 구슬이 형성된다. 축축한 구슬들은 곤충을 끌어들이고, 거미그물을 팽팽하지만 잘 늘어나게 만들기도 한다. 세로실은 다른 종류의 거미줄로 만들어지며 끈적하지 않다.

파리 한 마리가 이 거미그물에 부딪치면, 바베트는 거미그물의 세로실 두 줄을 잡고 작은 발톱으로 이 세로실들을 고정시킨다. 녀석은 낚싯줄을 시험하듯이 당긴다. 녀석은 자신이 직접 느끼는 것을 좋아한다. 바베트는 세로실을 타고 내려가 파리를 잡는다. 우선 뒷다리로 배 아래의 분사구에서 거미줄을 뽑아 파리 주위에 던진다. 그리고 독니를 박아 독을 한 차례 주입한다. 거미줄로 싼 고기를 입에 물고 운반해서 거미그물 중앙으로 돌아간다. 녀석은 화학물질을 파리에게 뱉고, 파리 수프를 반복해서 빨아 먹는다. 거미그물 안의 벌어진 구멍이 이동한 경로를 보여준다. 바베트는 끈적한 가로실에 발이 빠지면 가로실을 부순다. 그리고 다음 날 아침 그물은 완전히 사라졌다. 나는 아주 조금 실망한다.

그러나 하루 뒤면 그물이 다시 생긴다. 이는 일종의 패턴이 된다. 바베트는 먹이를 몇 마리 잡고서 그물이 망가질 때마다 그물을 깨끗하게 처리한다. 나는 한번도 녀석이 이전 거미그물을 치우는 장면을 본 적이 없다. 분명 밤에 아주 잠깐, 또는 내가 도시 밖으로 나갔다는 사실을 알 때 그물을 치우는 것 같다. 많은 거미들은 그물을 다시 만들 때 거미줄을 먹어서 특별한 단백질을 재활용한다. 바베트는 빈틈이 없어서 비밀을 잘 드러내지 않는다.

하지만 바베트는 곤충 먹는 것은 부끄러워하지 않는다. 바베트는 곤충을 아주 많이 먹는다. 어느 날 녀석은 큰 파리매를 잡았다. 나는 2.5센티미터 길이의 이 곤충이 짝짓기를 할 때 견뎌야 하는 시련을 알고 나서부터 이 곤충에 감탄하고 있다. 파리매의 암컷은 자동반사적으로 상대를 죽이기 때문에 짝짓기를 하는 수컷은 암컷에게 먹이를 제공하거나 암컷이 이미 한입 가득 먹이를 먹고 있을 때까지 기다린다. 나는 이것이 '먹고 먹히는 세상'의 일이라고 생각하긴 하지만, 바베트가 큼직한 녀석을 꽁꽁 묶어 내용물을 전부 빨아 먹고 남은 것을 껍데기 더미에 던지는 것은 좀 안타깝다. 내 마음을 훨씬 더 어지럽힌 것은 구더기를 낳은 집파리였다. 바베트가 집파리를 먹는 동안 나는 집파리의 배에서 무언가 하얀 것이 꿈틀거리며 나오는 것을 보았다. 어라? 구더기는 6미터 상공에서 부화하리라고는 꿈에도 생각하지 않았다는 듯이 작은 머리를 흔들면서 나왔다. 또 다른 구더기가 뒤따랐다. 그리고 또 한 마리가 나왔다. 이 공포 영화가 끝났을 때, 파리는 애벌레 일곱 마리를 낳았다. 아마 기생 말벌이나 파리의 자손이었을 것이다. 모두가 시체 더미에 떨어져서 바베트의 식탁에서 음식이 몇 개 없어졌다.

　　　나의 거미는 여름이 끝나갈 무렵이 되면 변덕스러워질 것이다. 추운 아침에 늦게까지 자고 정오에나 처마에 나타날 것이다. 때때로 녀석은 하루이틀은 거미그물을 고치지 않고서 아마 허물을 벗을 것이다. 근처에 있을 바베트의 자매들도 똑같이 할 것이다. 바베트 아래쪽의 정원에서 여동생 하나는 온종일 죽은 식물 줄기의 일부인 척 가장하여 새에게 들킬 확률을 최소화할 것이다. 그리고 현관에 있는 셋째는 천장으로 돌아가, 맛좋고 군침 도는 이유가 있을 때만 거미그물로 황급히 내려갈 것이다. 모두 땅콩 크기만큼 부풀 것이다.

　　　바베트는 열량을 아껴서 알에 전환하는 암거미이다. 수거미들은 보통 작으며, 마지막으로 허물을 벗어 성숙하자마자 거미그물을 만드는 작업을 중단한다. 녀석들은 모든 에너지를 짝짓기에 투자한다. 수컷은 촉수(턱 아래의 더듬이 같은 지팡이)에 정자를 실어서 적당한 거미그물에 접근한다. 녀석은 값싼 식사거리로 오인되는 것을 피하기 위해 거미그물을 종 특유의 리듬으로 흔든다. 녀석은 거미그물 위에 특별한 짝짓기 줄을 짓고 암컷을 그 줄에 초대한다.

그리고 암컷은 수컷을 자기 거미그물로 초대할 것이고, 거미끼리 오래 대화를 나눈 뒤에 수컷은 자신의 촉수에 담긴 것을 암컷 꽁무니 위의 주머니에 비우도록 허락받을 것이다. 바베트는 짝짓기를 하고 이삼 주가 지난 뒤에 약 천 개의 알을 낳을 것이며 이 알을 적합한 형태의 거미줄로 쌀 것이다. 그리고 이 수컷이 겨울을 견디는 몇 안 되는 종 중 하나가 아닌 한, 녀석은 죽을 것이다.

9월에 바베트는 내 창문에서 사라질 것이다. 내게 유일하게 남는 기념품은 폭풍이 유리에 붙여놓은 거미그물의 잔해뿐일 것이다. 한동안 거미줄의 윤곽은 유리창에 스민 끈적끈적하고 얇은 막으로 남을 것이다. 그리고 폭풍이 더 몰아쳐 유리창에 눈을 퍼부으면 마지막으로 남은 바베트의 거미그물도 사라질 것이다. 아마 내년에 바베트의 새끼 거미들이 처마에 나타나서 나를 점점 덜 예민하게 만들 것이다.

곤충 세계의 세계 시민

뒤뜰에서 동물들의 서식지를 둘러보면서 곤충 세계의 세계 시민은 개미라는 것을 확신하게 되었다. 개미는 나무의 높은 곳, 땅속 깊은 곳, 잔디 곳곳, 그리고 내가 들춘 모든 바위 아래에서 나타난다. 개미들은 토마토에 진딧물을 기르고, 경호를 해주는 대가로 진딧물의 분비물을 받는다. 개미들은 또한 해충과 싸워주는 대신 그 대가로 모란 봉오리의 작은 밀선에서 꿀을 모은다. 개미들은 보도와 땅 속에서 데이지 씨앗을 운반한다. 개미는 거의 모든 곳에서 서식한다. 나는 한번 딕 디어본에게 내 뒤뜰의 개미들 무게를 합치면 나보다 무겁냐고 물어보았다. "아마 그럴 겁니다"라고 그는 답변했다.

어느 날 나는 개미 행렬이 벌새 모이통으로 막대기를 타고 올라가는 것을 발견했다. 나는 의자 하나를 당겨 지켜본다. 두세 마리는 크고 검은색이지만, 대부분은 활발한 금색 변종이다. 이 개미들은 막대기 위아래를 다니다 다른 모든 개미를 만나면 멈춰서 더듬이로 가볍게 쳐본다. 올라가고 있는 개미들은 모이통 꼭대기로 가서 플라스틱 공으로 기어 내려가며 발로는 잡을 것을 찾는다. 녀석들은 병이 빨간 원반으로 좁아지는 부분을 빠져나간다. 그리고 녀석들은 병과 원반 사이에 얇은 설탕물 막이 빛나는 곳에 끼어들어 설탕물을 마신다. 설탕물로 배를 가득 채운 분홍색으로 빛나는 개미들은 다시 줄지어 병 위로 올라가서 막대기 아래로 내려온다. 녀석들은 '활발마을'로 돌아가서 친족들이 먹을 수 있게 뒤영벌과 꿀벌들처럼 물자를 토해낼 것이다. 개미들이 지상 1미터 20센티미터 위의 이곳에서 먹이를 먹고 있다는 것은, 어떤 용감한 정찰병이 여기에 먹이가 있는지 확인하려고 끙끙대며 올라왔다는 뜻이다. 정찰병이 먹이를 발견하고 '활발마을'까지 이어지는 화학적 자취를 남겨서 일개미들이 이 길을 따라 뛰어왔다.

'활발마을'이 어디에 있는지 찾으려고 막대기 아랫부분에 앉아 있을 때 각다귀의 곤경을 목격하곤 거기에 신경이 팔렸다. 각다귀는 막대기에 앉아서 무슨 일인지 딱 붙어 있었다. 녀석은 날 수 없거나, 날고 싶지 않은 것 같다. 막대기를 오르는 개미들은 모두 지나가면서 각다귀에게 장난을 쳤다. 결국에는 개미 한 마리가 각다귀의 등 위에 올라가서 치고 찌르고 다리 하나를 붙잡는다. 개미가 당기자 각다귀는 미끄러진다. 이에 힘을 얻은 개미는 각다귀의 배를 안고 막대기에서 떼어 올린다. 각다귀는 날개를 개미의 얼굴 앞에서 펄럭이며 저항하지만 개미는 서서히 막대기를 내려가기 시작한다. 바람이 불어 각다귀의 날개를 흔든다. 개미는 떨어지지 않으려고 발에 힘을 더욱 준다. 하나씩, 하나씩 발이 떼어진다. 개미와 각다귀는 막대기를 놓치고 정원에 떨어진다. 내 경험으로 봤을 때 개미가 이 먹이를 집으로 가져가는 데는 남은 오후 시간 전부가 걸릴 것이다.

이 개미들의 종 이름이 무엇인지 나는 말할 수가 없다. 북아메리카에는 약 600종류의 개미들이 서식한다. 대부분 다양한 먹이를 먹으며, 각다귀도 먹고 구할 수 있다면 설탕물도 먹는다. 어떤 종들은 거미의 알과 다른 절지동물만 먹는다. 또 씨앗만 먹는 종들도 있다. 아니면 다른 개미들만 먹는 종들도 있다. 경작을 하는 두세 종은 자신들이 자른 잎에서 자라는 버섯만 먹거나, 자신들이 소떼처럼 기르는 진딧물이 분비한 단물만 먹는다. 극소수는 수분에 도움을 주지만, 꿀을 훔치는 것들이 더 많다. 대부분은 자연의 작은 경작자들이며 호흡을 통해 흙에 산소를 공급하고 흙을 섞는다.

막대기 위의 '검은 개미들'은 '활발마을' 개미들보다 더 침착하다. 아마 이 개미들의 주된 먹이는 당분보다는 씨앗일 것이다. 이 이론을 시험하기 위해 나는 젓가락에 투명한 꿀을 묻혀서 막대기 아래의 바위 위에 꿀을 몇 방울 떨어뜨린다. 이삼 분 뒤에 '활발마을' 주민 두 마리와 '침착마을' 주민 두 마리가 꿀을 찾는다. 그러나

15분 뒤에 꿀은 '활발마을' 개미들의 열광의 현장이 되지만, '침착마을' 개미들은 네 마리만 꿀 방울 주위를 돌아다닌다. 그리고 30분 뒤에 '침착마을' 개미는 보도로 올라갔고 모든 개미들이 집으로 갔다. 한 마리만 빼고. 녀석은 나무젓가락 자체를 원했다. 나는 그 개미를 현미경으로 가져간다.

녀석을 확대해서 보니까 검은색이 아니라 적갈색이다. 녀석의 큰 눈은 낱알처럼 생긴 수많은 렌즈로 이루어져 있다. 녀석의 얼굴은 부리 같은 부분에서 끝난다. 이 부리는 꿀 속에 푹 파묻혀 있다. 이 부리 아래에서는 온갖 일들이 다 벌어지고 있다. 사람의 입과는 달리 개미의 입은 도구들로 가득 차 있다. 촉수 여섯 개와 턱 부분은 일부는 꿀을 휘젓는 데, 다른 일부는 꿀을 퍼 올리는 데 사용하는 것 같다. 녹은 꿀은 녀석의 벌어진 입으로 흘러 들어간다. 녀석은 이삼 초마다 꿀을 삼키기 위해 잠깐 멈춘다. 녀석은 행복감을 표현하는 듯이 더듬이 하나와 발 하나로 젓가락을 두드린다. 나는 다시 '침착마을'의 바위에 개미를 놓아준다.

또 다른 날에 날개가 세 장인 개미들이 내가 앉아 있는 잔디 의자로 열심히 올라가 하늘로 난다. 이날은 짝짓기 날이다. 개미 종 대부분은 같은 날에 날개 달린 생식 가능한 개체들을 내보낸다. 어떤 종의 경우에는 여러 개미탑의 수컷들이 같은 한 곳, 예를 들면 나무 한 그루나 지붕 위에 몰릴 것이다. 녀석들은 페로몬 애프터셰이브 로션을 바를 것이고, 암컷들이 날아올 것이다. 다른 종의 경우에는 암컷들이 둥지를 떠나 편안한 곳으로 날아가서 냄새를 뿜는다. 어떤 식으로든 결과는 날개 달린 개미 다수가 한 순간에 공중으로 날아오르는 것이다. 대다수는 새, 파충류 또는 심지어 개미와 다른 곤충들에게도 잡아먹힐 것이다. 아니면 물에 빠지거나, 짝을 찾지 못하거나, 내 의자에 깔릴 것이다. 그러나 그런 경우를 감안해서 그렇게 많은 숫자가 있는 것이다. 어떻게든 한 마리는 운이 좋게 되어 있다. 짝짓기를 한 여왕개미는 날개를 접고 굴을 파서 가족을 이루기 시작할 것이다.

곤충들의 재앙, 농약

나는 요즘 잔디를 밟을 때, 내 발과 바싹 마른 흙 사이에서 숨을 죽이고 있을 작은 딱정벌레가 몇 마리나 있을지 생각한다. 풀 속에서 내가 지나가기를 기다리며 납작 누워 있는 거미는 몇 마리일까? 쥐며느리는 몇 마리일까? 짐을 내려놓고 그 짐을 찾는 데 한 시간을 보내는 개미들은 몇 마리일까? 이 벌레들을 짓이겨버릴까 걱정되긴 하지만, 이렇게 많은 곤충이 내 뒤뜰 생태계에서 편하게 지내고 있다는 사실을 알게 되어 기쁘다.

"곤충은 융통성이 있습니다. 곤충들은 도시와 시골 환경 사이의 차이점을 알아차리지 못하는 것 같아요. 곤충들은 많은 것을 먹을 수 있고 숨을 곳도 많습니다. 메인 주에 있는 거의 모든 모기 종이 이곳에 있습니다. 그리고 투구벌레 종 수 역시 다른 어떤 곳과도 거의 같습니다." 딕 디어본이 내게 말한다.

농약이 푸른 잎을 적시지 않는 내 뒤뜰에서만은 이 말이 사실이다. 일부의 도시는 모든 생물을 죽임으로써 웨스트나일 바이러스를 박멸하려고 하기 때문에, 올해 여름에 어떤 잔디밭에서는 모기약 살포로 통상적인 독성 화학물질이 늘어날 것이다. 농약 살포 운동은, 해충 한 가지를 박멸하려는 사람들과 무해한 수천 종을 보호하려는 사람들 사이의 수십 년간 계속된 싸움을 다시 촉발하고 있다. 딕은 조금의 망설임도 없이 말한다.

"농약은 모든 것을 파괴합니다." 그는 화가 나 씩씩거린다. "농약은 재앙이에요."

메인 주에서는 웨스트나일 바이러스가 모기약에도 주춤하지 않고 활개를 친다. 내 뒤뜰 주위의 16킬로미터 범위에서 모기는 까마귀를 계속해서 감염시켜 까마귀들은 피를 흘리며 땅으로 떨어진다. 죽은 까마귀를 표시하는 지도 위의 빨간 점들이 이웃 지역으로 가까이 밀집하고 있다. 아마 깊은 숲속의 모기들도 그만큼 많은 새들을 감염시키고 있을 것이지만 아무도 이 새들을 가려내지 못하고 있다. 아마 이런 경우에는 근교 거주자들이 자연 세계 전체를 휩쓸고 있는 바이러스를 관찰하는 최전선에 있을 것이다.

3 세 가지 수원

올해, 4월의 소나기는 5월의 꽃을 약속하지 않았다. 3월말까지 땅이 녹지 않아서 녹은 눈이 땅으로 스며드는 대신 거리로 흘러 나갔다. 그리고 땅이 부드러워졌을 때 비는 멎었다. 작년 역시 건조했다. 물도 유행을 타기라도 하듯이, 시골 지역의 우물은 말라가고 있다.

이 도시에서 가뭄은 내 뒤뜰의 세 가지 수원 가운데 하나인 하늘에서 떨어지는 물에만 타격을 준다. 이곳 북쪽의 호수에서 흘러나오는 독립된 하천 시스템은 철 파이프를 타고 인근 전체에 흐른다. 그리고 세 번째 수원은 내 잔디밭 30미터 아래에 그대로 남아 있다. 적어도 수맥전문가들은 내게 그렇다고 말할 것이다.

가뭄은 내 뒤뜰에는 재해가 되지 않는다. 나무와 덤불은 잎에 있는 입 같은 기공을 수축시켜서 수분을 유지할 수 있다. 나무와 덤불은 열매에 수분을 덜 가게 하여 1년 동안 생식을 지연할 수 있다. 나무와 덤불은 조금 덜 자랄 수 있다. 내 동물들도 괜찮을 것이다. 그리고 동물들은 내게 물 관리 전략에 관한 한두 가지 가르침을 준다. 동물의 하나로서, 호모사피엔스는 물에 크게 의존한다. 나는 별다른 행동 없이 밤에 잠을 자는 일만으로도 물을 0.5리터 배출한다. 물은 끊임없이 내 피부 밖으로 나온다. 나는 지나치게 소변을 본다. 나는 물을 지나치게 많이 배출하는 것에 대한 반작용으로 하루에 물 열 컵을 마셔야 한다. 나는 필요한 양의 60퍼센트를 물로 마시고 30퍼센트는 음식에서 취한다. 세포의 대사 작용으로 수소와 산소를 결합해 나머지 10퍼센트의 수분을 만든다. 다른 동물들, 특히 작은 동물들과 사막 동물들은 더 융통성이 있다. 캥거루쥐는 모든 수분을 먹이와 대사 작용에서 짜낼 수 있으며, 내 몸이 할 수 있는 것보다 오줌을 다섯 배 더 농축하여 수분을 유지한다.

온대 지역에서도 일부 동물들은 먹이에서 수분 대부분을 취하고 그 수분을 세심하게 재활용한다. 내 뒤뜰의 흰발생쥐는 추운 밤에 활동하여 수분을 지킨다. 녀석들은 마른 대변을 배출하여 수분을 거의 낭비하지 않으며, 소변은 내 소변보다 네 배 더 농축되어 있다. 까마귀는 요소를 물로 흘려버리는 대신 신장에서 농축하여 하얀 반죽 형태로 검은 대변과 함께 배출한다. 다람쥐 오줌도 내 오줌보다 훨씬 더 농축되어 있다.

나는 내 동물들이 가뭄에 살아남을 수 있도록 진화한 것을 알고 있지만, 녀석들을 돕지 않을 수는 없었다. 나는 까마귀들이 더운 날씨에 부리를 벌리고 그늘에 앉아 있는 것을 보고는 이전에는 신경 쓰지 않았던 일을 한다. 나는 수반 하나를 샀다. 또 나는 다람쥐, 쥐, 지면에 둥우리를 짓는 새들을 위해 낡은 큰 냄비에 물을 채워서 산벚나무 그늘에 둔다. 또 내 부엌에 일상적으로 드나들게 된 얼룩다람쥐를 위해 물 한 접시를 바닥에 둔다.

뻔뻔이를 만나다

얼룩다람쥐, 얼룩다람쥐. 나는 녀석을 추운 늦봄에 처음 발견했다. 녀석은 집 옆의 차도에서 단풍 열매를 모아 현관 아래로 뛰어가 숨겨두고 있었다. 나는 이곳에서 전에 얼룩다람쥐를 본 적이 없었다. 하지만 최근에 할머니의 아파트에서 얼룩다람쥐 한 마리에게 먹이를 주고 나서부터 얼룩다람쥐를 보고 싶어서 안달이 났다. 그리고 이곳에 녀석이 있다. 녀석의 작은 몸과 가는 꼬리는, 녀석이 어미의 영역에서 막 벗어난 소년이라는 사실을 알려준다. 녀석의 적갈색 털에는 검정색과 하얀색 줄무늬가 있으며, 깨끗하고 흠이 없다. 녀석은 끊임없이 움직인다. 정말 바쁜 녀석이다.

나는 녀석에게 먹이를 주고 길들이고 싶지만 걱정스럽다. 녀석이 해로운 동물이 될까봐 걱정되는 것이 아니다. 얼룩다람쥐는 벽을 거의 망치지 않으며, 녀석의 굴이 내 어설픈 꽃밭을 망칠까봐 걱정하지도 않는다. 나는 녀석이 영역을 선택하는 일에 내가 잘못 개입할까 걱정된다. 내 뒤뜰에 이전에 얼룩다람쥐가 한 번도 없었다는 것은 내 뒤뜰이 얼룩다람쥐의 필요에 맞지 않는다는 뜻일 것이다. 분명히 고양이가 너무 많고 내가 모르는 다른 위협도 있을 것이다. 아마 먹이가 부족하거나 숨을 곳이 적당하지 않을지도 모른다. 그래서 나는 기다린다. 녀석이 자기 뜻에 따라 내 뒤뜰을 선택한다면, 나는 녀석과 어울릴 것이다.

녀석이 우리 집에 머무르고 있다. 그래서 나는 2주 뒤에 해바라기 씨 한 움큼을 쥐고 나무 테라스에 앉았다. 나는 해바라기 씨를 나무 판자 위에 큰 소리가 나게 던졌다. 5분 뒤에 얼룩다람쥐는 계단 위로 뛰어 올라가 내 주위의 씨를 모두 챙기고 그 와중에 내 손에 부딪치기도 한다. 볼이 불룩해질 때까지 씨앗을 챙기고는 라일락 울타리로 뛰어가 해바라기 씨를 뱉어놓는다. 나는 씨를 더 흩뿌려놓고 내 손바닥 위에 두세 개를 남겨둔다. 녀석은 돌아와서 나무 테라스 위의 씨를 모두 챙긴 후에 내 손 주위도 두세 차례 킁킁거리더니 내 손 위로 삼각형 머리를 내민다. 녀석이 이빨과 혀로 씨하나를 모을 때 약간 압력이 느껴진다. 그리고 또 하나. 그리고 또 하나. 녀석은 내 엄지손가락 위로 앞발을 올린다. 그리고 뒷발도 올린다. 내 손바닥에 앉아서 해바라기 씨를 빨아들인다. 볼 속으로 들어간 씨앗이 드르륵드르륵 갈리는 소리가 난다. 볼이 불룩해진 녀석은 도망간다. 다음에는 모든 씨앗을 내 손바닥 위에 뒀다. 녀석은 손바닥 위로 뛰어 올라 씨앗을 모은다. 나는 천천히 엄지손가락을 녀석 머리 쪽으로 움직여 털을 쓰다듬는다. 녀석은 껑충 뛰어 도망가다가 다시 돌아온다. 나는 한 시간 동안 얼룩다람쥐를 손 위에 두고 천천히 올렸다 내렸다 한다. 녀석의 털은 비단처럼 부드럽다. 너무 부드러워서 아무 감촉도 느끼지 못할 정도다.

다음 날 아침 녀석은 부엌에서 나와 마주쳐 깜짝 놀랐다. 내가 습관적으로 뒷문을 열고 하루를 시작한 것을 녀석은 초대의 뜻으로 받아들였다. "이런 뻔뻔스러운 녀석 같으니." 내가 이렇게 말할 때, 얼룩다람쥐는 난로 아래로 잽싸게 숨는다. 나는 손에 씨를 들고 바닥에 앉아 기다린다. 1분 뒤에 녀석의 사슴색 코가 보인다. 나는 씨 하나를 바닥에 요란하게 떨어뜨린다. 까만 눈이 나타난다. 나는 하나를 더 떨어뜨린다. 귀가 나온다. 두세 차례 머뭇거린 다음, '뻔뻔이'는 조심스럽게 바닥을 건너 걸어온다. 씨 하나를 집어 든다. 뻔뻔이는 씨가 가득 있는 내 손을 보고는 두려움도 잊고 조급해진다. 그리고 녀석은 휙 하고 내 다리 위로 올라가더니 문 밖으로 나무 테라스 가장자리를 벗어난다. 나는 내 할 일을 하다가, 불과 3분 만에 냉장고 뒤에서 지나가는 적갈색 물체를 얼핏 발견했다. 뻔뻔이는 놀아왔고 볼은 비어 있다.

뻔뻔이는 다음 날도 나타나고 그 다음 날도 그 다음 날도 나타난다. 나는 뻔뻔이에게 내 무릎 위로 올라가서 씨를 가져가게 하고 다음 날에는 내 어깨 위로 올라오게 한다. 나는 씨가 든 컵을 흔들며, 나무 의자 위로 올라가게 이끌어 컵을 놓는다. 이제 뻔뻔이는 내게 올 때, 내 주의를 끌려고 밟힐지도 모를 위험을 겪지 않아도 된다. 씨를 가는 소리가 들릴 때, 뻔뻔이는 분명 컵 가장자리에 앉아 있을 것이다. 본격적으로 먹기 시작할 때는 몸을 줄무늬 공처럼 둥글게 말 것이다. 때로 나는 씨를 몰수하고 뻔뻔이의 능력을 시험해본다. 한동안은 한 번 올 때 씨 150개를 줘서 입 속에 얼마나 많이 넣을 수 있는지 확인해본다. 평균 77개를 넣으니까 아직 소년이다. 나는 바나나칩, 아몬드, 땅콩, 무화과를 주며 뻔뻔이의 먹이를 다양하게 해보려고 노력한다. 뻔뻔이는 까다롭다. 만약 먹이 중에 씨가 없으면, 뻔뻔이는 무화과를 몇 입 먹고는 저장소에 가져다놓을 것이다. 뻔뻔이는 때로는 바나나칩 하나를 먹어보기도 한다. 해바라기 씨앗과 그나마 경쟁이 되는 것은 오렌지뿐이다. 뻔뻔이는 작은 앞발톱으로 오렌지 한 조각을 잡아서 즙이 많은 과육을 자르고 턱에 오렌지 조각을 붙인 채 입맛을 다신다.

나는 오래지 않아 뻔뻔이를 좋아하게 됐다. 나는 뻔뻔이를 엄지손가락으로 쓰다듬다가 집게손가락으로 토닥거린다. 처음에 뻔뻔이는 씨앗 모으기를 멈추지 않으면서 몸을 돌려 피했다. 그러나 곧 포기한다. 나는 손가락으로 뻔뻔이의 코부터 엉덩이까지 만지고 병 닦는 솔처럼 생긴 꼬리를 손으로 훑는다. 나는 뻔뻔이를 내 얼굴까지 들어올린다. 뻔뻔이가 손바닥 위의 씨앗을 챙길 때 나는 녀석의 털에 코를 댄다. 둥근 등에도 입을 맞춘다. 얼룩다람쥐에게 입을 맞추고 있다는 생각에 웃음이 나고, 뻔뻔이는 놀라서 조금 뛰어오른다. 하지만 녀석은 내 손 주름에서 마지막 남은 씨를 대충 챙기면서 계속 할 일을 한다. 나는 다시 몸을 굽혀 녀석의 털에 코를 대고 킁킁거린다. 우리 잔디밭에서 자라는 향이 강한 서양톱풀과 흙 냄새가 난다. 뻔뻔이도 찌르레기처럼 보금자리를 서양톱풀로 채우나보다.

뻔뻔이는 점점 대담해진다. 아침에 자기 의자에 씨가 놓여 있지 않으면, 직접 찾아 나선다. 내가 거실 소파에 앉아 있으면, 뻔뻔이는 종종걸음으로 나를 찾아와 내 무릎 위로 올라오려고 한다. 내가 입은 두꺼운 스웨터의 주머니 안에 씨앗이 들어 있으면, 뻔뻔이는 냄새를 맡고 몸을 비틀며 들어가려고 한다. 까마귀들처럼 뻔뻔이도 내 친구가 된다. 아침에 녀석이 종종걸음으로 집 안을 돌아다니는 소리를 들을 때 나는 "뻔뻔아!" 하고 부를 수 있고, 그러면 녀석은 나를 찾아낼 것이다. 내가 내 허벅지를 가볍게 치면, 녀석은 내 다리 위로 기어 올라가 내 손 위에 앉을 것이다. 녀석은 보통 아침에 두 시간 정도 활동하고 물러간다. 내가 눈감아주면 녀석은 씨 두 컵을 몰래 채갈 수도 있다. 뻔뻔이는 아주 드물게만 물을 마시며, 나는 1주일에 한 번 정도만 바닥에서 10센트 동전(미국 화폐의 동전 중 가장 작다. 약 18밀리미터―옮긴이) 크기의 물자국을 발견한다. 녀석의 물기 없는 똥은 또 다른 문제이다. 녀석은 특히 갑자기 난 큰 소리에 놀랐을 때 아무렇지도 않게 똥을 싼다. 그러나 녀석의 똥은 수분이 없어서 처리하기 쉽다. 그리고 그렇지 않더라도 상관하지 않을 것이다. 나는 이 얼룩다람쥐를 사랑한다. 야생동물의 신뢰에는 놀랄 만한 어떤 것이 있다. 나는 이 작은 동물이 내가 다른 동물임을 신경 쓰지 않고 잘 지낸다는 사실에 기분이 좋다.

나와 뻔뻔이와의 관계에서 유일한 문제는 씨가 있어야 한다는 사실이다. 뻔뻔이는 내 다리를 타고 올라왔을 때 보상을 받지 못하면, 화를 내며 털썩하고 바닥으로 떨어진다. 그리고 다시는 눈을 맞추지 않는다. 녀석이 나를 볼 때는 내가 잡고 올라갈 만한 옷을 입고 있는지 살피거나 내 다리에서 어깨까지 올라갈 거리를 재보는 것이다. 때로는 녀석의 관점에서는 내가 이상한 종류의 나무에 불과한 것이 아닌지 궁금해진다. 하지만 별로 신경 쓰지 않는다. 뻔뻔이는 내 친구이다. 그리고 나는 뜨겁고 건조한 여름에 녀석을 도와줄 수 있다는 것이 기쁘다.

가뭄 기간이라도 이곳에 비가 내리지 않는 것은 아니다. 그리고 비가 내릴 때 뒤뜰 전체는 안도의 한숨을 내쉰다. 홍관조와 까마귀는 가랑비에 깃털을 흔들며 목욕을 한다. 떡갈나무 잎들은 잎 위에 앉은 먼지 층을 떨어뜨린다. 나는 톡토기와 지렁이가 축축한 흙 속에 즐겁게 꿈틀거리는 모습을 상상한다. 불평하는 것은 뻔뻔이뿐이다. 뻔뻔이는 비가 올 때는 일하지 않는다. 뻔뻔이는 보금자리에 머문다. 그리고 날이 개어도 녀석이 판 굴의 일부는 분명 진흙 투성이인 채로 남아 있을 것이다.

뻔뻔이가 처음 얼굴에 붉은 흙을 바르고 부엌에 종종걸음으로 들어올 때 내가 큰 소리로 웃자, 녀석은 겁을 먹고 난로 아래로 도망쳤다. 뻔뻔이가 다시 나와서 자신의 해바라기 씨 컵 안에 자리를 잡을 때 나는 피해를 가늠한다. 귀 한쪽이 머리에 단단하게 붙어 있고 진흙투성이다. 붉은 줄이 줄무늬를 가렸다. 녀석의 유백색 눈썹에 모래가 접착제처럼 굳어서 눈썹을 대못처럼 단단하게 만들었다. 뻔뻔이가 사악해진 듯이 보인다. 물론 뻔뻔이는 신경 쓰지 않을 것이다. 그러나 나는 이 말괄량이가 부드럽고 입 맞추고 싶은 상태이기를 바란다. 뻔뻔이가 씨를 가져다놓으려고 갔을 때 나는 스폰지에 물을 묻히고 씨 옆에서 기다린다.

내가 귀를 가볍게 두드리자 녀석은 "찌익" 하고 저항한다. 그러나 녀석은 컵에서 머리를 떼지 않는다. 나는 녀석의 얼굴을 씨에 짓이기지 않으려고 애쓰면서 더 세게 밀어본다. "찌이익!" 진흙이 시멘트처럼 굳어 있다. 스폰지가 들러붙는다. 귀를 반밖에 닦지 못했는데 뻔뻔이는 마지막 씨를 채우고 문 밖으로 뛰어나갔다. 나는 스폰지를 헹구고 다음에 찾아올 때 다시 닦는다. 뻔뻔이를 씻기는 데 30분은 족히 걸렸고 상당한 불평을 들어야 했다. 내가 눈썹에서 진흙을 모두 떼어내지 못하자 녀석은 아침 시간 내내 화를 낸다. 다음 날 녀석은 다시 매끄러워진다. 진흙은 말랐을 때 더 잘 떨어져 나가는 것 같다. 이러한 환경에서 사는 동물들은, 물이 부족할 때 처리하는 방법을 가지고 있듯이, 여분의 물을 처리하는 법도 발달시켰을 것이다.

새들은 물이 부족한 상황을 헤쳐가기 위해서 대지의 표면 위를 날아다닐 때마다 어디서 물이 반짝이지 않는지 주의 깊게 살펴보아야 한다. 둥지의 영역 안에 물이 없다면, 새들은 이리저리 왔다 갔다 해야 한다. 이 근처에서 새들은 지표의 물을 찾으러 멀리 오갈 필요가 없다. 어느 봄날 나는 어슬렁거리다가 남서쪽으로 두세 블록 떨어진 어느 숲에 간다. 근교의 주택에 둘러싸인 이 숲은 8만 제곱미터 넓이로 산마루와 나무로 이루어져 있다. 나는 바위 계곡에서 얕은 연못들을 연이어 찾았다. 연못 주위에는 휘파람새들이 훨훨 날고 있다. 이 휘파람새들은 텃새가 아니라 이 찻잔에서 물을 마시려고 여행을 잠시 멈춘 철새들이다.

그러나 두세 블록만 오가는 것도 황금방울새나 박새 같은 작은 새에게는 무척 위험한 일이다. 작은 새는 그렇게 오가다가 줄무늬새매의 눈에 띈다. 짝짓기 기간에 그렇게 다니다가는 아내를 보호자 없이 남겨두게 된다. 그리고 그렇게 오가는 시간이 길어지면 결국 새끼에게 먹이를 잡아주는 데 쓸 수 있는 시간이 줄어들 것

이다. 내가 수반을 샀을 때 물이 귀중한 필수품이라는 사실이 분명
해졌다. 내 작은 오아시스는 거의 언제나 습격을 당했다. 황금방울
새, 하우스핀치, 홍관조가 라일락과 산벚나무에 모여서 물을 마실
차례를 기다렸다. 고양이새들은 매일 목욕을 하고 수반에서 퍼덕이
며 물을 반이나 쏟았다. 그리고 누군가가 이 수반에서 감자튀김을
적셨다. 짐작 가는 용의자가 있었지만, 확인 겸 까마귀 학자 케빈
맥고완의 웹사이트에서 조사해봤다. 아니나 다를까 까마귀들은 공
공의 샘을 음식 그릇으로 사용한다고 한다. 내가 읽은 내용을 감안
해보면, 내 까마귀들은 상당히 예의바른 편이다. 어떤 사람은 맥고
완의 사이트에, 뒤뜰의 수반에 죽은 뱀과 설치류가 가득하다고 썼
다. 까마귀 전문가는 두 가지 가능한 설명을 한다. 첫째, 까마귀들
은 보금자리를 짓는 어미에게 먹이를 적셔 줘서 수분을 공급한다.
둘째, 맥고완은 까마귀들이 좀 더러운 먹이를 좋아하는 것 같다고
추측한다.

　　물을 튀기는 고양이새들과 까마귀가 물에 불리는 먹이 때문
에라도 수반의 물을 날마다 새로 채워야 한다. 큰 냄비의 단골손님
들은 더 예의바르다. 다람쥐들은 가장자리에서 우아하게 물을 마신
다. 파랑어치들은 그곳에서 목욕을 하지만 고양이새보다는 덜 요란
하다. 아무도 밤에 모기가 낳고 간 모기알을 먹지 않은 경우에만 이
삼일에 한 번씩 이 물을 간다.

　　나는 식물 시민들에게는 물 한 방울 주지 않는다. 떡갈나무,
산딸기, 토종 쑥부쟁이는 분명 건조한 날이 지나갈 때까지 잘 기다
릴 수 있다. 다른 모두는 죽을 수도, 살 수도 있다. 나는 세바고 호

수Sebago Lake에서 물을 끌어와, 영국잔디와 토끼풀을 나약하게 기르지는 않을 것이다.

물을 더럽히는 오염물질

내 뒤뜰에 흐르는 세 종류의 물 중에서 지표면의 물이 가뭄에 가장 빨리 영향을 받는다. 땅의 표면이 마르고 있다. 흙 속을 이동하는 물이 전보다 적어졌다. 땅에서 절반의 물을 모으는 개울은 규모가 줄어들고 있다. 개울이 호수를 다시 채우는 속도가 느려졌다. 도시 근교와 도시에서 지표면의 물은 특히 큰 타격을 받는다. 비가 많이 온 해에도 많은 도로가 빗물이 흙으로 흘러가는 것을 차단한다. 시멘트나 아스팔트에 내린 비는 보통 도랑으로 흘러가 하수도로 내려가고 파이프를 통해 하수 처리 공장으로 간다. 흙은 수분을 빼앗기고, 그 손실은 엄청나다. 과학자들은 이 포장도로 때문에 댈러스 시가 1년에 227억 리터에서 530억 리터 사이의 손실을 입고 있으며, 애틀란타는 5,034억 리터까지 손실을 입고 있다고 계산했다. 아스팔트 우산 아래에서 흙이 말라 지하수 공급량이 줄어들고 있다.

내 뒤뜰에서는 흙과 먼지가 포장 차도와 잔디밭에 모두 쌓이고 있다. 비가 이따금 내릴 때, 아마 빗물의 70퍼센트는 모래흙 속으로 빠질 것이다. 날이 더울 때는 상당량이 증발한다. 남은 물은 내리막으로 흘러가며, 특히 경사진 땅이라면 더욱 그럴 것이다. 이 빗물은 다람쥐 똥과 잔디깎기 기계 기름을 잔디밭에서 씻어내고 집 지붕의 먼지, 차도의 엔진오일, 보도의 개똥, 이웃 뒤뜰의 잔디 비료, 또 다른 이웃 뒤뜰의 민들레를 없애는 농약 등을 씻어낸다. 또한 빗물은 지붕, 타르, 땅에서 열기를 쓸어간다. 뜨겁고 지저분한 물은 습곡을 따라 바다로 흘러간다. 빗물은 해안 모래에 졸졸 흘러 바닷물과 섞이면서 모든 열기와 때들을 대서양에게 건넨다. 이렇게 해서 각 지역에서 대장균 박테리아, 농약, 비료, 기름이 조금씩 바다로 흘러간다. 바다로 가는 기름을 모두 합치면 엑손 발데즈Exxon Valdez 유조선 사고 때 유출된 양과 맞먹는다.

나는 농장도 뒤뜰이 더러운 만큼이나 독성물질의 공급원이 될 수 있다는 사실을 알고 놀랐다. 잔디밭 소유주와 농부들은 모두 작물에 농약, 제초제, 비료를 너무 많이 주는 경향이 있다. 이들이 비가 오기 직전에 화학물질을 뿌리면, 더 많은 양이 흐르는 물과 함께 씻겨갈 것이다. 현재 이 공급원에서 가장 무서운 성분은 인기 있는 제초제 아트라진atrazine이다. 옥수수와 수수를 경작하는 농부들은 아트라진을 봄에 뿌리고, 비는 이 아트라진을 즉시 하천으로 운반한다. 그리고 이 물을 사람들이 마신다. 개구리들은 이 속에서 자란다. 어떤 과학자는 이런 물에서 사는 개구리들이 자웅동체가 될 수 있다는 것을 보여주었다. 이것은 단지 한 가지 화학물질의 문제일 뿐이다. 똥과 비료 형태로 있는 질소 역시 농경지 표면에서 씻겨 나가기를 기다린다. 너무 많은 질소가 연못이나 천천히 흐르는 개울에 흘러 들어가면, 그 안에 사는 조류가 너무 많은 양분을 얻고, 그 결과 양분의 분해를 위해 물속의 산소를 빨아들여 물고기와 다른 동물들을 질식시킨다. 그래서 내가 사는 곳처럼 뜨겁고 포장이 너무 많이 되어 있는 도시들이 빗물을 열과 거름과 화학물질로 더

럽히기는 하지만, 도시만이 빗물을 더럽히는 것은 아니다.

내 뒤뜰에서 씻겨 내려간 오물에 대한 해결책은, 물이 흘러가는 걸 막고 흙 속에 스며들 시간을 주는 것이다. 물은 더 오래 토양 미생물과 함께 있을수록 더 깨끗해진다. 동시에 이 물은 내 흙을 다시 촉촉하게 하고, 내 식물에 양분을 공급하고, 곤충에게 수분을 공급하고 내 뜰의 먹이사슬이 계속 이어지도록 할 것이다. 수많은 연구 자료를 조사하여 이상적인 차도 포장이 어떤 것일지 알아보지만, 결론은 물의 흐름을 늦추는 모든 방법이 효과가 있을 것이라는 사실이다. 차도의 양 옆에 지연용 도랑을 파도 된다. 모든 빗물이 저지대로 흘러가게 방향을 돌려도 된다. 아스팔트 대신 물이 스며들 수 있는 특별 포장재를 쓰는 것도 좋은 방법이다. 하지만 나는 가장 간단한 계획을 이미 시작했다고 생각한다. 잡초를 자라게 두어서 기존에 있던 포장재를 파괴하는 것이다. 지붕에 빗물이 흐르도록 하려면 땅으로 떨어지는 홈통 아래에 큰 구멍을 파서 그 안에 자갈과 모래를 채워야 한다. 그러나 더 나은 방법은 낙수홈통을 물 탱크에 연결하고, 이 물을 지금 라일락이 있는 자리에 키우는 유기농 옥수수에게 주는 것이다…… 아마 내년에는 그렇게 할 것이다.

하늘에서 떨어지는 이 물은 내 뒤뜰에 있는 세 갈래의 강 중 하나의 지류일 뿐이다. 이 물은 셋 중 하나일 뿐이지만 가장 눈에 띠며 가장 빨리 근처의 특징을 반영한다. 이 물은 맨 위에 덮인 흙 몇 센티미터의 수분을 유지하고 낮은 곳에 물을 채워 다람쥐, 스컹크, 새들이 물을 마실 수 있도록 한다. 이 물은 도시 생활의 잡동사니들을 모아서 인근의 개울, 호수, 바다로 운반한다. 그러나 이 물은 셋 가운데 하나일 뿐이다.

뻔뻔이와 까마귀들처럼 내가 내 음식과 살에 물기를 주는 데만 물을 사용한다면 나는 아마 하늘에서 떨어진 것만 가지고도 살 수 있을 것이다. 그러나 나는 매일 2리터 이상의 물을 마셔야 한다. 또 나는 샤워를 하고 세탁을 하고 화장실 물을 내리는 데 하루 190리터에서 230리터의 물을 더 사용한다. 이는 평균적인 미국인이 사용하는 양의 절반에 불과하지만, 내 뒤뜰에서 공급할 수 있는 물의 양을 훨씬 넘는다.

우리의 문화적 갈증을 해소하기 위해 인간은 금속이나 돌로 만든 인간만의 물길을 만들어서 도시로 향하게 한다. 지금도 내 집을 통과하여 인공 강이 흐른다. 우리 집에서 북서쪽으로 24킬로미터 떨어진 세바고 호수에서 이 '무쇠의 강'이 시작된다. 이 강은 수천 개의 지류로 갈라지며, 이 중 한 지류가 내가 사는 거리 아래와 내 집 지하로 흐른다. 이 강은 수많은 수도꼭지를 통해 밖으로 나온다. 그리고 내 피부 조각과 화장품, 내가 배출한 카페인과 고형 배설물을 싣고 하수도 아래로 떨어진다. 도시의 하수도 처리 공장에서, 내가 보낸 것 중 일부는 제거된다. 그리고 우리는 이 강을 더 쓸 필요가 없어져 캐스코 만Casco Bay으로 보낸다.

나는 잔디에 물을 주지 않기 때문에, 무쇠의 강은 내 천연 물길과는 거의 완전히 분리된다. 나는 수반과 뻔뻔이의 접시를 다시 채울 때 하루에 몇 리터씩 무쇠의 강에서 자연으로 보낸다. 그리고 나는 이렇게 물을 줄 수 있다는 것이 기쁘기도 하지만 동시에 격

정스러운 마음도 든다. 빗물은 어떻게 봐도 깨끗하지 않다. 빗물은 대기에서 엄청난 양의 오염물질을 담는다. 하지만 수돗물은 훨씬 더 심한 맛이 난다. 전통적으로 수도 공급 회사는 염소를 이용하여 비버와 새와 목욕하는 사람들이 지표수에 흘려보낸 박테리아를 죽인다. 염소는 세균을 죽이는 데 아주 효과적이지만, 죽은 나뭇잎과 다른 유기물 찌꺼기와 물속에서 반응하여 트리할로메탄THM이라는 합성물을 형성하기도 한다. THM 농도는 지역의 유기물 찌꺼기 공급량, 수온, 기술에 따라 하천마다 다양하다. 과학자들이 건강한 아기를 임신하려는 젊은 여성이 THM을 얼마까지 마셔도 안전한지 조사하는 중이다. 그러나 나는 THM이 뻔뻔이, 다람쥐, 새들에게 어떤 영향을 줄지 걱정스럽다. 녀석들의 몸은 내 몸과는 아주 다르다. 내가 알기로 뻔뻔이는 내년 봄에 새끼를 낳을 얼룩다람쥐 암컷이다. 그래서 나는 포틀랜드 수도국이 수돗물 소독을 염소로 하던 것을 오존 방식으로 바꾸었다는 뉴스를 읽고 안도한다. 내 수돗물의 THM 농도는 이제 0이 되었다.

그렇다고 해서 무쇠의 강이 순수한 H_2O만으로 이루어진 것은 아니다. 이 파이프에 흐르는 강물은, 흐르는 비와 눈에 녹은 무기물뿐만 아니라 의도적으로 부은 화학물도 포함하고 있다. 사람들은 수돗물의 산성도를 낮추기 위해 수산화나트륨을 첨가한다. 또 사람들은 오르토인산아연을 넣는데, 이 성분은 가정의 오래된 납 파이프 내부에 보호막을 덮어 납 성분이 일으키는 아이큐 점수 하락을 방지한다. 그리고 사람들은 수돗물에 불소를 첨가하여 아이들의 치아를 보존한다. 그러면 얼룩다람쥐도? 어쩌면. 불소는 사람들이 심각한 우려를 제기하는 유일한 첨가제이다. 불소가 우리 뼈를 침식하고 치아를 변색시킨다는 문제는 사라지지 않을 것이다. 그러나 불소는 뻔뻔이에게 얼룩덜룩해진 이빨보다 훨씬 더 치명적인 문제를 야기할지도 모른다.

무쇠의 강에 첨가되는 화학물질보다 더 놀라운 것은 강으로 흘러가는 내 소변 속의 화학물질이다. 최근의 일련의 실험 결과, 개울, 호수, 바다로 흘러가는 처리가 끝난 폐수에 고래 한 마리에게 투약할 만한 약품 성분이 포함되어 있다고 한다. 항생제, 진통제, 간질약, 살정제, 방취제, 여드름 치료제, 우울증 치료제, 다량의 카페인 등의 약품이 우리 가정을 지나는 가짜 강 안으로 녹아 들어간다. 약이 섞인 우리의 소변이 야생동식물에게 어떤 영향을 주는지 현재 연구 중이다. 살정자제와 항생제는 조류를 죽이는 것 같다. 프로잭(우울증 치료제-옮긴이)이 물고기와 올챙이의 발생을 지연시키는 것은 분명하다. 그나마 다행인 것은 조류를 죽이는 항생제가 조류의 양분인 농장에서 흘러들어 온 질소와 반작용할 것이라는 점이다.

땅 속을 흐르는 물

내 물 공급 체계의 세 번째 지류는 보이지 않는다. 세 번째는 다른 어떤 곳과도 떨어져서 수십 년 아니 심지어 천 년 동안 갈라진 기반암과 자갈 사이를 이동하는 물이다. 뒤뜰 아래 깊숙한 곳에는 내 부엌 시계를 비웃는 시간 단위로 흐르는 물의 세계가 있다. 그곳에 사는 것은 단 한번도 태양을 보지 못한 시민들이다. 그곳은 지하수의 세계이다. 그리고 내가 이 세계를 조사할 수 있는 유일한 방법은 수맥 전문가를 부르는 것뿐이다. 나는 눈을 딱 감고 번호를 돌린다.

나는 이미 이성적인 방법으로 지하수를 상상해보았다. 나는 인근 지형의 높은 지점들을 연결하고 내 작은 유역의 윤곽을 그렸다. 내 뒤뜰은 조개껍질 모양으로 움푹 파인 땅의 중앙에 있다. 내 뒤뜰보다 높은 쪽에서 비가 내릴 때 이 빗물 일부는 흙을 통해 흘러 내려와서 바위 속으로 더 깊이 흐른다. 중력이 빗물을 내리막으로 계속 향하게 하여 바다까지 빗물이 흘러갈 것이다. 그러나 지하수는 내 뒤뜰 아래의 어떤 길을 택할까? 지하수는 땅 속에 묻힌 강 바닥의 자갈길을 따라갈까? 지하수는 기반암의 틈새를 통해 비뚤게 흘러갈까? 내 잔디밭 아래에 큰 소리로 흐르는 강이나 에버글레이즈 습지 같은 검은 물의 얇은 층이 있을까? 아니면 물이 새지 않는 돌로 된 단단한 사막에 불과할까?

나는 지하수의 성질을 알기 위해 지하수에 관한 글을 읽었다. 그러나 나는 곧 그 안에 사는 동물들에게 마음을 빼앗겼다. 나는 이런 동물들을 주인공으로 쓴 책을 찾았다. 제목이 아주 재미있어서 머릿속에 쏙 들어왔다. 『스티고파우나 문디*Stygofauna Mundi*』, 라틴어로 '세계의 지하수 동물'이란 뜻이다. 수많은 지하수 동물들이 내 잔디밭 아래에 살고 있다. 먼저 작은 벌레 같은 선충류nematode가 있다. 그리고 새우 같은 요각류copepod가 있다. 그리고 연체동물, 유형紐形 동물ribbon worm, 개형충介形蟲, ostracod, 등각류等脚類, isopod, 심지어 딱정벌레까지 있다. 이 동물들은 비가 흙, 자갈, 바위를 뚫고 운반하는 유기 침전물을 먹고 살거나 서로를 잡아먹고 산다. 나는 이런 이야기에 궁금증이 일어나서 견딜 수가 없다. 지하수 깊이까지 파서 이 동물들을 보고 지하 습지의 크기를 재보고 싶다. 그러나 그렇게 할 수가 없다. 그래서 롤랜드 무어Roland Moore를 기다린다.

롤랜드는 86세의 노인으로 비쩍 말랐다. 그는 남의 이목을 피하려는 듯이 몸을 약간 구부정하게 하고 있다. 그는 트럭에서 깃대 모형 한 다발을 꺼내 내게 준다. 이 깃대 모형들은 그가 부근에 있는 묘지를 관리하면서 모은 것이다. 그는 의자 아래에서 가는 놋쇠로 만든 L자형 막대기들을 꺼낸다. 각 L자의 짧은 끝은 롤란드의 손을 보조하는 빨간색과 파란색의 손잡이들의 마디 속으로 들어간다. 그는 준비가 다 되었다. 그는 뻔뻔이의 첫째 구멍 근처에 자리를 잡는다. 나는 그를 멀리 보내고 싶은 충동을 참는다.

뻔뻔이가 내 세계의 중심에 있는 태양이 되었다고 고백하는 일은 좀 창피하다. 뻔뻔이가 내 생활 속으로 달려 들어오고 이삼 주가 지난 다음 나는 윗층의 사무실에서 일할 때도 혼자가 아니라고 느끼게 되었다. 나는 주위를 둘러보며 녀석의 익숙하고 희미한 털을 발견한다. 녀석은 계단을 정복했다. 이삼 분 후에 녀석은 발판에서 내 무릎으로 뛰어올라 키보드 받침대까지 가서 소유격 부호를 치고 책상 위에 올라갔다. 그 후에 나는 씨 컵을 책상 위에 두었다. 그곳에서 아침을 보낼 때면 언제나 뻔뻔이가 함께 있었다. 나는 뻔뻔이가 계단을 종종걸음으로 올라오는 소리를 들었고 잠시 뒤에 내 다리에 뻔뻔이가 발톱을 대는 것을 느꼈다. 뻔뻔이는 자기 일을 보고 나서 빠르게 계단을 내려갔다. 나는 창을 통해 뻔뻔이가 나무로 된 테라스를 뛰어가 덤불로 가서 굴 입구에 숨는 것을 본다. 내가 일찍 일어나서 문을 열고 침대로 돌아간 날에는, 뻔뻔이는 나를 찾을 때까지 종종걸음으로 돌아다녔다. 내가 일어나서 컵을 채울 때까지 뻔뻔이는 내 머리 주위를 맴돌았다. 그러나 뻔뻔이는 내 집을 철저하게 알게 된 반면 내가 뻔뻔이의 굴에 대해서 아는 것은 책에서 읽은 것뿐이었다. 뻔뻔이의 굴은 길이 수 미터이고 문과 광이 여러 개이고 침실은 하나라는 것이 전부였다. 내가 녀석의 입구 하나를 발견한 것도 우연이었다. 어느 날 녀석이 한 울타리 말뚝 구멍 밖으로 고개를 내밀고 있을 때 그 모습을 우연히 보게 되었다. 돌로 메워진 이 8센티미터의 구멍은 집 부근에 있었지만 이전에는 한번도 생명이 있다는 표시가 드러난 적이 없었다. 이제는 어디를 눈여겨봐야 하는지 알기 때문에, 나는 뻔뻔이가 이 구멍에서 나오는 것을 자주 본다. 그리고 나는 이 지역을 피해 다닌다. 커다란 영장류가 자기 천장 위로 쿵 소리를 내며 지나갈 때 뻔뻔이가 어떤 심정일지를 상상할 수 있다. 하지만 롤랜드에게 이런 사실을 말하지 않으며 일부러 그를 멀리 끌고 가지도 않는다. 그가 나를 미치광이라고 생각하는 것을 바라지 않기에.

롤랜드의 막대기가 이곳저곳을 쓸고 다닌다. 그가 입을 연다. "이 지역에는 주요한 수원은 없군요." 그는 빨리 알아냈다. 그러나 끝이 아니었다. 주요한 수원은 큰 수원만을 말하는 것이다. 내 뒤뜰에는 지하 샘이나 돔 모양의 물웅덩이에서 흘러나오는 수맥이 있을 것이라고 그는 말한다. 롤랜드는 아무튼 방식을 바꾸어 뒤뜰 뒤로 걸어가기 시작한다. 그는 발을 끄는 듯이 걸으며 검은색 가죽 단화가 잔디밭에 스친다. 그가 뻔뻔이의 구멍을 60센티미터 정도 지나자 주먹이 기울어지고 막대기가 다른 막대기 쪽으로 돌아가기 시작했다. 쨍. 그는 돌아서서 수맥을 따라 내 오른쪽 담장을 향해 가더니 사과나무에 가까이 가서 막대기로 땅을 가리킨다. 그는 내게 작은 깃대를 땅에 찔러 넣으려고 한다. 그는 수맥을 따라 왼쪽 담장으로 가고 나는 또 다른 깃대를 끼운다. 그는 뒤뜰 뒤쪽으로 발을 다시 질질 끌고 간다. 그는 그렇게 멀리 가지 않는다. 우리는 3미터 떨어져 있는 평행 수맥 세 군데를 표시한다. 그리고 그는 조금 벗어나 있는 세 곳을 더 찾는다. 롤랜드는 앞에 있는 산딸기 줄기를 보고는 다음과 같이 선언한다. "이 정도입니다." 그러나 이게 그의 일이 끝났다는 뜻은 아니다. 그는 빙 돌아본다.

이제 롤랜드는 각 수맥이 얼마나 깊은지 내게 말해줄 것이다. 그는 우리가 표시한 마지막 수맥으로 가서 그 위에 선다. 그는 막대기를 내밀며 혼잣말을 한다. "뭐라고 하시는 거예요?" 내가 묻는다. 그는 더 큰 소리로 웅얼거린다. "내 발바닥부터 이 수맥 맨 위까지, 27미터가 넘나?" 쨍. "30미터가 넘나?" 막대기들은 부정하듯 가라앉는다. "내 발바닥부터 이 수맥 맨 위까지, 30.2미터…… 29.9미터…… 29.6미터…… 29.3미터……" 쨍.

찾았다. 내 발에서 29.3미터 아래에 수맥이 흐른다. 다른 일곱 개의 수맥도 같은 깊이, 정확히 말하면 30센티미터 정도 더 낮거나 높은 곳 사이에 있다. 뻔뻔이의 구멍으로 돌아가서 롤랜드는 막대기들을 내 이웃의 북쪽 뒤뜰로 향한다. 그는 확신하지는 않지만, 내 뒤뜰 아래의 수원이 이웃의 사과나무 아래 깊은 곳에 있는 돔 모양의 물웅덩이라고 생각한다. 그렇다. 우리는 두세 가지를 확인하기 위해 나무 테라스에 앉는다. 롤랜드의 손가락은 무언가를 찾듯이 무릎을 짚고, 그의 발은 무언가를 느끼는 것처럼 흔들리고 땅을 지친다. 나는 그에게 갈라진 막대기 대신에 L자형 막대기들을 사용하는 이유를 묻는다.

그는 L자형 막대기들이 수맥을 찾는 데 가장 좋다고 말한다. Y자형 막대기는 더 어렵다. 그는 이렇게 말한다. "하지만 어떤 것을 사용해도 됩니다. 운전을 할 때는 손가락에다가 도개교가 열릴지를 묻죠. 먼저 '내 말이 맞는 경우를 보여줘'라고 말하면 손가락이 이쪽으로 휘어질 겁니다. 또 '내 말이 틀린 경우를 보여줘'라고 말하면 저쪽으로 휠 거고요. 그러고 나서 나는 '다리가 열릴까?'라고 묻죠."

아, 맙소사. 우리가 수맥을 찾는 동안 나는 실오라기 같은 믿음을 그래도 지니고 있었다. 이제 그 실이 끊어진다. 그러나 롤랜드는 아직 끝내지 않았다.

"나는 물을 찾을 뿐만 아니라 집의 부정적인 에너지를 제거합니다." 그는 이렇게 주장한다. "일주일에 서너 번은 그런 의뢰를 받죠." 내 얼굴 근육들이 서로 다툰다. 나는 할 말을 잃고, 병적인 호기심에 빠진다. 반짝반짝한 붉은 플라스틱에 인쇄된 그의 카드에는 '원격 수맥 탐사'라고 쓰여 있다. 나는 '원격'이 무슨 뜻이냐고 물었다. 롤랜드는 수맥을 찾으려고 굳이 집을 떠날 필요가 없다고 대답한다. 그는 자신의 책상 앞에 앉아서 의뢰가 들어온 땅의 그림을 그린 다음 손으로 추를 이용하여 답을 찾는다. 만약 수맥을 마른 우물 등으로 바꿀 필요가 있다면, 종이에 작은 막대기를 찌르고 이럭저럭 물어보면 그만이다. 아! 점점 심각해지고 있다. 나는 그에게 고맙다고 인사를 하고, 추가 수당을 지불한 뒤 이별을 고한다.

그날 밤 나는 친구들 사이에서 그를 흉내 낸다. 여주인은 그걸 보더니 추 목걸이를 가져왔다. "추가 멈출 때까지 걸어두세요." 여주인은 우리 각각에게 목걸이 하나씩을 주며 말한다. "이제 '내 말이 맞는 경우를 보여줘'라고 부탁하세요." 우리는 킬킬거리며 그렇게 한다. 각자의 추가 흔들리기 시작하자 침묵이 길어진다. "이제 '내 말이 틀린 경우를 보여줘'라고 부탁하세요." 이렇게 여주인이 재촉한다. 우리는 이에 따른다. 추들은 조용해지더니 다른 방향으로 흔들린다. 나는 이런 현상을 설명할 수 없으며, 설명하고 싶은 마음도 없다.

다음 날 아침 롤랜드의 수맥선을 밑에 깔린 지질 구조와 비교해보면 어떨지 궁금해서 기반암 지도를 펴본다. 색띠들이 내 뒤뜰 아래의 층을 이룬 기반암이 아코디온 모양으로 어떻게 습곡을 이루었는지 보여준다. 이 색띠는 롤랜드가 표시한 수맥과 같은 방향으로 이어진다.

롤랜드가 맞다면, 뒤뜰의 동물들을 위해 연못을 파려는 내 꿈은 실현되지 않을 것이다. 나는 뻔뻔이와 그 일당이 자연적이며 흙이 섞이지 않은 물을 마셨으면 한다. 하지만 까마귀와 대화를 나누고 얼룩다람쥐와 입을 맞추는 사람에게도 우물 파는 사람들을 부르는 것은 과하다 싶다. 내가 물통을 설치하여 지붕에서 떨어진 빗물을 모은다고 해도, 올해의 강우량은 마못의 입을 적시지도 못할 것이다. 9월에 메인 주 전체의 지하수 높이는 사상 최저가 될 것이다. 개울은 말라갈 것이다. 내 뒤뜰의 친구들은 나처럼 무쇠의 강과 이 강의 모든 화학물질에 만족해야 할 것이다.

여름

SUMMER

4 도시에 온 동물의 슬픈 운명

무언가 위에 있다. 다람쥐 세 마리가 사과나무 한 그루를 함께 사용하고 있다. 그리고 욕지거리가 들리지 않고 피 묻은 꼬리가 땅에서 퍼덕거리지도 않는다. 이상한 일이다. 내가 몰래 가까이 다가서자, 회색 몸통 셋이 가지 아래로 기어 내려와 나무줄기의 구멍 속으로 사라진다. 잠시 후 한 구멍에서 눈 두 개가 나타난다. 다른 구멍에서 코 두 개가 나타난다. 볼을 서로 맞대고 있고 내가 가는 방향을 따라 눈을 돌린다. 녀석들의 볼은 약간 통통하고 코는 고동색이다. 새끼들이 분명하다.

수염을 씰룩거리며 이 두 마리는 구멍에서 일렬로 천천히 나온다. 가지 위로 폴짝 떨어지더니 나를 노려본다. 낮은 쪽 구멍 안에 남은 세 번째 녀석은 시무룩해 보인다. 녀석의 형제들은 서로를 돌아보며 털을 골라주는지 함께 노는지 하는데 둘 중 어느 경우인지는 잘 모르겠다. 한 녀석이 다른 녀석의 머리를 강하게 껴안는다. 당한 녀석은 빠져나가 껴안은 녀석의 꼬리를 잡고, 발과 턱으로 누른다. 꼬리를 잡힌 녀석은 몸을 뒤틀어 형제의 몸통쯤을 껴안고, 포옹을 당한 녀석은 포옹을 한 녀석 주위를 미끄러져 가서 이제는 포옹을 당한 녀석이 포옹을 한다. 깨물어주고 싶을 정도로 귀여운 녀석들이다. 그리고 약간 서툴기도 하다. 사실 이 작은 다람쥐들이 도시 전체의 거리를 어지럽히게 될 날도 그리 멀지 않았다. 어쩌면 이 시골 다람쥐는 앞으로 힘들 날이 올 것을 예감하고 있는지 모른다. 나는 이 시골 다람쥐를 '백작'이라고 부르는데, 녀석은 양 팔꿈치를 자기 집 창턱에 기대고 자리를 잡고는 오래도록 노려본다. 이 다람쥐가 불편해하는 것이 신경이 쓰이긴 하지만 물러날 수는 없는 노릇이다. 다른 형제들은 사과나무의 뻗은 가지들 위에서 발놀림을 연습하고 있다. 한 녀석이 돌진하여 평행한 나뭇가지들 사이를 뛰어다니다 발이 나뭇가지를 놓쳐 미끄러진다. 녀석은 밑으로 떨어지고 다시 시작한다. 계속 서 있으니 다리가 말뚝처럼 뻣뻣해져서 나는 자세를 고친다. 모두 다시 구멍으로 후다닥 내려간다. 곧 다람쥐들이 돌아와 잎으로 기어올라간다. 하지만 백작은 아니다. 백작은 다시 노려보기 시작한다. 그러나 다른 둘은 내가 사라지기라도 한 듯이 나뭇잎을 먹고 나무껍질을 씹고 서로 싸운다. 다람쥐들은 나뭇가지에서 미끄러지다가 급히 멈춘다. 녀석들은 서로의 머리 위에 뛰어오른다. 녀석들은 지쳤는지 납작하게 누워서 나무껍질을 벗겨 씹어 먹는다. 내가 다시 나타날지 모르는데도 이 귀여운 녀석들은 태평하다. 백작조차도 눈을 감고 고개를 까딱거리며 쉬기 시작한다. 백작은 정신을 차리더니 뒤로 물러난다. "찍찍찍!" 백작은 뒤로 가면서 으르렁거린다. 녀석의 형제들은 1분 동안 귀를 쫑긋 세운다. 그리고 다시 싸운다.

앞으로 몇 주 안에 새끼들은 이 나무에서 흩어져 나갈 것이다. 다람쥐들은 넓은 잔디밭을 너무 느리게 뛰어다니며 등뼈를 포식동물들에게 그대로 노출시킬 것이다. 또 도로에서 빈둥거리면서 자동차에 대해서 잘 알게 될 것이다. 그리고 녀석들은 내 쪽으로 꼬리를 흔들며 나무 테라스 위로 올라가 우리 집의 아늑한 구석에 눈독을 들일 것이다. 벌써 누군가 밤에 벽에다 잔가지로 장식을 해놓고 있다.

뒤뜰에서 내가 바라는 목표가 서서히 실현되고 있다. 나는 모든 토종 생물들이 이곳에서 환영받기를 바란다. 그러나 내 목표는 작은 장애물에 부딪친다. 이 장애물은 내 집을 뜯어 먹고 내 천장에 오줌을 싸는 작고 털이 난 녀석들이다.

외다리 다람쥐 뭉툭이

인간을 무시하는 것은 도시에서 번성하고자 하는 포유류에게 도움이 되는 특징이다. 다람쥐는 이런 무시의 달인이다. 대신 이녀석들은 다른 모든 관심을 일 년 동안 꼬리를 무사히 붙인 채로 잘 살아남는 데 집중해야 한다.

다람쥐의 생활은 언뜻 보기에는 무사태평하다. 그러나 나는 우리가 다람쥐들을 서로 구별하지 못해서, 다람쥐는 항상 주변에 있으며 한가로이 먹이를 찾는다고 잘못 결론을 내리는지도 모른다고 생각한다. 나는 다람쥐들을 관찰하기 시작한 순간부터 비극과 심한 배신을 보았다. 나는 털 한줌만 남고 꼬리를 전부 잃은 다람쥐를 목격했다. 나는 녀석을 '뭉툭이'라고 불렀다. 나는 녀석에게 무슨 일이 일어난 것인지 궁금해졌다. 선천적 기형일까? 그럴 것 같지는 않다. 다람쥐에 관한 결정적인 참고 문헌 『북아메리카 나무다람쥐*North American Tree Squirrels*』에서 나는 다람쥐 중 10퍼센트가 꼬리를 심하게 잘리는 경험을 하며 그 대부분은 같은 다람쥐에게 그런 일을 당한다는 내용을 봤다. 수컷들은 발정기의 암컷을 쫓을 때 무리지어 다니는 경향이 있다. 그리고 뒤에 가는 수컷들은 앞에 가는 수컷들의 꼬리를 잘라서 정신을 흩뜨려놓는다.

　　내가 '뭉툭이'라는 이름을 너무 성급하게 지었다는 것을 깨닫기까지는 그리 오랜 시간이 걸리지 않았다. 나는 어느 날 떡갈나무 아래에 앉아 있다가 옆집의 단풍나무 묘목에서 바스락거리는 소리를 들었다. 다람쥐 한 마리가 대나무 숲으로 내려오고 있었다. 녀석은 움직임이 어설펐다. 녀석은 미끄러져서 긁히고 한쪽 발로 매달렸다. 녀석은 비틀거리고 절뚝대면서 쓰러진 나무 위로 기어 올라갔다. 그리고 나는 녀석이 꼬리 대부분을 잃은 것을 볼 수 있었다. '뭉툭이'보다 2.5센티미터 정도 꼬리가 더 있어서 노트에 녀석을 '반뭉툭이'라고 썼다. 반뭉툭이는 내게로 왔다. 반뭉툭이는 3미터 앞에서 서 있는 나를 발견했다. 녀석은 그 자리에 갑자기 얼어붙었고 나 역시 나를 신경 쓰지 않기를 바라며 꼼짝하지 않았다. 나는 나를 관찰하는 녀석을 보면서, 녀석이 사실 '반뭉툭이'가 아니라는 사실을 발견했다. 녀석은 '곱절뭉툭이'였다. 녀석은 '심각한 뭉툭이', '네모 뭉툭이'였다. 녀석은 오른쪽 뒷발이 없었다. 그러니 제대로 못 내려올 수밖에 없다. 나는 '뭉툭이'의 이름을 취소하고 이 이름을 이 새로운 녀석에게 붙인다. 나는 5분 동안 꼼짝 않고 있다가, 내 인내심의 한계에 부딪친다. 움직이고 싶어서 좀이 쑤셨다. 다른 일들이 하고 싶어 못 견뎠다. '뭉툭이'는 전혀 움직이지 않았지만 하나도 불편해 보이지 않았다. 이렇게 꼼짝도 안 하는 반응은 효과가 있다. 많은 포식동물들은 움직이지 않는 물체에 별로 주의를 기울이지 않는다. 언젠가 마못은 잔디밭 중앙에 돌처럼 굳어서 앉아 있고, 개는 마못의 냄새를 맡고 미친 듯이 휙휙 소리를 내며 뒤뜰을 뛰어다니는 것을 본 적이 있다. 툭 건드릴 수 있을 만큼 가까이 다가갔지만, 개는 마못을 찾지 못했다.

나는 움직이든지 소리를 지르든지 하지 않으면 견딜 수 없었기에, '뭉툭이'에게 부드럽게 말을 걸면서 움직였다. 녀석도 얼음에서 녹은 듯 움직인다. 뭉툭이는 나를 보고 살점이 V자로 떨어져나간 왼쪽 귀를 드러낸다. 뭉툭이는 가려운 곳을 긁으려고 뭉툭한 다리를 들지만 닿지 않는다. 뭉툭이는 볼일을 보러 다시 돌아갈 만큼 차분해졌다. 녀석이 나무 사이를 뛰어가 대나무 숲으로 들어갈 때 털만 있는 가짜 다리가 미끄러진다. 나는 뭉툭이가 옻나무 위를 오르는 소리와 긁는 소리와 '쿵' 하고 떨어지는 소리를 듣는다. 그렇지만 뭉툭이는 뒤뜰의 제대로 된 일원이다. 녀석은 높고 짧게 뛰며 다른 다람쥐들에게 자주 쫓긴다. 녀석은 파랑어치나 까마귀의 경보 신호를 들을 때마다 나무에 신경질적이고 빠르게 돌진한다. 그러나 가을이 오면 녀석은 동료들 중 가장 좋은 것을 얻어 이빨 사이에 도토리를 물고 새 영역으로 뛰어갈 것이다.

마못과 주머니쥐와 얼룩다람쥐 같은 도시의 포유류들을 연구하는 과학자들은 얼마 되지 않는다. 이 동물들은 분명 경제적 생태적 중요성이 떨어진다. 하지만 과학자들은 다람쥐는 연구한다. 많은 사람들이 다람쥐를 사랑하거나 싫어하기 때문에 그런 것은 아니다. 그보다는 다람쥐가 흥미로운 행동을 하기 때문이다. 다람쥐는 먹이를 숨겨두고 다시 찾는다. 녀석들이 잘못 놔둔 도토리는 떡갈나무를 싹트게 한다. 어떤 생태계에서, 다람쥐들은 소나무와 떡갈나무의 생식에 아주 큰 영향을 주기 때문에 다람쥐가 없으면 생태계가 무너질 가능성도 있다. 마지막으로 중요한 이유는 다람쥐가 연구하기 쉬운 동물이라는 것이다. 다람쥐들은 밤에 자는데, 생물학자들 역시 밤에는 자고 싶어 한다. 그리고 녀석들은 사람들 주위에서 아주 편안하게 지내기 때문에, 행동 대부분을 관찰할 수 있다. 그 결과 생물학자들은 다른 동물들의 경우보다 더 쉽고 편안하게 포유류를 연구할 수 있다.

도토리를 찾아라

과학 연구의 계속되는 추궁을 받아 다람쥐들은 비밀을 털어놓고 있다. 나는 『북아메리카 나무다람쥐』에서 다람쥐뿐만 아니라 다람쥐를 연구하는 사람들의 특이한 행동까지 자세히 보여주는 실험을 알게 되었다. 학자 마이크 스틸Mike Steele과 존 코프로스키John Koprowski는 예리한 눈과 혀를 이용한 다람쥐 실험을 설명한다.

다람쥐들의 자원 관리의 수수께끼를 생각해보자. 북미 상수리나무와 떡갈나무에서 도토리를 얻은 다람쥐들은 각각 다른 행동을 한다. 다람쥐 연구자들은 질문했다. 왜 그럴까? 또 다람쥐들은 도토리를 어떻게 구별할까?

스틸과 코프로스키와 다른 연구원들은 다람쥐들을 시험해 보려고 도토리를 조작했다. 첫 번째 과제는 다람쥐들이 북미 상수리나무 도토리와 떡갈나무 도토리를 다르게 취급한다는 것을 확인하는 일이다. 스틸과 코프로스키는 작은 금속 표지를 두 종류의 도토리에 붙이고 이 도토리들을 다람쥐들에게 준다. 다람쥐들은 도토리 몇 개를 먹는다. 그리고 몇 개는 묻는다. 다람쥐 연구원들은 금속 표지를 보고 다람쥐가 묻어둔 도토리들을 회수한다. 결론: 다람쥐들은 떡갈나무 도토리들을 먹고 겨울을 대비해서 북미 상수리나무 도토리를 묻는다.

왜 그럴까? 연구원들은 자신들이 이유를 알고 있다고 확신했다. 그 이유는 떡갈나무 도토리는 나무에서 떨어진 그 가을에 싹이 트기 때문이다. 도토리에 금방 싹이 트기 때문에 도토리를 묻는 것은 시간 낭비일 것이다. 하지만 북미 상수리나무 도토리들은 다음 해까지 싹이 트지 않을 것이다. 이 도토리는 저장하기에 이상적이다. 다람쥐들은 저장 기간이 긴 도토리를 저장하도록 본능을 발달시켰다.

그러면 녀석들은 그 차이를 어떻게 알까? 다람쥐가 도토리를 눈으로 구분하지는 않는 것 같았다. 우선 설치류의 눈은 시야가 넓긴 해도 가까운 곳을 보기에는 적합하지 않다. 둘째, 다람쥐는 발로 도토리를 붙잡고 있으면서 도토리를 자세히 보지는 않고 코 아래로 도토리를 굴린다. 그래서 학자들은 냄새 문제에 주목했다. 완벽한 실험용 도토리, 즉 파콘(fakorn, 가짜를 뜻하는 fake와 도토리를 뜻하는 acorn을 조합한 실험용 도토리라는 단어—옮긴이)을 만드는 데만 세 번의 연구 기간이 지나갔다. 연구원들은 도토리 껍질을 깨끗하게 반으로 잘랐다. 그리고 떡잎을 떼어 갈아서 가루로 만들고 떡잎 가루와 다양한 첨가물을 섞은 도토리 과육을 껍질에 다시 채웠다. 연구원들은 북미 상수리나무 도토리 과육을 떡갈나무 껍질에, 떡갈나무 도토리 과육을 북미 상수리나무 껍질에 넣고, 심지어 파콘의 쓴 타닌 성분을 맛있는 지방에 들어 있는 수준으로 조절했다. 그들은 껍질에서 화학적 흔적을 제거하기 위해 파콘을 아세톤에 흡수시켰다. 그리고 냄새 없는 접착제로 껍질을 붙여서 봉했다. 다람쥐들은 난처하게 됐다. 그들은 북미 상수리나무 도토리의 과육을 채운 파콘과 떡갈나무 도토리의 과육을 채운 파콘 사이의 차이를 구분할 수 없었다. 다람쥐들은 연구자들이 껍질을 아세톤에 담그는 과정을 생략했을 때만 반응했다. 이 경우에 녀석들은 북미 상수리나무 도토리로 보이는 파콘은 모두 묻고 떡갈나무 도토리 껍질로 보이는 파콘은 모두 먹었다. 그러면 다람쥐는 북미 상수리나무 도토리 껍질의 냄새를 맡고 무엇을 묻을지 결정하는 걸까?

틀렸다. 연구원들은 이 연구의 최종 단계에서 다람쥐가 싹을 틔울 준비가 된 도토리를 골라낼 수 있는지 알아보는 실험을 실시했다. 연구원들이 다람쥐들에게 북미 상수리나무 도토리 두 개(하나는 휴지 상태이고 다른 하나는 발아를 위한 월동 준비 상태)를 주었을 때, 다람쥐들은 싹을 틔울 준비가 돼 있는 북미 상수리나무 도토리에서 배아를 물어뜯고 나서 도토리를 묻었다. 학자들은 이전에도 이런 모습을 본 적이 있었다. 다람쥐에게 떡갈나무 도토리만 줬을 때, 다람쥐는 싹이 트도록 하는 배아를 물어뜯어 생식능력을 제거한 다음 도토리를 묻는다. 과학자들은 다람쥐가 북미 상수리나무 도토리를 가지고는 그러는 것을 본 적이 없었다. 그러면 알았다! 다람쥐들은 어떤 도토리 껍질에서도 생식력의 냄새를 맡을 수 있다. 그리고 다람쥐들은 싹에서 생식력을 제거한다.

씨앗에서 배아를 물어뜯는 것은 나를 잠시 생각에 잠기게 하는 행동 중 하나이다. 다람쥐는 식물학 수업에서 배운 발아의 내용을 생각해서 도토리 끝을 물어뜯는 게 아니다. 다람쥐는 옛 조상이 유전적 변이를 통해 얻은 반사적인 본능에 의존하고 있다. 배아를 물어뜯는 본능은 조상의 가계를 큰 성공으로 이끌어, 그 후손들은 다른 모든 친척을 제치고 번성했다. 진화의 변덕스러운 정확성, 정밀함에 때로 나는 압도당한다.

또 다른 훌륭한 질문은 다람쥐들이 숨겨둔 도토리를 어떻게 발견하느냐이다. 내 뒤뜰에서 북미 상수리나무가 늦여름에 도토리를 떨어뜨리기 시작하자마자, 다람쥐들은 이 도토리들을 감쪽같이 감춘다. 실제로 녀석들은 태어나는 순간부터 도토리를 모으기 시작한다. 6월 말, 다람쥐들은 노소에 상관없이 나뭇가지들을 전부 잘라 떨어뜨려 작은 도토리들을 찾았다. 도토리가 영글어갈 때, 다람쥐들은 도토리를 직접 따서 나무줄기 아래와 덤불로 운반했다. 도토리가 헛간 지붕 위로 우박처럼 억수같이 떨어질 때, 다람쥐들은 도토리를 묻느라고 정신이 없었다. 다람쥐들은 몇십 센티미터 정도만 도토리를 나르고, 서둘러 구멍을 파고 흙으로 틀어막아 잔디를 똑바로 정돈하기도 했을 것이다(까마귀는 먹이가 주위에 많이 있을 때 같은 일을 한다. 까마귀들의 최우선 과제는 물건을 보이지 않게 감추는 것이다. 그 뒤에야 녀석들은 한가하게 돌아다닌다). 쏟아지는 도토리가 줄어들면, 다람쥐들은 먹이를 저장하는 문제로 관심을 돌린다. 이것은 끝없는 과제이다. 나는 다람쥐들이 같은 도토리를 서로 다른 세 곳에 묻는 척하며 상대방을 혼란시키려는 것을 본 적 있다. 도토리가 어디에 있는지는 도토리를 묻은 당사자만 알고 있다. 나는 다람쥐가 자기 도토리를 챙기는 것을 넘어, 까마귀와 파랑어치를 따라가 훔칠 만한 어떤 것이 있는지 낙엽 밑을 염탐하고 잔디 옆을 들쑤시는 것을 본다. 나는 여러 차례 뭉툭이가 몰래 북쪽 이웃의 뒤뜰에서 내 뒤뜰로 걸어들어 오는 것을 보았다. 뭉툭이는 내 잔디밭을 건너서 대나무 숲으로 기어갔다. 이삼 분 뒤에, 녀석은 입에 도토리를 물고 나타나 보금자리로 달려갔다. 때로는 화가 난 일행이 녀석을 발견하여 이빨을 부딪치는 소리를 내며 쫓아갔다. 그러나 뭉툭이는 몇 번이고 먹이를 가지고 보금자리로 달려갔다.

다람쥐들은 묻어둔 먹이를 어떻게 찾을까? 연구원들이 추론하기로는 기억과 냄새 모두가 역할을 한다. 파콘을 만든 사람들이 도토리의 냄새를 제거하고 다시 묻은 도토리를 다람쥐들은 찾아낸다. 즉 다람쥐들이 기억을 동원한다는 뜻이다. 그리고 녀석들은 이웃이 묻은 도토리를 찾을 수 있는데, 이것은 다람쥐들이 후각을 동원한다는 뜻이다. 녀석들이 얼마나 효율적으로 숨긴 것을 찾는지에 대해서는 연구 결과가 별로 없다. 하지만 『북아메리카 나무다람쥐』의 저자들은 그 효율이 95퍼센트에 달할 수 있다고 말한다.

다람쥐를 더 많이 알게 될수록 다람쥐를 위협하는 현실에 더욱 화가 난다. 그리고 그 위협은 분명하다. 내 귀여운 새끼 다람쥐들은 사과나무를 떠난 지 오래지 않아 도시 도처에서 쓰러진 모습으로 발견됐다. 어떤 녀석들은 차에 치였다. 어떤 녀석들은 개나 고양이에 쫓기다 사고를 당했다. 다른 녀석들은 아마 나무에서 떨어졌을 것인데, 내가 생각했던 것보다 그런 일이 훨씬 더 자주 일어난다. 스틸과 코프로스키는 회색 다람쥐 20마리 중에 한 마리 정도는 다리 한쪽에 골절을 입은 상처를 가지고 있다고 보고한다. 이 쓰러진 다람쥐들은 어쨌든 먹이사슬에 다시 진입한다. 인근에 있는 까마귀들이 자신을 찰싹 때렸던 다람쥐들을 기억하고, 킬킬대면서 붉은 살 조각을 가져와 나무 속에 저장한다.

다람쥐들이 거리에서 떼죽음을 당하는 것 같긴 하지만, 다람쥐가 죽는 가장 보편적인 원인은 굶주림일 것이다. 자세히 알아갈수록 나는 새끼 다람쥐 세 마리를 낳은 어미에게 새삼 감탄하게 된다. 지난 여름과 가을에 어미는 먹이를 숨겨두고 또 숨겨두었고, 먹고 또 먹어 살을 찌웠다. 공기가 차가워지면서 어미는 식성이 덜 까다로워졌다. 어미는 도토리 맨 위의 부드러운 부분만 먹는 대신 도토리를 하나하나 쓴 끝부분까지 씹어 먹었다. 어둠이 일찍 찾아오게 되면서, 어미는 다른 암컷 친척들과 함께 낙엽이 깔린 우묵한 보금자리로 갔다. 겨울이 와도 어미는 계속 눈과 얼어붙은 흙을 뚫고 먹이를 찾았다. 어미는 1월에 짝짓기를 하고 44일 후에 체중의 10분의 1쯤 되는 분홍색 새끼를 낳았다. 지방이 풍부한 모유를 새끼에게 먹이려면 더 많은 도토리를 먹어야 했기에, 녀석은 도토리를 캐러 나갔다. 뒤뜰에 눈이 쌓였을 때 나는 다람쥐들이 나무 그늘에 있는 오목한 찻잔 모양의 구멍에서 오랜 시간 동안 도토리를 캐는 모습을 목격했다. 다람쥐들은 이곳에 도토리를 많이 묻은 걸까, 아니면 이곳이 다람쥐들이 파헤칠 수 있는 유일한 땅인 걸까?

봄이 되어 새 잎과 꽃봉오리가 돋아나올 때, 새끼 다람쥐 세 마리는 고체로 된 먹이를 먹을 수 있게 되었다. 녀석들은 살아남았다. 만약 늦서리에 처음 나온 잎이 죽었다면, 새끼 다람쥐들도 끝났을 것이다. 대신, 사랑스러운 개구쟁이를 초대한 내 이웃의 오래된 사과나무가 끝난 것 같다. 새끼 다람쥐들은 사과나무를 싹싹 갉아먹었고 새로운 일을 할 준비를 끝낸다. 녀석들은 갈색의 부드러운 코로 공기를 조사하며 몰래 보금자리로 간다.

잠깐만. 다시 생각해보니까 어미 다람쥐는 새끼를 보살필 때 별로 고생하지 않았잖아. 녀석에게는 의지할 수 있는 나의 새 모이가 있었다. 나는 여러 차례 새 모이통에 해바라기 씨를 가득 채워 걸어두었다. 다람쥐들은 여러 차례 득의만면하게 웃으며 금속 막대에 기어올라 모이통을 비웠다. 나는 얇은 내 지갑에서 거금 20달러를 꺼내 막대 위에 걸쳐놓는 튜브형 금속 방해물을 샀다. 열심히 올라가다 방해물에 부딪쳐 멈추는 모습이 어찌나 재밌던지. 히히! 녀석들이 이 이상한 도토리를 지나가보려고 3일을 낑낑대는 모습에 즐거워했지만 돌이켜보면 20달러의 가치는 아니었다. 나흘째 되는 날, 마음을 단단히 먹은 다람쥐 한 마리가 껑충 똑바로 뛰어 올라 튜브를 지나 모이통의 횃대 난간을 잡았다. 나는 모이통을 10센티미터 올려 막대의 가장 높은 부분까지 옮겼다. 이렇게 해서 나는 한 시간을 더 벌었다. 내가 하루에 2.5센티미터씩 모이통을 올린다면, 결국에는 올림픽 높이뛰기에서 메달을 딸 수 있는 다람쥐가 될 것이라고 생각했다. 그래서 포기했다. 사실, 이 먹이가 시금털털한 오래된 도토리만 먹는 어미 다람쥐에게 도움이 된다는 사실을 모른 척한 것은 어쨌거나 미안했다. 나는 따뜻해지고 있는 땅에 해바라기 씨를 던졌다. 그러자 어마어마한 싸움이 일어났다. 어떤 다람쥐든지 처음 먹기 시작한 다람쥐가 다른 다람쥐들을 내던져버릴 권리를 가진 것 같았다. 그리고 추방된 녀석은 몹시 화가 나서 자신의 치욕스러운 모습을 목격한 봄꽃에 화풀이를 할 때가 많았다. 좌절한 어떤 녀석은 튤립 위로 달려가서 줄기의 반을 깨물었다. 다른 날에는 싸움에서 진 녀석이 수선화에게 달려가 땅에서 뿌리채 뽑아 뒷다리로 갈기갈기 찢었다. 다들 신경이 날카로워져 있었다. 하지만 여름이 시작되어 단풍나무 씨앗이 떨어지고 도토리가 커지면서 긴장은 풀어졌다.

　내 관대함에도 다람쥐들이 나를 믿지 않는 사실에 점점 지친다. 나는 녀석들에게 먹이를 주고 말을 걸지만, 녀석들은 나를 여전히 연쇄살인범처럼 취급한다. 내가 밖으로 나갈 때, 녀석들은 꼬리를 세차게 흔들면서 안전한 곳을 찾아 나무로 달려간다. 내가 몇 달 동안 말을 걸고 먹이를 준 까마귀들도 똑같이 나쁘다. 녀석들은 내가 나무 테라스에 앉아 있으면 그냥 있지만, 녀석들을 바라보면 여전히 흩어진다. 쳇. 분명 이 동물들이 사람을 평가하는 데 지독히도 서툰 것이겠지만 그럼에도 기분이 나쁘다. 까마귀와 다람쥐들이 나를 소름 끼치는 존재로 취급하는 것을 생각해보면, 얼룩다람쥐 뻔뻔이와의 교제는 훨씬 더 만족스럽다. 다람쥐들이 높은 나뭇가지 위에서 꼬리를 흔들 때 뻔뻔이는 내 손바닥 위에 앉는다. 나는 뻔뻔이의 귀 뒤를 문지르고 손가락으로 적갈색 꼬리를 훑는다. 나는 뻔뻔이의 볼을 찌르고 씨가 뱃속으로 들어가는 소리를 듣는다. 뻔뻔이의 얼굴을 엄지손가락으로 문지르자 녀석이 눈을 감는다. 뻔뻔이의 부푼 볼 양쪽에 내 엄지와 검지를 가까이 대자 반응을 보인다. 뻔뻔이는 다시 뒷발로 서서 이렇게 무례한 사람은 만나본 적이 없었다는 듯이 내 얼굴을 쳐다본다. 그리고 녀석은 해바라기 씨를 다시 퍼 넣는다.

나는 왜 내 뒤뜰에서 이 동물들의 애정을 갈구할까? 아마 우리는 가장 강력한 종이 되는 대가로, 다른 모든 종들의 두려움의 대상이 되어 소외감을 느끼고 있는지 모른다. 아마 이 다른 종과 교류하려는 열정은 공동체 의식이 있는 복잡한 뇌를 가지게 된 부작용일 것이다. 누가 알겠는가? 분명히 사람들은 동물과의 교제를 열망한다. 그리고 광대한 세상에서 우리가 선호하는 친구는 포유류이다.

이제 나는 야채를 키우려고 하지 않기 때문에, 내 생명 사랑은 마못에게까지 확장된다. 나의 옛날 집에서는 녀석들은 매일매일 새벽에 헛간 아래에서 달려가 땅에 심은 완두콩을 베어냈다. 그러나 나는 이 새로운 집에서는 '뚱보 엄마'가 덤불에서 칙칙 소리를 내며 나오기를 고대한다. 뚱보 엄마는 4킬로그램 또는 5킬로그램 정도는 나가는 듯하며, 엉덩이로 몸을 지탱하며 위험이 있나 두리번거릴 때는 몸 전체를 덮는 주름 잡힌 지방과 털이 왕족처럼 보인다. 녀석은 잡초투성이의 잔디밭에서 넓은 잎을 고르며, 나는 이 잎들이 흔들리며 녀석의 입 속에 들어가는 것을 본다. 뚱보 엄마는 뻔뻔이처럼 내가 말 거는 것을 용인한다. 내가 갑자기 무례하게 굴지라도, 탈출 구멍들의 망을 잘 간수하고 있는 녀석은 가장 가까운 구멍이 어딘지 알고 있다.

이제 뒤뜰의 생태를 배우면서 마못은 사냥개에게 잡혀서는 안 될 진짜 토종 동물이라는 생각이 분명해지고 있다. 나는 오래된 교역소에서 우연히 찾은 물건 영수증에서 마못의 야생동물로서의 위치를 다시금 통감할 수 있었다. 물건(셔츠, 주름이 잡힌 셔츠, 담배 등)의 가격이 동물 가죽으로 매겨져 있다. 그리고 놀랍게도 300년 전에는 비버 모피보다 마못 모피로 셔츠를 더 많이 살 수 있었다. 마못이 그만큼 귀했다는 뜻일 것이다. 유럽인들이 본격적으로 벌목과 농사에 착수한 1800년대 이전에는 이 땅이 거의 완전히 숲이었다는 것을 떠올리기 전까지는 마못이 귀했다는 사실이 당황스러웠다. 마못들은 겨울에 굴에서 살 때는 숲을 이용하지만, 여름에는 앞이 트인 벌판에서 먹이를 찾는다. 유럽식 목초지, 그리고 지난 세기에 그 목초지로부터 진화한 뒤뜰은 마못이 꿈에 그리던 환경이었다. 마못의 수는 소와 말의 수와 함께 폭발적으로 늘어났을 것이다. 이제 마못은 흔하고, 사람들에게 마못의 가치를 매기라고 하면 대부분은 심하게 줄어든 금액을 제시할 것이다.

냄새나는 녀석들

다람쥐들과 뻔뻔이는 제쳐놓고, 근교와 도시에서 잘 지내는 대부분의 포유류들은 사람들과 개들이 덜 괴롭힐 것 같은 밤에 활동한다. 나는 동물들이 밖에 나와 자연스럽게 활동하기를 기다리며 모기들 사이에서 밤을 지내는 것을 좋아하지 않는다. 다행히 야간의 상태를 파악할 수 있는 다른 방법이 있다. 하나는 차에 치인 동물을 조사하는 방법이다. 흑백 얼룩의 시체가 있는 늦겨울의 도로를 보면, 스컹크가 짝짓기를 준비하며 일어나고 있는 모습이 떠오른다. 늦은 봄에 차에 치인 동물에 고리 모양의 꼬리가 있으면, 두 살이 된 너구리 수컷이 성공을 꿈꾸며 어미의 품을 떠나는 장면이 연상된다. 차에 치인 동물이 전적으로 생명의 허비만은 아니라는 사실을 깨닫는 것은 나쁘지 않은 일이다. 교육적인 용도로 이용할 수 있다.

동물 수로 판단하는 덜 끔찍한 방법은 덫을 놓는 것이다. 나는 놀이터의 모래 한 양동이를 들고 뒤뜰로 가서, 동물들이 오가면서 담장 아래에 뚫은 구멍이나 철망을 뜯어놓은 모든 곳에 모래를 흩뿌린다. 또 나는 냄새 기둥을 세운다(냄새 기둥은 모래를 채운 얕은 알루미늄 쟁반이다. 못으로 이 쟁반을 뚫어 땅에 박아놓았다. 못 위에는 공통적인 유인 물질인 땅콩버터를 묻혀둔다). 모래 덫을 설치하고 나니 매일 아침이 크리스마스 같다. 나는 일어나면 급히 가서 내가 잡은 것을 본다. 밤에 비가 오지 않았다면 뭔가는 늘 덫에 걸려 있다.

비스듬히 햇빛이 비추는 가운데 나는 웅크리고서 모래에 남은 지형도를 본다. 끝의 발톱 구멍이 있는 긴 손은 스컹크의 앞발이다. 또한 발톱이 있고, 통통한 뒷부분과 볼록한 부분 사이에 능선이 있는 것은 스컹크의 뒷발이다. 꼬리가 남긴 구불구불한 작은 자국 두 줄은 쥐가 지나간 길을 보여준다. 작은 구멍들로 이루어진 고리는 고양이가 지나간 길이다. 민달팽이가 지나간 미끌미끌한 진흙 길은 둘둘 말려서 모래 튜브가 됐다. 새의 발은 섬세한 갈퀴 모양을 찍었다. 미세한 구멍들이 이루는 실 한 오라기만큼 가는 선은 곤충 한 마리가 지나간 길을 나타낸다. 더 오래 볼수록 나는 더 많이 발견한다. 녹이 슨 울타리에 털 한 올이 끼어 있다. 길고 색이 다양한 그 털은 내 새들에게 몰래 다가가는 도둑고양이의 털 같다. 여기 나이 많은 새의 깃털이 있다. 또 하나를 발견한다. 더 많은 깃털로 덮인 하얀 뼈들을 발견한다. 나이 많은 새 한 마리가 죽었나보다. 냄새 기둥에 발자국들이 도처에 있다. 다람쥐들이 금방 떠오른다. 내가 생각했던 것보다는 발들이 더 크다. 나는 이들 중 한 마리를 확실히 알아볼 수 있다. 뭉툭이의 가짜 다리가 모래에 자국을 남겼다.

모든 야행성 동물이 수줍음이 많은 것은 아니다. 만약 밤에 문을 열어둔다면, 스컹크가 바로 들어올 것이다. 어느 날 저녁, 내가 돌보는 개가 식당 칸막이 커튼 쪽을 향해 으르렁거렸다. 나무 테라스 계단 옆에 양동이가 흔들렸다. 흙손이 쨍그렁거린다. 나는 불을 끄고 밖으로 나갔다. 난간 너머를 살필 때 처음에는 화단에서 흰 얼룩만 어른거렸다. 눈이 어둠 속에 익숙해지자 나는 작은 새끼 스컹크 두 마리가 고양이들처럼 서로 싸우는 것을 알아볼 수 있었다. 녀석들은 곧 화해를 하고, 가벼운 꼬리를 의기양양하게 세우고 식물들 사이를 걷는다. 나무 테라스 구석에서 한 녀석이 왼쪽으로 돌아 이웃의 개를 찾아간다. 다른 녀석은 꽃들 사이에서 빈둥거리며 형제가 없어서 약간 불안해한다. 안전문이 거리 쪽으로 쾅 닫히면, 녀석은 펄쩍 뛰어올라 소리 나는 쪽으로 꽁무니를 향하며 도망칠 자세를 취한다. 녀석은 다시 생각했는지 발을 질질 끌고 그 소리가 나는 쪽으로 가 귀를 기울인다. 녀석의 얼굴은 삼각형 모양이며, 반짝이는 검은 눈이 있다. 양 옆에는 하얀색 줄이 하나씩 보인다. 녀석의 다리는 뻣뻣해서 꼭 봉제인형이 움직이고 있는 것 같다. 대나무 숲에서 바스락 소리가 나자, 녀석은 뛰어올라 숲을 마주본……아니, 아니, 그게 아니라 꽁무니를 향한다. 나는 지금 나무 테라스에 무릎을 꿇고 있고 녀석은 바로 내 아래에 있다. "안녕, 조그만 구리구리." 녀석이 자세히 올려본다. 눈을 깜박인다. 그리고 잎의 냄새를 맡고 다니다 울타리 경계선 아래로 더듬어 내려간다.

여름이 좀더 깊어진 뒤에 나는 이 녀석들 중 하나를 다시 만났다. 내가 어두운 곳에 앉아 쥐의 노래를 들으며 모기를 배불리 먹이고 있을 때, 축구공만한 흑백의 얼룩이 잔디밭을 지나서 깐닥깐닥 움직였다. 나는 조용히 일어나 따라간다. 녀석은 천천히 움직이며 땅의 냄새를 맡는다. 스컹크는 시력이 약하지만, 후각이 발달했고 알풍뎅이 유충을 땅에서 끄집어내 찢을 수 있는 발톱을 가졌다. 녀석은 멈춰서 유심히 살핀다. 녀석이 고개를 숙이고 있는 동안 나는 좀더 가까이서 보려고 다가간다. 녀석은 다시 살피고 나는 3미터 앞까지 움직인다. 녀석은 헛간 옆을 파더니 방향을 바꾼다. 이제 녀석은 자기 일에 빠져서 내 쪽으로 다시 정처 없이 오고 있다. 2미터 40센티미터 앞에 있다. 그리고 1미터 80센티미터. 나는 모기에 물리면서 녀석을 더 잘 보려고 몸을 반쯤 웅크리다가 진퇴양난에 빠진다. 내가 여기 있는 것을 녀석에게 알려야 할까? 아니면 녀석이 알아채지 못하고 지나갈까? 다 자란 스컹크는 노란 액체를 3미터까지 날릴 수 있다. 나는 스컹크가 노란 액체를 뒤에 있는 내 예전 사냥개의 얼굴에 뿌리는 것을 보았다. 내 쪽으로 오고 있는 녀석은 반만 자랐지만, 나는 녀석이 자신의 유독물질을 1미터 80센티미터까지 뿌릴 수 있다고 확신한다. 예전에 스컹크를 잡은 친구는 내게 일단 옷을 태우고 2주 동안 줄 서서 냄새를 맡으려는 구경꾼들을 대비하라고 말했다.

"으흠!" 하고 나는 부드럽게 말을 건다. 스컹크는 고개를 들어 노려본다. "좋아. 구리구리. 네가 꼬리를 내리면 아무도 다치지 않을 거야." 녀석은 믿지 않는다. 녀석은 뒷발을 구른다. "아, 그럴 필요 없어. 멋진 스컹크야, 예쁜 스컹크야." 내가 뭘 입고 있더라, 어떻게 이 옷을 태우지? 구리구리의 머리가 좌우로 흔들리고 녀석은 도망치려고 한다. 녀석은 방향을 돌려 뻣뻣한 다리로 헛간 옆의 긴 잔디로 간다. 녀석은 꼬리를 내밀고 멈춘다. "고마워, 구리구리." 꼬리가 사라진다. 나는 모기 열일곱 마리를 찰싹 쳐서 잡는다. 잠시 후 구리구리가 헛간의 저쪽 끝에서 완전히 회복되어 나온다. 녀석은 지그재그로 어두운 잔디밭을 건너 달빛 아래에서 땅을 판다. 산딸기 아래에서 짚이 바스락거린다. 녀석의 하얀 줄무늬가 뒤쪽 울타리 아래로 사라진다.

나는 내 잔디밭에 구멍이 난다고 해서 특별히 신경 쓰지 않는데다 알풍뎅이에 대한 애정도 없어서 스컹크에게 거의 불만이 없다. 나는 가끔 다른 사람들의 개를 돌봐주지만, 밤에 개를 밖에 두기 전에 나무 테라스의 불을 켜면 직접 대면은 피할 수 있다. 하지만 스컹크 똥 문제가 있다. 나의 견공 친구들 중 하나가 스컹크 똥을 찾아 굴리면 정말 그보다 더 나쁠 수가 없다. 스컹크 똥은 노란 액체만큼 강력하며 형태는 훨씬 더 불쾌하다. 그러나 구리구리의 먹이에 대해 알 기회이기 때문에 나는 어느 날 내 코를 막고 비닐봉지 안에 똥 샘플을 조금 담았다. 나는 현미경 밑에 이 샘플을 놓는다. 스컹크 똥에는 곤충 몸의 일부들이 서로 엮여 있다. 갈색 더듬이가 적갈색 껍질 조각들 주위로 곡선을 그리고 어두운 색깔의 큰 턱이 집게벌레 꼬리와 날개를 물고 있다. 이 큰턱들은 보통 크기 곤충의 일부이다. 구리구리는 분명 밤새 곤충들을 먹을 것이다.

내 생명 사랑 강박관념은 스컹크에게 입을 맞추고 싶을 정도까지는 아니다. 그러나 내가 까마귀들이 좋아하지 않거나 단지 너무 겁나서 다가가기 힘든 먹이를 내놓는다면, 그 먹이는 밤사이에 사라질 것이라는 사실을 알았다. 나는 알풍뎅이 박멸 부대에게 먹이를 준다고 생각하고 싶다.

덫에 걸린 쥐들

나는 밤에 밖에서 많은 시간을 보내면서 희귀한 두어 마리 쥐의 소리를 듣는다. 녀석들은 여러 생태계에서 많이 서식하며 개미들처럼 도처에서 볼 수 있다고 한다. 그러나 내 모래 함정에서는 녀석들의 발자국도 보기 힘들다. 수수께끼 같은 일이다. 어느 여름

날 저녁 척 루벨치크가 들러 모기 덫을 놓으면서, 특별한 생물학자용 쥐덫 한 자루를 가져온다. 이 쥐덫은 알루미늄 사각형 튜브로 한쪽 끝에 위로 젖히는 문이 달려 있다. 우리는 동그랗게 뭉친 귀리에 땅콩버터 덩어리를 입혀서 쥐덫에다 하나씩 떨어뜨려 놓는다. 쥐는 언제든 가능한 한 가장자리로 이동한다고 척이 알려줬기 때문에, 우리는 울타리, 집, 헛간에 덫을 설치한다. 척은 이렇게 말한다. "아침이 되면 이 덫들을 모두 그늘에 두세요. 덫이 뜨거워지거든요. 그리고 대비하고 있는 게 좋을 겁니다. 덫에 걸린 뾰족뒤쥐들은 아마 아침이 되면 죽을 테니까요. 뾰족뒤쥐들은 대사 작용의 효율이 아주 높기 때문에, 두세 시간 후면 문자 그대로 굶어 죽습니다."

우리는 뾰족뒤쥐를 한 마리도 잡지 못했다. 내가 아침에 덫을 점검하러 슬며시 갔을 때, 덫 다섯 개가 닫혀 있었다. 나는 덫 하나를 천천히 돌려서 덫을 열지 않고 안을 흘끗 본다. 하얀 발 네 개가 나타난다. 덫 또 하나를 집어 들자 덫이 움직인다. 다른 덫 세 개는 허탕을 쳤다. 이 덫들은 비어 있다. 잡힌 놈들은 아마도 흰발생쥐 같지만 사슴쥐도 거의 이와 똑같이 생겼다. 위는 회색이고 아래는 흰색이다. 둘 다 갈색 생쥐와는 달리 토종이다.

척은 도착해서 파란색 수술용 장갑을 낀다. 쥐들은 심각한 호흡기 바이러스인 한타 바이러스를 옮길 수 있다. 그는 얇은 비닐봉지 위에 덫을 거꾸로 놓는다. 쥐는 발버둥치며 머리를 들지만, 척은 이미 이 봉지를 꽉 쥐고 무게를 재고 있다. 약 19그램 정도다.

척은 손을 뻗쳐 쥐의 꼬리를 잡는다. 녀석은 수컷이다. 척은 쥐를 계단 위에 내려놓고 엄지손가락과 검지로 척추를 훑어 목덜미

를 잡는다. 그리고 쥐를 들어 올려 핀셋으로 털을 헤집어 해충이 있
나 본다. 조용히 매달려 있는 쥐의 보드라운 수염이 약간 흔들린다.
야행성 동물이라서 귀와 눈이 크다고 척은 알려준다. 그는 진드기
가 가장 좋아하는 곳인 쥐의 귀 뒤를 찌르고 있다. 여기에서 아무것
도 찾지 못하고 쥐들이 긁히기 싫어하는 민감한 부분인 수염 사이
에서도 아무것도 찾지 못한다. 라임병Lyme disease을 옮기는 생물이
라는 점에서, 사슴진드기를 찾는 것은 특히 흥미로운 일이다. 나는
이전에 이곳에서 사슴진드기를 본 적이 없었지만, 척은 알코올을
담은 유리병을 준비했다.

　　여기 쥐들에 대한 뜻밖의 사항이 있다. 내 주변에 여러 작은
포유류들이 많이 산다고 해서 내가 라임병에 걸릴 확률이 높아지는
것이 아니다. 라임병을 일으키는 박테리아는 여러 작은 동물들 속
에 살고 있다. 하지만 그 동물들 가운데서 흰발생쥐들이 자기 몸을
무는 진드기에게 가장 잘 박테리아를 넘긴다. 그래서 쥐가 더 많을
수록, 지방 고유의 진드기가 라임병을 옮길 확률이 더 커진다. 그러
나 우리 인근에 쥐 한 마리당 다른 작은 포유류가 열 마리 있으면
진드기들이 감염된 쥐를 물 확률이 떨어지고 감염된 진드기 비율은
낮아진다. 따라서 감염된 사람들의 비율이 낮아진다. 최소한 두 가
지 연구가 그런 결론을 냈다. 나는 이 주장이 논리적이라고 생각한
다. 이것이 구리구리, 다람쥐, 다른 털짐승들을 대환영하는 또 하나
의 이유이다.

　　나중에, 쥐들이 최근에 나를 위해 무슨 일을 했는지 궁금증
을 품으면서 나는 또 다른 재밌는 사실을 알게 됐다. 쥐들은 특별한

균류 포자를 퍼뜨리는 데 도움이 된다. 이 균류는 나무뿌리 위에서 자라며, 흙에서 양분을 모은다. 쥐들은 여기에서 균류 포자를 먹고 저기에서 뱉어서 이 나무에서 저 나무로 퍼지는 데 도움을 준다. 쥐들은 다른 방식으로 생태계에 공헌하기도 한다. 쥐들은 식물의 씨앗을 겨울에 먹기 위해 숨겨두면서 씨앗을 퍼뜨린다. 그리고 쥐들은 여우와 코요테부터 새, 살쾡이, 뱀에 이르기까지 많은 작은 육식 동물들의 주식이다. 내 뒤뜰에서 어른 쥐들은 아마 고양이에게 잡아먹히고, 새끼 쥐는 스컹크와 주머니쥐possum에게 잡힐 것이다.

척은 두 번째 쥐를 떨어뜨린다. 암컷이다. "보통 쥐는 몸에 빈대가 있는데, 이 쥐들은 좀 깨끗해 보이네요"라고 그는 불평한다. 때맞춰, 작은 빈대가 그의 장갑 위로 뛰어 오른다. 첫 번째 쥐처럼 이 쥐도 척이 작업을 할 때 조용히 매달려 있다.

그는 씩 웃으며 이렇게 말한다. "이 녀석들 가운데 일부는 우리가 잡고 있는 동안 정말로 털을 고르고 자기 몸을 닦습니다. 이 일에 숙달되고 나면 쥐가 당신을 믿을 거예요." 우리는 쥐가 잡힌 뒷편의 울타리로 쥐를 데려간다. "돌아갈 준비됐니?" 척은 녀석의 머리를 두 번 쓰다듬는다. 녀석은 땅을 발로 차면서 덤불 더미로 뛰어간다.

야생동물, 인간을 방문하다

우리 인간들은 털로 덮인 얼굴들에 너무 무지해서, 도시와 도시 근교의 포유류들과 우리가 맺는 일상적인 관계는 보통 전쟁일 때가 많다. 우리가 너무 늦게 접촉을 열망할 때는 동물들의 못난 면들만을 보게 된다. 또는 진드기나 집에서 난 구멍 같은 것들 말이다. 나는 최근 영국을 방문했을 때 여우들이 영국의 마을에서 어슬렁거리다는 것을 알았다. 얼마나 귀여울까! 나는 여우가 내가 사는 마을에서도 어슬렁거리기를 바란다! 그리고 나는 자세한 상황을 알게 되었다. 마을의 여우들은 자신들의 사회 구조, 새벽에서 황혼까지의 스케줄, 자연의 먹이까지를 모두 저버린다. 녀석들은 낮에는 쓰레기통을 습격하며 짧고 추레하게 산다. 하지만 아, 나는 녀석들이 처음 사람들이 사는 곳으로 왔을 때는 귀여웠다는 데 내기를 걸겠다. 영국의 마을 사람들이 고양이 먹이를 한 접시 놓아두어 처음 여우를 가까이 끌어들였을 때의 환희가 머릿속에 그려진다……

우리의 환영을 견뎌낸 동물들을 연구하는 야생 생태학자 앤서니 드니콜Anthony DeNicole은 새로 도시 근교에 적응한 포유류에 대한 우리의 감정이 경외에서 경멸로 발전하기까지 보통 10년이 걸린다고 말한다. 그는 이렇게 설명한다. "열 세대가 지나면 인간에 대한 두려움은 동물들 마음속에서 거의 사라집니다. 그리고 사람들은 '동물 놈들을 죽일 수만 있다면 어떤 일이라도 하겠소!'라고 내게 말합니다. 슬픈 일이죠. 우리는 동물들을 끌어들이고, 쉽게 구할 수 있는 먹이를 제공합니다. 동물은 익숙해지죠. 그러고 나서 우리는 그 동물을 죽입니다."

앤서니는 보통의 생태학 박사가 아니다. 한 가지 이유는, 내가 아는 대부분의 생태학자들은 동료들이 5분 만에 맥가이버 칼로 잘라준 것 같은 헤어스타일인 반면 앤서니는 해병대처럼 머리를 깎았기 때문이다. 또 한 가지, 그는 학계에서 연구하는 대신에 화이트

버펄로White Buffalo라는 비영리회사를 운영하고 있다. 그리고 화이트 버펄로의 사업 내용은 도시 근교에 너무 많이 퍼진 사슴을 저격총으로 사냥하는 일이다. 그는 사슴의 피임법도 연구하고 있다.

사슴을 솎아내는 일은 사람들이 혐오스러워하는 일이다. 그리고 그것은 주로 우리 호모사피엔스가 자연에 얼마나 가까이 가고 싶은지에 대해, 그리고 자연이 어떤 모습이어야 하는지에 대해 혼란스러워하기 때문에 그렇다. 우리는 일반적으로 과학자들이 매력적인 거대동물상megafauna이라고 부르는 몇몇 동물에 관심과 돈을 집중한다. 거대동물상은 라틴어로 '크고 귀여운 동물'이라는 뜻이다. 사슴이 바로 여기에 해당한다. 그래서 때로 동물 권리 운동가들이 앤서니의 연구를 방해한다. 그가 저녁에 메뚜기를 죽이려고 한다면, 반대할 사람이 있을지 모르겠다. 하지만 도시 근교에 들어간 흰꼬리사슴은 메뚜기와 별 차이가 없다.

우리는 사슴들이 온다고 비난할 수 없다. 사람들은 뒤뜰에다 이상적인 사슴 서식지를 만든다. 사냥꾼들은 이 잔디-덤불 에덴에 침입하지 않는다. 그래서 사슴은 내려오고, 사람들이 사슴에게 돌을 던지지 않는다면 사슴은 에덴에 있는 풀을 모두 뜯어 먹는다. 사슴은 긴 속눈썹을 껌벅대고 귀여운 턱을 흔들면서, 단풍나무에서 철쭉과 팬지까지 모든 것을 갈아서 삼킨다. 그리고 사슴은 거리에서 장난치다가 자동차 범퍼에 치여 종이인형처럼 쓰러진다.

개인적으로 나는 사슴이 너무 많이 먹고 나서 먹을 것이 없어서 굶주리거나 길가에서 장기가 파열되어 죽는 것보다는 앤서니가 사슴 머리에 총을 쏘아 죽이는 것이 낫다고 생각한다. 내 이상적인 세계는 코요테, 늑대, 퓨마, 사냥을 하는 사람들이 여분의 사슴을 잡아먹어서 우리가 이런 일을 할 필요가 없는 것이다. 그러나 현실에서는 도시 근교의 사슴들은 부자연스럽게 낮은 포식자 비율을 경험한다. 또 다른 사실은, 사슴이 진달래를 따 먹거나 도로의 과속 방지턱에서 노는 것을 우리 인간들이 좋아하지 않는다는 사실이다. 이를 통해 볼 때, 사슴에게 총을 쏘는 것이 현재 유일하게 알맞은 해결책이다. 화이트 버펄로가 솎아낸 사슴들은 푸드뱅크(식품 제조업체나 개인들에게 식품을 기증받아 소외 계층에게 전달하는 단체-옮긴이)에 제공되고, 푸드뱅크는 이 사슴을 오늘날 미국에서 가장 환경친화적인 음식으로 만든다. 이 방목 동물들은 가장 기름진 땅에 의존하여 생활하며, 트럭 한 대분의 옥수수가 필요하지도 않으며, 가축사육장의 오물을 만들지도 않는다. 또한 푸드뱅크는 지역조직이기 때문에 사슴고기가 트럭에 실려 1,600킬로미터를 갈 필요도 없다. 도시 근교가 저임금 주민들을 위한 고품질의 식품을 생산한다면, 나는 이에 대찬성한다. 내가 논지에서 조금 벗어난 것 같다.

내 이상적인 세계가 실현되어, 큰 포식동물과의 삶이 실제로 아주 더없이 행복할지 알 수 있는 기회가 오고 있다. 그 육식동물들은 북아메리카의 여러 교외지역을 찾아다니고 있다. 나는 볼더Boulder 교외의 뮬사슴에 몰래 가까이 다가가는 퓨마를 보도하는 〈뉴욕 타임스〉지 기사를 어쩌다 보고 감격했다. 기사에 따르면, 퓨마가 애완동물을 죽이고 사람들에게 몰래 다가가지만, 많은 사람들은 퓨마를 이해하고 용서한다고 한다. 사람들은 퓨마가 벌을 받을까봐 버릇없는 퓨마들을 당국에 보고하지 않는다. 기사에 따르면, 퓨마는 살찐 사슴에 이끌려서 동쪽으로 이동하고 있다. 곧 뉴저지에 도달할 것이라고 예상된다.

코요테처럼 퓨마들도 이제 널리 퍼지고 있다. 여러 해 동안 야생동물 관리자들은 내 숲의 잘록한 부분에서 목격한 퓨마를 환각이거나 주인이 놓아준 애완동물을 본 것으로서 여겼다. 그리고 많은 경우에 이 관리들이 아마 옳았을 것이다. 그러나 나는 동쪽에서 확인된 퓨마의 출현을 표시한 지도를 발견했을 때 녀석들이 모두 애완동물이라고 그냥 믿을 수 없었다. 이 동물들 일부는 새끼들과 함께 나타났으며 조금도 애완동물 같아 보이지 않았다. 비록 신중한 조사자는 이 퓨마들이 어디에서 오고 있는지 우리가 전혀 알지 못한다는 것을 인정해야 했지만, 야생동물 관리자들은 그 상황을 다시 고려하고 있다. 녀석들은 분명히 오고 있다.

내가 www.easterncougarnet.org 사이트에 들어가 우리 주의 지도를 클릭해보니 점 다섯 개가 보인다. 내륙의 점 하나는 사냥꾼이 20분 동안 어미와 새끼들을 보고 관리자들이 나중에 그 발자국을 확인한 장소를 나타낸다. 해안 중앙의 지점은 퓨마가 확인된 그 밖의 현장 두 곳을 의미한다. 퀘벡 국경에서 한 사냥꾼은 퓨마 어미와 새끼 두 마리를 보았다고 말했다. 관리자들은 나중에 발자국이 '십중팔구' 퓨마 발자국일 것이라고 확인했다. 그런데 우리 집 오른쪽 위에 있는 원은 무엇일까? 앗, 잊고 있었구나. 1995년에 우리 옆도시의 어떤 여성이 연못에서 퓨마가 물을 마시는 것을 보았다.

이 연못에서 발견된 털의 DNA를 검사해본 결과 퓨마의 특징이 확인되었다. 나는 당연히 놀라지 않았다. 케이프 엘리자베스Cape Elizabeth는 근교화되어 크고 쾌적한 공터와 포식동물들을 위한 좁은 공간이 넉넉히 있는 도시이다. 결과는 전형적이다. 케이프에서 일어난 자동차 사고 세 건 중에 한 건은 흰꼬리사슴과 관련된 것이다. 도시에 몇 명 남지 않은 농부들은 톱, 장도리, 전기 울타리로 이 동물들과 싸우고 있다. 그리고 포식동물들이 오고 있다. 케이프 엘리자베스에는 누군가는 '코요테 문제'(야생동물들로 인한 피해를 말함—옮긴이)라고 부르는, 그리고 내가 좋은 시작이라고 부르는 일들이 일어나고 있다. 그리고 또 케이프 엘리자베스에는 분명히 퓨마가 최소한 한 마리는 있었다.

서부의 교외지역에서 살지 않고 밤에 집 앞의 길가에서 포식동물과 눈을 마주치지 않으면서, 대형 육식동물과 함께 정답게 사는 기쁨을 말하는 내 의견에 큰 무게가 없다는 것을 나는 인정한다. 그리고 나는 두려움 속에 사는 데 익숙하지 않다는 것을 고백한다. 장기적으로 볼 때 그런 삶은 내게 소화불량을 일으킬 것이고, 단기적으로 볼 때 공포에 질려 '꺅' 소리를 내며 비틀거려서 퓨마를 자극할 것이다. 그러나 내 생각이 어떻든지 간에 녀석들은 오고 있다. 살찐 사슴이 녀석들을 끌어들이고 있고 사람들은 녀석들을 쫓아버리지 않고 있다. 수 세기 만에 처음으로 사람들은 늑대, 코요테, 퓨마를 보고도 총을 쏘지 않고 있다. 이 포유류가 살아온 수 세대 만에 처음으로, 사람들 근처에 있는 것이 상당히 안전해졌다. 그래서 이제 우리는 근처에 이 동물들이 있는 것이 정말 사람들에게 안전한 일인지 알게 될 것이다. 아마 우리가 집단적으로 '꺅' 소리를 내고 비틀거리는 것을 통제할 수 있다면, 녀석들은 거리에 남은 사슴을 해치울 것이다.

그리고 돌아온 포식동물들이 뚱보 엄마와 뭉툭이와 뻔뻔이를 먹고 싶어 한다면? 나는 사랑과 전쟁에서는 모든 것이 정당하다고 생각한다. 만약 택해야 한다면, 집고양이보다는 야생 고양이가 삼킨 뻔뻔이의 적갈색 털을 보는 편이 더 낫다.

5 흙 속의 생명

아야! 나는 책상에서 일하면서 맨 허벅지에 발톱이 닿을 때까지 얼룩다람쥐 뻔뻔이가 주위에 있다는 것을 깨닫지 못했다! 내가 펄쩍 뛰자 쌓아놓은 책 뒤로 녀석이 잽싸게 숨는다. 그러나 뻔뻔이는 발랄한 녀석이다. 뻔뻔이는 내 무릎에 다시 뛰어오르고 나서 씨앗 컵이 기다리는 책상으로 뛴다. 뻔뻔이가 컵 안으로 들어간다. 나는 인간의 움직임에 익숙해지도록 하려고 컵을 들고 서서히 내 회전의자를 돌린다. 뻔뻔이는 이것이 이상하다고 생각하지만, 식욕을 망칠 만큼은 아니다.

내가 얼룩다람쥐를 돌리고 마못에게 달콤한 말을 하는 것은 별로 좋은 일은 아니다. 오늘 나는 민달팽이에 대한 감정을 진전시켰다. 이런 감정이입이 계속되다가는 토종 곰팡이 포자를 밟을까봐 바깥에서 조금도 걸어 다닐 수 없을 것이다. 민달팽이를 만나기 전에도 나는 이런 종류의 생각을 했다. 잔디 의자에 앉을 때마다, 얼마나 많은 작은 시민들을 이 플라스틱 의자 다리가 짓밟고 있는지 생각하면 끔찍하다. 나는 잔디밭을 건너가면서 내 두 발을 과도하게 인식한다. 이번에는 무엇을 죽였을까? 지금은 무엇일까? 문제인 걸, 하고 생각한다. 내 다람쥐들과 뻔뻔이는 건강한 식물에 의존한다. 또 건강한 식물에는 좋은 흙이 필요하다. 그리고 좋은 흙은 복잡한 흙이다. 민달팽이는 정원사의 강적일 수도 있지만 뒤뜰의 다른 기어 다니는 수많은 벌레 종처럼 흙을 개선시킨다. 민달팽이와 흙에 사는 다른 동물은 내 흙이 내가 절대 이길 수 없다고 생각하는 상대를 이길 수 있도록 돕는다. 우리가 흙에 가한 손상에도 불구하고, 근교의 흙은 인근 농장의 흙보다 더 좋은 상태가 될 수도 있다.

아니면 그렇지 않을 수도 있다. 도심지의 중심에서부터, 내 뒤뜰을 지나, 농장을 건너, 숲속까지 선을 그으면 아마 흙의 몇 가지 특징들이 도시에서 떨어질수록 향상된다는 것을 알게 될 것이다. 이런 비교 연구를 한 과학자들은 도시에서 멀리 떨어질수록 유독한 금속 농도가 줄어드는 경향이 있다는 사실을 발견했다. 도움이 되는 균류 숫자는 늘어난다. 그리고 문제를 일으키는 외래 침입자들의 숫자는 줄어든다. 하지만 이런 결점이 있기는 하지만 근교의 흙도 능숙하게 임무를 수행한다. 어떤 점에서 보면 농지를 잔디밭으로 전환하는 것은 생태적인 향상이다.

나는 흙과 좀더 친해지기 위해서 구멍을 조사하기 시작한다. 또 몇몇 물건 주위에 빨간색 리본을 묶어서 이것들이 흙으로 돌아가는 데 얼마나 시간이 걸리는지 본다. 나는 다람쥐가 땅에 던진 신선한 떡갈나무 잎, 설익은 도토리, 나무에서 떨어진 사과 하나에 표시를 한다. 내 실험 중 하나는 두 시간 뒤에 다람쥐 한 마리 때문에 끝나고 사과와 잎만 남았다.

첫 몇 개의 '구멍'은 실제로 땅 위에 있다. 민달팽이처럼 흙을 만드는 멋진 동물들은 땅 속보다는 땅 표면에 퇴비를 만든다. 그래서 나는 긴 의자에 털썩 앉아(아, 수많은 동물들을 죽이면서) 떡갈나무 아래의 어두운 그늘을 응시한다. 내가 리본을 묶어둔 떡갈나무 잎이 때 이르게 갈색으로 변해 있다. 떡갈나무 잎의 표면은 여전히 빛나고 매끈하다. 이 잎은 작년에 떨어진 잎들이 쌓인 층 위에 놓여 있다. 나는 막대기를 하나 들어 나뭇잎 부스러기들의 층을 휙 뒤집는다. 죽은 잎 한 장 두께의 정말로 얇은 층이다. 아래쪽의 입자가 더 가는 층은 다람쥐가 갉아 먹은 설익은 도토리와 포도덩굴 조각과 떡갈나무 껍질로 이루어졌다. 그러나 이 층 역시 내가 찔러보니 깊이가 2.5센티미터 이하이다. 흥미로운 일이다. 숲속에서는 잎 부스러기들이 10센티미터에서 13센티미터 두께의 층을 이룰 것이다. 이런 층은 곤충과 흙을 만드는 동물들을 혹독한 날씨와 포식 동물들로부터 보호할 것이다. 그런데 내 나뭇잎 부스러기들은 다 어디에 갔을까?

내가 본 바로는 지렁이들이 먹었다. 메인 주는 지렁이가 없는 지역으로 여겨진다. 실제로 사람이 없는 세상이었다면 모든 북동부 주와 캐나다에는 지렁이가 없었을 것이다. 빙하가 잇따라 북쪽 지역을 휩쓸 때 흙을 만드는 동물들은 남쪽으로 밀려나거나 영원한 망각 속에 얼어붙었다. 여러 나라에 토종 지렁이가 있지만 내 뒤뜰의 모든 지렁이는 나처럼 이주 혈통이다. 이 지렁이 암수 선조

(지렁이는 자웅동체다)는 북아메리카로 배를 타고 이동했다. 어떤 지렁이는 말발굽 속에 들어 있었을 것이다. 또 다른 지렁이들은 밸러스트(배의 균형을 잡기 위해 배 바닥에 싣는 돌이나 모래 주머니—옮긴이)로 사용된 유럽의 바위와 흙과 함께 선박의 선창 안에 퍼 넣어졌을 것이다. 또 어떤 지렁이들은 올리브나무나 사과나무와 함께 왔거나 내 조상들 중 한 명이 구세계 정원에서 파낸 월계화와 함께 도착했을 것이다.

외래종 지렁이의 침입에 과연 불평할 사람이 있을지 상상하기가 힘들다. 지렁이들은 흙에 산소를 공급하고 죽은 식물을 유기비료로 바꾸기 때문에 정원사들은 지렁이를 소중히 여긴다. 그러나 지렁이들을 두고 논쟁을 하는 사람들이 있다. 그리고 여태까지 가장 주요한 불평은 이 침입자들이 죽은 식물을 너무 빠른 속도로 비료로 바꾼다는 것이다. 이는 흙의 화학적 조성을 바꾸어놓는다. 이 변화가 잔디밭과 정원에는 환영할 만하지만, 숲에는 위험하다. 그리고 지렁이들은 숲으로 퍼지고 있다. 루이빌Louisville 대학교의 생물학자 마가렛 카레이로Margaret Carreiro는 북동부 지렁이를, 미국 동부의 호수와 강에 퍼져서 매년 수도관에 수십억 달러의 피해를 주고 있는 외래종 얼룩말홍합zebra mussel과 비교한다. 카레이로는 〈아메리칸 포레스트American Forests〉지에 항의했다. "모든 사람들이 얼룩말홍합에 대해서는 걱정합니다. 그러면 지렁이는 어떨까요?"

여기 내 떡갈나무 아래의 지렁이들은 부지런하다. 나뭇잎의 얇은 층 아래에 아주 자잘한 부스러기는 진한 흙에 섞인다. 그러나 연구원들이 실체 숲에서 주목한 것처럼, 내 작은 숲의 자잘한 부스러기에는 균류가 없는 것 같다. 원시림에서는 균류의 그물과 엉클어진 덩어리가 분해에 큰 역할을 한다. 균류는 나뭇잎의 살점들을 몇 년에 걸쳐서 소화시킨다. 균류는 적절한 속도로 잎을 나무에 이상적인 비료 형태로 바꿀 것이다. 나무가 균류에 양분을 주고 균류가 나무에 양분을 주는 이 순환은 진화적 시행착오를 거치며 완성되었다. 이 순환은 다른 종류의 질소를 생성하는 지렁이와는 잘 반응하지 않는다. 내 눈에 떡갈나무는 멋져 보인다. 하지만 내가 잘못 판단하는 것인지도 모른다.

나는 부풀어 있는 나뭇잎 더미에 건강한 쥐며느리가 숨어 있는 것을 발견한다. 지렁이들처럼 쥐며느리도 죽은 식물을 흙으로 바꾼다. 내가 읽은 한 신문에 따르면, 이 동물 가족은 프랑스산 떡갈나무 숲에서 미세한 거름을 매년 4,000제곱미터당 약 64킬로그램을 만든다고 한다. 이런 생물들이 있다면, 내 뒤뜰 크기의 공간에서 13킬로그램의 비료가 만들어질 것이라는 뜻이다. 내 지역의 지렁이처럼, 이곳 주위의 거의 모든 등각류 종(쥐며느리)은 수입된 것이다. 쥐며느리는 외래종인데다가 이색적이다. 녀석들은 가재와 같은 갑각류이다. 쥐며느리는 아가미로 숨을 쉬기 때문에, 습한 곳으로만 다닌다. 녀석들은 도시와 도시 근교에만 살고 야생에서는 별로 돌아다니지 않는다. 그렇지만 가장 특이한 점은 어미가 알과 갓 부화한 새끼들을 주머니에 넣어 나른다는 점이다.

나는 존스 홉킨스 대학교에서 흙에 사는 동물 전문가와 대화를 나누며, 왜 그렇게 하는지 알게 된다. 헝가리 출신으로 비쩍 마른 카탈린 슬라베치Katalin Szlavecz는 이렇게 설명한다. "어미는 액체를 만들어내서 알을 축축하게 유지합니다. 과학자로서는 아주 편하죠. 어미들이 얼마나 많은 알을 가지고 있는지 우리가 직접 볼 수 있거든요. 그리고 정말 귀여워요! 알에는 작은 덮개가 있는데 이 덮개가 열리면" 카탈린은 손을 휙 움직인다. "알이 밖으로 나갑니다!"

카탈린 슬라베치는 나를 자신의 연구실로 안내한다. 선반은 지렁이, 벌레, 유충 등 꿈틀거리는 동물들을 보존한 병으로 가득하다. "죽은 동물들이 많죠." 카탈린이 한숨을 쉬며 말한다. 그러나 카탈린의 작업대는 실내 재배용 유리 용기로 가득하고 유리 용기에는 살아 있는 동물들이 들어 있다. 등각류의 유리 상자에는 작은 모나리자 초상화가 테이프로 붙어 있다. 다음 유리 상자는 비어 있는 것 같지만 카탈린은 안쪽에 손을 넣어 2.5센티미터 길이의 노래기를 퍼 올린다. 노래기는 니스칠한 마호가니색이다. "이 녀석은 그냥 애완동물이에요." 카탈린은 노래기를 향해 웃으며 이렇게 말한다. "아, 미안해!" 녀석은 카탈린의 손에서 미끄러져서 '틱' 소리를 내며 바닥에 부딪힌다. "보다시피," 카탈린은 녀석을 유리 상자 안에 도로 넣으면서 말한다. "저는 노래기들도 돌보고 있어요. 저는 녀석들에게도 먹이를 줄 거예요." 카탈린은 작업대 아래의 오래된 나뭇잎과 나뭇가지를 넣은 주머니에서 나이 많은 꿈틀대는 동물 한 움큼을 집는다.

카탈린은 다음과 같이 설명한다. "떡갈나무 잎은 등각류가 나뭇잎을 건드리기 전에 겨울을 보내게 되죠. 나뭇잎에는 소화하기 힘든 셀룰로오스와 리그닌이 많습니다. 박테리아와 균류는 턱이 강하지 않은 작은 동물들을 위해 특별히 셀룰로오스와 리그닌을 연하게 만들어주죠. 박테리아와 균류는 타닌을 제거하여 분자들을 작은 조각으로 자릅니다."

카탈린은 또 다른 선반 위에 다양한 분해 단계에 있는 잎 채집물을 두고 있다. 한 잎은 부드러운 밑 표면만 갉아 없어져서 두께가 반이 됐다. 다른 하나는 잎살은 모두 제거되었고 미세한 잎줄기만 모두 남았다. 카탈린은 "아마 작은 지렁이나 톡토기가 이랬을 거예요." 마지막 잎에는 가운데 잎줄기만 남아 있다. "등각류 또는 노래기일 거예요."

다음에 카탈린은 나를 자기 집 뒤뜰에 데려가서 장작 쌓은 더미를 휘젓는다. "우리는 이 더미를 모두 치워야 해요." 카탈린은 슬프게 말한다. "흰개미죠. 장작더미 중에 극히 일부만 남을 걸요." 카탈린은 장작더미에 흙을 만드는 동물로 잘 인식되지 않는 이 애완동물이 득실거리기 때문에 우울하다. 그녀는 맨손으로 나무의 껍질을 벗겨서 커피색 찌꺼기 한 층을 드러낸다. "똥이죠. 곤충 똥이요." 주황색 노래기 한 마리는 덮개에서 꿈틀거리고, 쥐며느리 한 마리는 틈 한 곳으로 비집고 들어간다. 카탈린은 부드러운 손톱으로 나무를 훑는다. 나무들 사이에서 거미들이 알주머니를 지킨다. 노래기와 지네 여러 마리가 꿈틀거린다. 카탈린은 이렇게 말한다. "이 녀석들은 나뭇잎이나 나무의 큰 덩어리를 갉죠. 똥에는 작용할 표면이 더 많기 때문에, 녀석들은 똥을 싸서 박테리아를 늘리죠. 그러면 똥 자체는 분해되죠."

카탈린은 앉아서 우리 눈앞에서 흙으로 변하고 있는 나무를 본다. "아주 종류가 다양하죠. 살아가는 수많은 방식이 있어요. 사람들은 그것을 인식하지 못하는 것 같아요. 그래서 사람들은 흙을 '먼지'라고 부르죠. 나는 한 번도 흙을 먼지라고 부른 적이 없어요. 그런 사고방식에는 흙에 대한 부정적인 생각이 스며들어 있죠." 카탈린은 스스로 깨달으며 미소 짓는다. "그리고 사람들이 이 동물에 대해 뭔가 알고 있는 것이라고는 정말 못생겼다는 사실뿐이죠."

나는 내 뒤뜰의 긴 의자로 돌아가서 민들레 봉오리가 까딱거리는 잔디밭 이곳저곳을 본다. 나는 좀더 가까이 다가가 녹색과 노란색 혹으로 싸인 황금색 민달팽이를 발견한다. 녀석은 가벼운 식사를 하는 중이다. 민달팽이의 혀는 너무 작아서 내가 볼 수 없지만, 화살촉처럼 뾰족해서 잎을 오려내 목 안으로 넘긴다는 글을 읽은 적이 있다. 먹이에 포함된 수분은 민달팽이 피부의 수분으로 바뀐다. 나는 녀석을 퍼 올려 사기 그릇에 넣는다. 나는 현미경 아래에 민달팽이를 고정시킨다. 녀석은 멋지다. 햇빛에 빛난다. 버터캔디 시럽이나 무화과 같은 맛있는 것이 연상된다. 옆구리의 숨구멍에서 비눗방울 같은 것이 나온다. 나는 맨눈으로 민달팽이를 검사하다가 녀석이 모래투성이이고 건조해 보여서 걱정이 됐다. 사기 그릇 안에서 노란색 찌끼가 녀석 주위에 형성되고 있다. 젠장! 내 평생 민달팽이 수백 마리를 죽였지만 지금 이 아름다운 녀석이 처한 곤경은 너무 안쓰럽다. 나는 녀석을 서둘러 그늘로 데려가 풀어준다. 민달팽이는 일사병으로 혼미해졌는지 가는 뿌리 아래로 힘들게 나아가 붙는다. 민달팽이는 뒤로 갈 수 없다. 나는 죄책감을 느끼지만, 미친 것처럼 보이는 민달팽이를 맨손으로 구할 만큼은 아니다. 그리고 나는 민달팽이의 자연사를 조사하면서 녀석이 사람들이 이 대륙에 수입한 또 하나의 도시 전문가라는 사실을 알게 된다. 일부 민달팽이는 북아메리카 토종이지만 이 평범한 황금색 민달팽이는 토종이 아니다. 내 뒤뜰에 있는 흙 먹는 동물 중에는 토종이 하나도 없을까? 집게벌레? 으, 그건 평범한 경우가 아니다. 녀석들은 해로운 곤충을 잡아먹는데다 식물도 먹는다. 균류의 일부는 분명 토종일 것이다.

모든 것은 다시 흙으로

나의 다음 '구멍'은 땅에서 훨씬 더 높이 있다. 유기 물질의 재활용은 보통 식물이 죽기 전부터 시작된다. 내 까마귀는 빈둥거리다가 사과나무에서 나뭇가지를 뚝 부러뜨려서 잔디에 떨어뜨린다. 다람쥐들은 나무껍질을 갉아낸다. 수액빨이딱따구리sapsucker와 딱정벌레 역시 나무를 깎아서 부스러기를 잔디에 떨어뜨린다. 모든 살아 있는 식물과 죽은 식물의 표면에 거미줄 모양으로 얽혀 있는 균류는 죽은 나무껍질, 나무, 잎을 침식해서 섬유질을 부드럽게 만든다. 이끼는 내 오래된 사과나무의 껍질을 물결 모양의 레이스로 바꾼다. 그리고 이끼는 자기 자신의 조각을 떨어뜨린다.

나는 근처의 그루터기에서 흙을 만드는 일이 주요 산업인 '섬'을 발견한다. 빅토리아 왕조풍의 깃처럼 주름이 잡힌 나무균류wood fungus는 그루터기에서 양분을 흡수하고 있다. 이 버섯은 그냥 보기에는 단조로워 보이지만 현미경으로 보면 아주 멋지다. 섬유질로 이루어진 회색, 크림색, 갈색의 평행 띠는 질감이 각기 다르다. 회색 고리는 뒤집힌 섬유로 이루어져 있어 인조 모피 같은 느낌이고 은색 고리는 밋밋하다. 갈색 섬유질은 썩은 것 같지만 그렇지 않다. 나는 손을 꼼꼼히 씻고 나서 이 버섯을 다룬다. 나중에 나는 이 버섯——구름버섯*Coriolus versicolor* 또는 터키테일 버섯*turkey tail*——이 긴 역사 동안 약초로 이용됐다는 글을 읽었다. 이 버섯에 항암효과가 있다는 유명한 사실은 현대 과학도 인정하고 있다. 내 주변에도 이 버섯이 있어서 기쁘다.

두 번째 균류도 같은 그루터기 안에 숨어 있다. 이 균류는 검은 손가락 같은 모양이다. 내가 건드리면 손가락 모양이 부러진다. 현미경으로 보면 이 균류는 사랑스럽기는커녕 무섭다. 화산암처럼 검고 반짝이는 이 균류는 검은 풍선 기포로 이루어진 것처럼 보인다. 이 검은 풍선 기포는 포자낭일 것이다. 포자가 흘러나간 일부 기포는 열려 있다. 세포 사이에서 생굴 색깔의 진드기가 기어 다니지만 너무 작아서 거의 보이지 않는다. 나는 어느 것보다도 더 놀라운 균류 한 가지를 더 발견한다. 이 균류는 거품처럼 생겼으며 그루터기에서 시작되어 잔디 위로 새나온다. 이 거품은 바깥쪽은 구운 마시멜로 색깔이고 안쪽은 끈적끈적한 하얀색이다. 현미경으로 보면 껍질은 구운 코코넛 같다.

날씨와 수천 가지 종류의 지원을 받은 이 균류들 모두는 그루터기를 충분히 소화시켜서 새로운 식물이 그 양분을 이용할 수 있도록 한다. 나는 복분자 줄기의 작은 가지가 그루터기 중앙에서부터 솟아오르는 것을 보며 이런 사실을 깨닫는다. 새가 여기에 씨앗을 저장해두었을 것이고 그 씨앗은 적절한 흙과 만나서 새로운 식물을 만들었을 것이다. 싹은 죽은 나무의 방어벽 뒤에서 잔디깎기 기계를 피할 것이다. 10년 후에는 이 그루터기의 남은 부분도 분해되어 다른 곳으로 흩어져서, 풍경 속에 녹색 언덕만 남을 것이다.

나는 산딸기가 얽혀 있는 곳, 사악한 식물의 중심을 돌아다닌다. 3미터 60센티미터 길이의 복분자 줄기는 흙 속에 양쪽 끝이 고정되어, 사람들 다리를 잡는 가시 덫을 이룬다. 복분자 줄기 아래에는 질식된 나무의 시체들이 숨겨져 있다. 노박덩굴의 녹색 줄이 모두를 함께 묶는다. 나는 열대 밀림도 수없이 돌아다녔지만, 이곳에서 흘린 만큼 많은 피를 흘린 적이 없었다. 나는 캔버스 천으로 만든 신발과 가죽옷을 입고 들어간다. 나는 여기에서 얽혀 있는 가지들을 웬만큼 없애버려 산딸기 따는 일이 치명적이지 않은 활동이 되게 할 것이다.

나는 가장자리부터 시작해서 가시를 뚫고 작은 가지를 차례로 계속 자른다. 수풀이 듬성듬성해지면서 흙이 내 발 밑에 나타난다. 생활의 흔적도 나타난다. 인간의 흔적이다. 이곳에 물건이 떨어졌을 때 사람들은 그냥 다시 찾기를 포기했다. 프리스비 원반의 금속 테는 완전히 흙 색깔이 되었다. 이 장난감의 완벽한 원 모양만이 장난감의 형상을 보여준다. 내가 잔디밭 쪽으로 이 원반을 던지자 원반은 대나무 숲으로 날아갔다. 원반은 아마도 그곳에서 20년 정도를 더 지낼 것이다. 나는 흙에 절반쯤 파묻힌 골프공 두 개를 발견한다. 차 앞 유리에서 나온 알루미늄 조각도 있다. 예의 맥주병과 캔은 아마 대나무 사이에 몰래 숨어서 술을 마시던 10대들이 던졌을 것이다. 규토와 알루미늄은 그들이 나왔던 흙과 재결합하기까지 얼마나 오래 걸릴까? 나는 유리는 흑요석과 비슷하나까 그에 필적할 만한 속도로 부식될 것이라고 생각한다. 알루미늄은 산소에 더 약하다. 오래된 맥주 캔은 잡초 속에서 이삼 년만 지나도 약해지는 것 같다.

인간이 내일의 흙에 기여한 것과 함께 일부 다람쥐의 기여도 나왔다. 내가 삽질을 한 번 하자 희미하게 검은 마디가 나왔다. 이런! 내 떡갈나무는 수년간 후계자를 만들려고 노력했고, 기억력이 나쁜 다람쥐가 겨우 기회를 주었는데 여기 내 삽질이 훼방을 놓았다. 나는 큰 기대는 하지 않고 손상된 마디를 다시 흙 속에 찔러 넣는다. 나는 덩굴 아래에서 빛을 필사적으로 찾고 있는 노르웨이 단풍나무 싹들도 다람쥐들의 책임이라고 추측한다. 씨앗은 수십 개씩 묻힌 것 같다. 나는 이 싹들이 흙까지 길을 멀리 가기를 좋아해서 우선 내 뒤뜰에서 수분과 양분의 모든 분자를 빨아들이고, 내 산딸기를 굶겨 죽이고, 쇠하기 전까지 일이백 년 동안은 번창한다는 사실을 알고 있다. 그러나 잘 들어보라! 나에겐 배고픈 균류의 우는 소리가 들린다. 나는 삽으로 묘목을 세게 치고 버섯에게 양분을 준다.

땅 속에 묻힌 것들

나는 리본을 묶은 물건을 매일 점검한다. 이것은 심장이 멎을 듯한 긴박한 드라마는 아니다. 이삼 주 동안 잎은 배 모양이다. 잎은 다른 잎 더미와 접촉하는 바닥부터 부드러워지고 진한 색으로 변한다. 완두콩 지름 크기의 영역이 떼어져나간다. 사과 역시 천천

히 변한다. 사과가 나뭇가지에서 떨어지기 전에도 아마 곤충들은
사과 안에 구멍을 뚫어서 알을 낳아두었을 것이다. 사과가 떨어지
자마자 이 구멍은 다른 식사 손님들을 초대했다. 어느 날 나는 구
멍을 동굴로 바꾸는 개미를 발견했다. 또 하루는 내가 사과를 들어
올리자 딱정벌레 한 마리가 흙으로 급히 달려간다. 점차 구멍이 넓
어진다. 갈색 점이 넓어진다. 구멍들은 사과 대부분을 구성하는 물
을 밖으로 빼낸다. 사과가 쭈그러든다. 이제 굴은 사과 속 깊숙이
까지 뚫린다. 갱부들은 위아래로 오가며 사과를 흙에 조금씩 가깝
게 만든다. 나 역시 굴을 뚫고 내가 볼 수 있는 것을 볼 준비가 되어
있다.

　　나는 어쨌든 내가 재배한 산딸기를 가둘 말뚝을 박기 위해
구멍을 파야 한다. 처음 두세 번의 삽질은 초콜릿색 흙 층을 들어
올린다. 잔디의 하얀 뿌리는 이 흙 층에서 그물을 짠다. 잠시 정적
의 순간 뒤에 내 얕은 구멍의 벽들이 갑자기 움직인다. 개미들이 나
타나 파헤쳐진 흙을 넘어 빙빙 돈다. 내 다음 삽은 초콜릿색 흙 층
아래, 더러운 모래로 된 부서지기 쉬운 코코아색 흙 층으로 간다.
화살촉 크기만한 돌이 벽에서 튀어나와 있다. 23센티미터쯤에서
나는 갈색 유리를 찾는다. 나는 이 층을 체 상자 안에 삽으로 퍼 넣
고 흔든다. 흙은 체 아래로 내려가고, 유럽 정착민들이 남긴 쓰레기
가 위에 남는다. 이 쓰레기들은 내가 아는 콩의 절반 크기인 탄 콩,
대합조개 조가비 조각, 유약을 칠한 도기 조각 등이다. 나는 이 구
멍 뒤에서 너무 작아서 거의 볼 수 없는 어떤 개미 종의 보금자리를
파헤쳤다. 베이지색 점처럼 보이는 개미들이 절벽 위로 허둥지둥

올라간다.

38센티미터에서 간간이 뿌리가 벽에서 튀어나와 있다. 이곳에서 코코아색 층은 주황색 모래층과 만난다. 이 층의 돌들은 더 크다. 주황색 층 속으로 난 진한색 흙관은 두더지와 지렁이가 있는 오래된 굴을 나타낸다. 이는 얼룩다람쥐 뻔뻔이가 잘 하는 흙갈이를 떠올리게 한다. 뻔뻔이의 굴 체계는 수 미터 길이로서 꽤 많은 탈출 구멍들이 연결되어 있다. 그리고 녀석은 구멍을 팔 때 흙에 산소를 공급하고 흙을 섞고, 보드라운 털에 유용한 균류를 실어 잔디밭 한 곳에서 다른 곳으로 나른다. 뻔뻔이는 보금자리를 지음으로써 흙을 건강하게 유지한다.

45센티미터에서는 돌들이 너무 빽빽하게 붙어 있어서 삽으로 파낼 수가 없다. 이 돌을 들어 올리자 내 손에서 얇게 자른 식빵처럼 분리된다. 이 돌이 놓인 곳에서 서리가 돌을 쪼갰다. 내가 본 유일한 뿌리는 나무에 매달린 침입성 덩굴인 노박덩굴의 뿌리로, 나는 원칙에 따라 이를 짓밟았다. 60센티미터에서 나는 야간에 기어 다니는 큰지렁이의 적갈색 원뿔형 머리와 마주친다. 나는 다치게 하고 싶지 않아서 녀석의 머리를 톡톡 친다. 녀석은 너무 둔하거나 고지식해서 뒤로 물러나지 않는다. 나는 말뚝을 박기 전에 조심스럽게 녀석을 덮는다.

낮은 층에서 흙을 가려내면서, 왜 이전에 내 뒤뜰에서 농사를 짓던 사람들이 사과나무를 재배했는지 알게 된다. 이 땅은 온통 돌투성이다. 이 층을 가는 일은 당구공들을 가는 것 같았을 것이다. 과거의 쓰레기 위에 흙이 15센티미터 정도 있다는 사실에 나는 잠시 멈춘다. 흙이 대체로 굼벵이 같은 속도로 형성된다는 것을 생각하면, 이것은 꽤 깊어 보인다. 전 세계에서 흙이 형성되는 평균 속도는 450년에 2.5센티미터 정도이다. 아마 누군가가 집을 지을 때 쓰레기를 덮기 위해 흙을 부었을 것이다. 아니면 아마 오래된 퇴비 더미가 여기에 놓였거나 잎 더미가 여기에 놓였을 것이다. 서던 메인 대학교의 환경학자 사만사 랭글리-턴바우Samantha Langley-Turnbaugh 박사는 가능성은 무수히 많다고 말한다.

"전통적인 흙 형성 요소들은 사라졌습니다." 랭글리-턴바우 박사는 내 뒤뜰을 방문하면서 이같이 설명한다. "특히 조밀한 도시에서, 우리는 깊은 곳에서 파낸 흙, 흙, 흙, 흙, 흙을 발견합니다. 이것은 절대적으로 예측 불가능하죠. 그리고 '음, 이게 뭔지 궁금해' 하고 생각하게 만드는 냄새도 납니다."

도시 흙이 농장이나 숲의 흙과 가장 분명히 차이가 나는 점은, 사람들이 그 밑의 흙을 단단하게 굳히는 경향이 있다는 점이다. 훌륭한 흙은 훌륭한 케이크와 같다. 훌륭한 흙의 절반은 균류, 지렁이, 다른 끈적한 물질과 결합된 것이어야 한다. 또 다른 반은 빈 공간으로, 공기와 물이 흘러야 한다. 그러나 내가 뒤뜰을 지나 걸어갈 때, 이 케이크의 공기가 짓눌린다. 흙에는 어느 정도 회복력이 있지만, 웬만큼 짓밟고 난 이후에는 회복되지 않을 것이다. 빈 공간은 영원히 닫힌다.

"뿌리도 사람처럼 물과 산소를 필요로 합니다." 랭글리-턴바우 박사가 말한다. "물과 산소가 없으면 뿌리는 죽습니다." 랭글리-턴바우 박사는 포틀랜드의 디어링 오크스 파크Deering Oaks

Park의 흙 샘플을 채취하러 학생들을 보냈다. 백 년 이상 농부들이 이 공원에서 장, 음악회, 순회공연을 연 후에 약한 떡갈나무가 병으로 고통받고 있다. 흙을 검사하더니 랭글리-턴바우 박사는 얼굴을 찡그린다. "50센티미터까지 들어가는 게 이상적이에요. 여기서는 1.3센티미터 이상 탐침을 넣을 수가 없네요. 탐침이 수도 없이 부러졌어요."

축축한 흙 위를 운전하거나 걸어가는 일은 이 흙을 케이크에서 무른 캔디 상태로 바꾸는 아주 뛰어난 방법이다. 많이 밟힌 흙은 벽돌과 똑같은 밀도를 나타내기도 한다. 이 흙 곁을 차로 지나가는 것도 해를 끼칠 수 있다. 차가 지나가면서 생기는 진동은 너무 깊은 곳에 있어서 발이나 가끔씩 쓰는 잔디깎기 기계가 짓밟을 수 없는 흙을 붕괴시킬 수가 있다. 그래서 나는 운전할 때마다 찜찜한 기분이 든다. 나는 지구에 부딪히고 질척한 기름으로 이 땅에 영향을 줄 뿐만 아니라, 흙의 구조를 망가뜨리고 있다.

건강한 흙을 위하여

나는 다음에 팔 곳으로 개가 오줌을 싼 죽은 잔디밭을 선택한다. 그렇게 깊게 파지는 않는다. 뿌리는 윗부분과 마찬가지로 죽어 있다. 흙 한 움큼에서 시큼한 냄새가 난다. 이 흙을 좀더 잘 보기 위해 현미경 밑에 놓는다. 뿌리는 마른 듯 보이고 오래된 마카로니처럼 노란색이다. 주위의 먼지가 바람에 날린다. 먼지가 너무 진한 색이고 일정한 크기라서 알인 것 같다고 생각했다. 하지만 현미경을 더 확대해서 보자 먼지는 더 작은 요소들로 분해된다. 반짝이는 석영 조각이 갈색과 녹슨 색깔의 입자와 함께 매달려 있다. 그 밖의 다른 어떤 것도 움직이지 않는다. 양분이 적을 때는 많은 식물에게 생명의 물이 되는 질소가 이 흙을 산화시켰다.

질소는 물과 마찬가지로, 우리와 가장 친한 친구나 가장 무서운 적이 될 수 있는 것 중 하나이다. 질소는 공기의 78퍼센트를 구성하지만 이 질소는 식물이 사용할 수 없는 형태이다. 옛날에 배고픈 식물은 '반응 질소reactive nitrogen'를 생성하는 흙 박테리아에 의존해야 했다. 세계의 온대 지방에서는 질소의 공급이 부족해서, 질소는 녹색 식물 생장 총량을 제한하는 한계 요인이었다. 산업 시대는 이를 바꾸었다. 지난 150년간 우리는 반응 질소의 세계 총예산을 열다섯 배 늘렸다. 가장 큰 원천은 농장과 잔디밭에서 나와 흘러가는 합성 비료이다. 또 다른 3분의 1은 질소고정 작물과 함께 사는 박테리아의 작용과, 그리고 차와 공장에서 태우는 화석 연료이다. 좀더 작은 원천에는 하수 오물, (황제 다이어트 추종자들은 주목하라) 특히 많은 단백질을 섭취하는 생물들이 내보내는 하수가 있다. 소들 역시 막대한 양의 질소를 방출한다.

사람들은 이렇게 질소를 흙으로 보내는 것이 순전한 축복이라고 생각할 것이다. 그러나 이 축복은 수그러진다. 우선 모든 식물이 질소를 좋아하지는 않는다. 그래서 우리가 질소를 자연에 더한다면, 질소를 좋아하는 식물 쪽으로 햇빛과 광물질 경쟁이 기울게 된다. 질소가 추가된 땅의 연구는, 질소를 좋아하는 식물 두세 종만이 번창하고 식물 다수에게는 암운이 드리워져 멸종한다고 말하고 있다.

자연적인 조건에서는, 비와 함께 내 잔디밭에 떨어지는 질소는 식물과 박테리아의 작용으로 완화되어 산성으로 변할 것이다. 그러나 질소를 너무 많이 이곳에 퍼부으면, 흙의 산성이 너무 강해진다. 이는 여러 식물을 해친다. 또한 흙에서 중요한 광물질의 손실이 가속화된다. 질산화된 물은 광물질을 분해하여 가장 가까운 개울로 흐르게 한다.

나는 볼티모어에서 카탈린 슬라베치를 찾아가는 길에 리치 포야트Rich Pouyat의 사무실에도 들렀다. 리치는 볼티모어 장기 생태계 연구Baltimore Long Term Ecosystem Research 프로젝트에 열중해 있다. 리치와 수십 명의 사람들은 몇 년 동안 생태계 지표를 감시하며 도시의 자연 경향을 알아내려고 한다. 리치는 질소가 얼마나 쉽게 새어나가는가 하는 문제를 가지고, 도시의 잔디밭이 농장과 숲과 어떤 차이를 나타내는지 살펴보았다. 특별한 뉴스. 농장을 잔디밭으로 바꾸는 것은 질소 오염 면에서는 온전히 개선일 수 있다.

"농업용 흙은 사실 질소가 새어나가기가 아주 쉽습니다"라고 리치는 말한다. 그는 이렇게 설명한다. "숲은 질소를 아주 효율적으로 흡수합니다. 산의 개울은 결국에는 깨끗해지죠. 하지만 농장에서는 아닙니다." 그 이유는 알려져 있지 않지만, 땅을 갈면서 질소를 붙드는 균류를 찢기 때문일 수 있다. 과도하게 작업을 한 농토에서는 질소고정 박테리아가 필요로 하는 유기 탄소의 비율이 낮기 때문인지도 모른다. 또는 숲을 위협하고 있는 지렁이가 농토 역시 파괴하고 있을 수도 있다.

지렁이는 질소 상황을 복잡하게 만든다. 지렁이가 만든 환경은 토양의 질소를 수용성 형태로 바꾸는 수많은 박테리아 종류에게 힘을 더해준다. 이런 종류의 질소는 금방 흙에서 씻겨나간다. 그 결과는 '질소가 새어나가는' 흙이다. 그리고 질소가 새어나가는 것은 나쁜 일이다. 질소가 물을 덮치면, 조류가 폭발적으로 늘어나게 된다. 잇따른 조류의 죽음은 물에서 산소를 감소시킨다. 그러면 물고기들이 죽는다. 아니면, 질소 농도가 높은 물이 산호초 주위로 밀려가면서 산호를 질식시키는 조류에 자양분을 준다. 산호가 죽는다. 산호를 먹고 산호초에서 몸을 숨기기도 하는 물고기도 죽는다. 지렁이는 커다란 영향을 끼칠 수 있다.

지렁이인지, 땅을 가는 것인지, 농토에서 질소가 새어나가게 하는 박테리아인지, 뭐가 문제인지 말하기는 시기상조이다. 하지만 지금은 농장에 비하면 잔디밭이 좋게 보인다.

"잔디밭은 숲과 농토 사이에 있습니다." 리치가 말한다. "잔디밭에서도 질소가 새어나갑니다. 그러나 우리가 생각하는 것만큼 많지는 않습니다." 이 분석은 임시로 한 것이며 결론은 바뀔 수 있다. 그러나 우선 물을 질소로 오염시키는 범주에서 잔디밭은 농토보다 나을 수 있다. 물론 비료를 너무 많이 준 잔디밭의 경우는 예외이다. 또 개가 오줌을 싼 잔디밭도 예외이다.

볼티모어의 연구는 잔디밭의 흙에 농토보다 더 많은 미생물이 서식한다는 것도 보여주었다. 특히 일부 미생물들은 더 도시적인 토양에 숨은 오염물질을 분해할 수 있기 때문에, 이것은 좋은 일이다. 또한 잔디밭에는 더 많은 지렁이, 더 많은 쥐며느리가 있고 이 모두는 오래된 식물을 흙으로 바꾼다. 그리고 숲과 대조적으로 마을과 도시의 식물과 미생물은, 지렁이가 지나치게 북돋아서 새어 나오는 질소 다수를 소비할 수도 있을 것이다.

내가 판 마지막 구멍은 가뭄을 견뎌내고 있는 그늘진 땅에 있다. 구멍은 얽힌 뿌리로 막혀 있고 흙냄새가 난다. 현미경으로 보면 이 뿌리는 갓 만든 스파게티처럼 촉촉해 보인다. 그런데 뭔가 있어야 할 것이 없다. 한창 때인데도, 꿈틀거리며 기어가고 있어야 할 벌레가 흙에 전혀 없다. 알풍뎅이와 장미꽃풍뎅이rose chafer의 애벌레는 어디에 있지? 녀석들이 잔디 뿌리를 갉아먹고 있어야 하지 않나? 지금까지 알풍뎅이 어미들은 알 수십 개를 묻었을 것이고, 알풍뎅이 애벌레는 미친 듯이 잔디를 죽이고 있어야 할 텐데. 아마 내 스컹크가 모두 잡은 것 같다. 어떤 경우에도 흙은 벌레 통로와 흙 속의 빈 공간을 돌아다니는 작은 진드기, 톡토기, 그 밖의 다른 '땅의 일꾼'들 때문에 신경과민 상태일 것이다.

이 채취 표본에 균류는 분명히 모여들고 있을 것이지만, 너무 작아서 보이지는 않는다. 버섯이 잔디밭에서 불쑥 튀어나와 나에게 흙 속의 균류가 보내는 이해 불능한 인사를 건넨다. 빙산의 일각처럼, 버섯도 숨겨진 생물에서 나온 일부의 자실체일 뿐이다. 어떤 균류 군체는 땅 밑으로 수 제곱킬로미터가 뻗어 있다. 내 뒤뜰의 표면에 나온 첫 번째 버섯은 보다 겸손한 군체의 일원이다. 사과나무 그루터기를 둘러싼 굴 껍질 모양의 테두리는, 이 버섯 군체가 죽은 사과 뿌리를 식사거리로 삼았다는 사실을 보여준다. 그러나 여름이 깊어가면서 간간이 하나씩 고개를 드는 개체가 더 호기심을 자아낸다. 이 이상하고 녹색을 띤 버섯은 작은 군체에서 나온 열매 하나일까? 아니면, 인근 전체의 밑에 있는 생물의 일부일까?

또한 흙 속의 박테리아 역시 내 이해 범위를 넘어서 있다. 내가 읽은 내용에 따르면, 엉켜 있는 뿌리 덩어리 안에는 천체물리학자 정도나 되야 이해할 수 있는 수의 토양 박테리아가 있다고 한다. 제곱미터당 '몇십 억' 정도. '몇' 정도로 가늠하는 우리의 개념으로는 1제곱센티미터당 박테리아가 최소 30만 마리 있거나 내 손에 800만 마리에서 천만 마리 정도가 있다. 나는 지금 몇 마리를 밟아 죽이고 있을까? 잔디를 깎을 때마다 또 몇 마리나 밟아 죽일까? 나는 다시 구멍에 흙을 밀어 넣어 채운다. 손바닥이 지저분해졌다. 박테리아가 더 죽을 것이다. 내 범죄의 차원은 천문학적이다.

내가 리본을 묶은 잎과 사과는 눈이 쌓일 때까지 남아 있을 것이다. 사과는 9월 말에 원래 크기의 3분의 1까지, 12월에는 4분의 1까지 쭈그러들 것이다. 사과는 코르크처럼 변하고 질겨질 것이다. 수분 대부분은 공기나, 지렁이, 개미, 딱정벌레의 장으로 빠져나갈 것이다. 내가 사과를 집어 올려 밑바닥을 점검해보면 사과와 흙 사이에 얼음 결정이 형성되었을 것이다. 더 많은 결정이 손상된 과일 안의 세포를 파괴할 것이다.

한창 때에 다람쥐가 물어서 떨어뜨린, 리본을 묶은 잎은 초겨울에 자연스럽게 떨어진 잎보다 쓴맛이 나는 타닌을 더 잃을 것이다. 눈이 내리기 전에 어떤 다람쥐가 억센 잎맥을 씹어서, 잎 안에 큰 구멍 두 개를 뚫을 것이다. 이렇게 약 20퍼센트 정도가 재활용될 것이다.

다음 해 봄까지 먹힌 잎 조직, 사과 섬유질, 죽은 뿌리와 썩은 지렁이, 희생된 노르웨이단풍나무 싹과 맥주 캔의 분자 몇 개까지, 이 모든 것이 새로운 생명의 주기에 기여할 것이다.

 **자유 잔디밭**

바다 안개가 뒤뜰에 길게 뻗어 있는 끈적거리는 아침에, 나는 잔디밭에 있는 까마귀 세 마리를 보러 나간다. 까마귀들이 날개를 펴고 있다. 녀석들이 웨스트나일 바이러스에 감염되었나? 까마귀들이 차례로 몸을 떤다. 녀석들은 땅에서 깃털을 퍼덕거린다. 그리고 고개를 까닥인다. 까마귀들은 죽어가는 것이 아니라 목욕을 하고 있다! 나는 전에 녀석들이 축축한 풀숲에서 퍼덕이는 것을 보았지만, 오늘 아침에는 비가 오지 않았다. 이후에 내가 조사한 바로는, 녀석들이 잔디로 자기 몸을 치료한다는 것이다.

식물 치료는 동물 세계에서 잘 알려진 일이다. 산통이 심한 아프리카코끼리는 인근의 주민들이 산통을 줄이기 위해 먹는 것과 같은 식물을 먹는다. 회색곰은 벌레를 쫓는 역할을 하는 화합물이 함유된 뿌리를 씹어서 얼굴에 문지른다. 코스타리카의 원숭이는 주변의 사람들이 피부에 사용하는 식물 세 가지를 자기 털에 문지른다. 이와 같은 맥락에서, 까마귀들은 개미를 짓밟아서 깃털에 문지른다. 까마귀들은 곤충의 포름산을 이용하여 곤충을 쫓는 것 같다. 그러나 내 까마귀가 퍼덕거린 뒤뜰 근처에서 나는 개미탑을 발견하지 못했다. 까마귀들은 과연 무엇 때문에 목욕을 했을까? 나는 이제 앞부터 뒤까지 내 잔디밭을 샅샅이 조사하고 잔디밭이 정확히 어떤 것들로 이루어져 있는지 볼 때라고 생각했다.

나는 이전부터 이 잔디밭이 최신 유행의 관리를 받고 있다고 단정했었다. 이 잔디밭에는 어떤 특정한 장소에서도 자랄 수 있고 두 주일마다 한 번씩 잔디깎기 기계에 깎이는 것을 꺼려하지 않는 식물들 무엇이라도 미묘하게 균형을 이루며 섞여 있다. 이런 조경을 가리키는 잔디 산업 용어는 '자유 잔디밭Freedom Lawn'이다. 이 자유는 식물과 사람 모두에 적용된다. 사람들은 물을 주거나 비료를 주거나 해충을 잡거나 또는 다른 종류의 방해를 할 필요가 전혀 없다. 종묘원은 이제까지 잡초를 등한시했던 세계의 곳곳에 사는 잔디밭 주인들에게 자유 잔디밭 씨앗 혼합물을 판다. 그러나 내가 공식적인 용어를 알기 전에도 나는 내 뒤뜰을 '다윈의 잔디밭Darwin Lawn'으로 생각했다. 무엇이든지 잔디깎기 기계와 가뭄에서 살아남을 수 있는 것은 기꺼이 받아들인다.

우리가 무어라고 부르든지, 이 잔디밭은 이곳 주위에서 인기를 얻고 있다. 나와 내 가까운 이웃들은 자유 잔디밭을 두고 있다. 내 잔디밭을 기어 다니는 일은, 나무 농장 사이를 걸어 다니는 것이라기보다는 다양한 대륙을 돌아다니는 것과 더 비슷하다고 말할 수 있다. 내 자유 잔디밭은 밀림과 사바나, 대평원, 소나무 삼림을 축소한 것과 같은 환경을 포함하고 있다.

하지만 오늘은 눈앞이 어질어질할 만큼 더운 날이다. 잔디밭을 가로질러 기는 것은 나중에 해야겠다. 오늘은 나무 테라스의 양산 아래에서 내 책을 펴고 뒤뜰 잔디 재배의 역사에 대해 읽을 것이다.

잔디밭의 탄생

간단히 말해서 미국의 잔디밭은 영국의 초원이 빈약해진 모양새이다. 잔디밭 그 자체는 프랑스인들이 개발한 것이지만, 프랑스인의 잔디밭은 격식을 차리는 정원의 기하학적인 아름다움을 위해 배치되는 색과 질감의 한 가지 요소였을 뿐이다. 1700년대에 영국 조경사들은 다른 길로 관심을 돌리기 시작했다. 프랑스의 전통은 영국인들이 보기에는 지나치게 도시적이었다. 영국인들은 자신의 시골 저택을 방문하여, 더러운 대도시에서는 볼 수 없는 경치를 향유하기를 원했다. 그래서 시골의 저택 앞에 영국 잔디밭이 탄생했다.

좀더 정확히 말하자면 잔디밭이 새 이름을 갖게 되었다. 그전에도 저택은 이미 '양 방목장'이라고 불리는 것에 둘러싸여 있었다. 그러나 사람들은 양이 도망치지 못하게 막은 울타리가 경치를 해친다고 여겼다. 1690년에 이 문제가 해결되어 이상적인 잔디밭이 만들어졌다. 이 해에 바로 은장隱檣이 탄생했다. 은장은 특별한 각도로 판 도랑이다. 양의 관점에서는 도랑 끝 쪽에 울타리가 있는 것 같다. 그러나 저택에서, 조경사에게 돈을 지불한 사람의 관점에서 볼 때 이 잔디밭은 지평선에 굽이치는 너른 초원 같았다. 은장!

은장은 풍경의 공통어가 되었다.

잔디밭은 랜슬럿 브라운Lancelot Brown의 손에서 점진적으로 변화했다. 랜슬럿 브라운은 자주 풍경의 잠재력capabilities을 언급해서, 케이퍼빌리티 브라운이라고도 불렀다. 케이퍼빌리티는 편평한 초원에서 순탄하게 굽이치는 언덕의 잠재력을 보고 인부들을 고용하여 그 잠재력을 드러나게 했다. 아직도 일부의 영국 저택을 아름답게 꾸미고 있는 그의 유명한 잔디밭은 충만한 자연을 낭만적으로 보여준다. 케이퍼빌리티의 시대에, 영국의 자연은 황폐해져 있었지만 그는 신경 쓰지 않았다. 케이퍼빌리티의 초지 잔디밭에서는 잔디들이 안에 있는 숲 주위를 물결쳤다. 그는 땅의 자기실현을 촉진할 수 있다면, 언제나 마을을 없애거나 형식적으로 줄줄이 늘어선 오래된 나무들을 처리하곤 했다.

그래서 잔디밭은 초원과 숲의 결합을 예술적으로 해석한 것에 영감을 받아 조성된 풍경이 되었다.

잔디밭은 북아메리카에 대략 같은 단계로 도입되었다. 먼저 초지로, 그리고 그 다음에는 예술적 표현 과정으로. 영국인들은 가축을 동부 해안에 도입하면서 현지의 잔디가 고향의 잔디보다 영양 상태가 나쁘다는 사실을 깨달았다. 또한 많은 토종 잔디가 일년생이어서 가축이 여름에 씨앗 머리 부분을 먹으면 다음 봄에는 잔디가 눈에 띄게 드문드문 났다. 1600년대 중반 정착민들은 토끼풀, 즉 '왕포아풀Kentucky bluegrass'과 다른 유럽 목초 씨앗을 도입했다. 토종 잔디들은 괴멸했다. 1700년대에 캘리포니아에 스페인인들과 까마귀들이 도착했을 때, 토종 번치그라스bunchgrass도 유사한 운명에 처했다. 지중해산 잔디가 이제 그 풍경을 대부분 차지한다. 남쪽에서는 아프리카 종인 기니아그라스guinea grass와 버뮤다그라스Bermuda grass가 1800년대에 마구 퍼졌다. 그리고 19세기 말에 캐나다의 번치그라스는 수입된 큰조아재비timothy, 알팔파, 토끼풀과 다른 소 먹이풀에 밀려 사라지고 있었다.

영국에서처럼 목초지는 호화 저택과 접촉하면서 점차 잔디밭으로 바뀌었다. 조지 워싱턴은 마운트버넌Mount Vernon에 사슴이 풀을 뜯는 너른 잔디밭과 함께 은장을 설치했다. 영국에서 케이퍼빌리티가 이룬 일에 감탄한 토머스 제퍼슨은 그 미적인 기법을 자신의 별장인 몬티첼로Monticello에 도입했다. 제퍼슨 역시 은장을 두었다. 이 혁명적인 신사 두 사람은 영국 토종 식물을 이용하여 자신들의 잔디를 초록색으로 만들었다. 그리고 두 사람 모두 엄청난 액수의 돈을 써서 자신들의 토지의 잠재력을 개발했다.

대부분의 사람들에게는 은장을 파고 사슴을 방목할 돈이 없었다. 전형적인 앞뜰은 보통 맨땅이거나 잡초가 자라는 땅에 꽃이나 덤불로 가장자리를 두른 것이었다. 특별히 남부에서, 다져진 땅은 뱀을 막는 실용적인 기능을 가졌다. 뒤뜰은 철저하게 실용적이었다. 뒤뜰에는 채소, 닭, 딸기류, 유실수를 길렀고, 어떤 경우엔 소 한 마리를 키우기도 했다. 그리고 쓰레기 더미는 항상 있었다(수많은 집주인이 거쳐 가는 동안에도 내 뒤뜰의 쓰레기 더미가 85년 내내 같은 장소에서 남아 있다는 사실은 흥미롭다. 새 소유주들은 오래된 재목, 알루미늄 텐트 기둥, 플라스틱 우유 상자를 이전 소유주들이 부서진 도자기, 깡통, 유리를 던져둔 곳과 같은 곳에 쌓아두었다. '아무도 모르겠거니' 하는 본능에 따라, 나도 내 퇴비통을 그곳에 두었다).

100년 이상 지난 후에야 보통 사람이 앞뜰을 제퍼슨과 워싱턴처럼 아름답게 꾸밀 수 있었다. 어느 정도 고생은 해야 했다. 잔디를 키우는 것은 어려웠다. 사람들이 키우라고 추천받은 잔디는 비가 자주 오고 쌀쌀한 영국 기후에서 진화한 종이었다. 비가 자주 오고 쌀쌀한 지역에서 살지 않은 미국인들은 잔디를 살리느라 상당히 고생했다. 이들은 불확실한 충고를 들었다. 『잔디: 미국인 강박관념의 역사 *The Lawn: A History of an American Obsession*』의 저자 버지니아 스콧 젠킨스Virginia Scott Jenkins에 따르면, 어떤 저자는 사람들에게 약해진 잔디에 소금과 분말 석고를 흩뿌리라고 지시했다. 그리고 이들에게는 잔디깎기 기계가 없었다.

그러나 100년 전에 사람들이 도시에서 새로운 외곽 지역으로 퍼져 나가면서 잔디를 기르는 풍조는 대세가 되었다. 도시 근교에서 한 사람의 집은 그의 성이었다. 그리고 유행을 이끈 사람들은, 이 도시 근교과 마을의 성들이 몬티첼로와 마운트버넌의 축소모형판이 되어야 한다고 주장했다. 1920년대와 1930년대에 친親잔디 선전들이 거름더미 위에 튀어나온 데이지 꽃처럼 정원 클럽에서 나왔다. 그리고 이 잔디 예찬론자들은 집주인을 둘러싸며 계속해서 잔디를 전도했다.

납세자의 막대한 비용 지출로 잔디 씨앗은 개량되었다. 농무부는 미국 골프협회와 협력하여 모든 기후와 조건에 통하는 잔디를 찾으려고 노력했다. 연방정부는 비료도 생각했다. 잔디에 거름(분말 석고는 말할 것도 없고)을 주던 시대는 저물어가고 있었다. 잔디깎기 기계도 발전했다. 1800년대 후반에 도입된 첫 번째 미국 브랜드들은 양, 큰 낫, 말이 끄는 잔디깎기 기계와 비교하면 아마 나았겠지만, 그럼에도 불구하고 무겁고 다루기 힘들어서 인기가 없었다. 『잔디』에 따르면 20세기가 시작되면서 시어스 로벅Sears, Roebuck & Co.이 2달러 85센트라는 적당한 가격에 네 가지 모델을 출시했다(최신식 자전거는 약 12달러였다). 게다가 고무호스와 스프링클러가 발명되었다. 잔디 롤러lawn roller, 비료 살포기와 다른 보조 기구들도 출시되고 있었다. 잔디가 뿌리를 내리는 중이었다.

그래서 다시 한 번 요약해보면 다음과 같다. 이민자들이 가축에게 먹이려고 유럽 목초 식물을 북아메리카에 도입했다. 돈 많은 미국인들이 이 식물을 이용하여 돈 많은 영국인들의 잔디밭을 흉내 냈다. 이 잔디밭을 조성하는 데 비용이 적게 들고 쉬워지고 나서야 일반 주택 소유자가 이런 미국 부자들의 영국 부자 흉내를 흉내 냈다. 그리고 극단적으로 흉내를 냈다. 이제 잔디밭은 북아메리카의 습한 기후에서뿐만 아니라 잔디를 계속 살려두려면 영웅적인 노력이 필요한 더운 사막에서도 예의상 꼭 필요한 것이 되었다.

이런 조류에 저항하는 사람들이 있었고 지금도 있다. 뉴잉글랜드 사람들은 유행을 잘 따르지 않는 경향이 있다. 다른 모든 곳의 시골 사람들처럼, 우리는 도시 근교로 이주할 때에도 실용적인 풍경 디자인을 고집한다. 거의 도시에 가까운 내 인근 지역에서 지금까지도, 뜰은 이따금씩 가재잡이 덫, 자동차 부품, 채소밭을 위한 장소가 된다. 그리고 나는 우리 조상들이 상한 콩과 깨진 접시를 뒷문 밖으로 던진 것처럼, 바닥의 쓰레기를 덤불 밑에 던지거나 썩은 과일을 해충에게 던져버리는 것이 과연 이 블록에서 우리 집뿐일지 의심스럽다. 그리고 내가 언급했듯이, 우리 대부분은 잔디밭에 잔디만 있어야 하는 현재의 유행을 따르는 것이 영 탐탁지 않다.

그렇다. 잔디밭이 녹색으로 물결치는 것만으로는 충분하지 않았다. 젠킨스는 『잔디』에서, 이미 1897년에 USDA(미국 농무부)의 한 과학자가 잔디밭에는 한 종류의 풀만 기르고 다른 모든 침입종은 뽑을 것을 장려했다고 썼다. 토끼풀은 20년 이상 꿋꿋하게 버텼지만, 재앙의 징조가 이미 도처에 닥쳤다. 잔디밭은 모든 농작물을 기를 때 하듯이 잡초 뽑기, 물 주기, 비료 주기를 해야 하는 '풀 농장'이 되었다.

단일 재배는 허약하다. 이것은 과학적인 사실이다. 일부 식물들이 서로 피 튀기게 싸우는 것은 사실이지만, 높은 수준의 식물 다양성이 모두를 보호하는 것 또한 사실이다. 식물들은 함께 모여 재능을 합친다. 어떤 식물은 아마 두세 가지 해충을 몰아낼 것이다. 또 어떤 식물은 유용한 곤충 한두 종류를 끌어들일 것이다. 한 종에서 떨어져 나온 죽은 부분이 다음 종의 뿌리에 양분을 공급한다. 대담한 종이 수줍은 종에게 그늘을 제공한다. 또한 이 식물들은 모여 있다는 그 자체로 농도를 묽게 만들어서 질병이 토끼풀에서 토끼풀로, 독보리에서 독보리로 번지기 힘들게 만든다. 이것은 실험으로 입증되었다. 여러 종이 자라는 목초지 한 뙈기는 더 적은 종이 자라는 목초지 한 뙈기보다 전체적으로 푸른 잎을 더 많이 생산한다. 아무리 조심스럽게 재배할지라도 한 종이 자라는 땅은 여러 종이 자라는 땅과 경쟁이 되지 않는다.

따라서 풀 농장을 유지하는 것은 아무리 많은 화학물을 동원해도 힘겨운 일이다. 강건한 식물들의 혼합을 한두 종의 풀로 교체하는 것은, 우림을 옥수수 농장으로 단조롭게 만드는 것과 같다. 가능하기는 하겠지만 모든 단계에서 정글의 법칙이 우리와 맞설 것이다. 가위개미들은 줄을 서서 옥수수를 갉아 먹을 것이다. 우리는 농약으로 녀석들을 공격할 수 있다. 하지만 그러면 우리가 옥수수를 지켜줄 거라고 기대한 이로운 곤충들까지 죽을 것이다. 죽은 나뭇잎, 원숭이 똥, 개미굴이 없는 땅은 곧 지력이 소모될 것이다. 다음에 우리는 농약을 사고 비료도 사게 될 것이다. 내년에도 우리는 농약이나 비료를 다시 사게 될 것이다. 그리고 또 다시 살 것이다. 우리는 중독된다.

그러나 비료를 판매하는 사람은 행복하다. 『미국 잔디밭 재설계*Redesigning the American Lawn*』의 저자들에 따르면, 미국인들은 다른 어떤 농작물보다 잔디를 키우는 데 더 많은 돈을 쓴다. 미국에서는 집 뜰의 잔디가 다른 어떤 농작물보다 넓은 땅을 덮고 있기 때문에 당연한 일일 것이다(잔디를 깐 길가, 묘지, 골프장 등 때문에 잔디밭의 전체 넓이는 더욱 넓어진다). 미국은 잔디 관리에 1년에 450억 달러 이상을 쓴다. 아일랜드 국민총생산의 거의 절반에 해당하는 액수를 잔디에 쓰는 것이다. 그리고 이 돈은 까다로운 식물을 돌보는 데 우리가 쓴 시간 비용은 포함하지 않는다. 또 우리는 환경을 오염시키는 가솔린을 잔디깎기 기계에 넣는다. 또 우리는 환경을 오염시키는 화학물질을 잔디에 퍼붓는다. 제초제와 살충제의 해악은 실제적이고, 엄청나며, 명백하고, 자료도 많이 나와 있어서 이제는 말하는 것도 지겹다.

　　풀 농장 조성에 문화적인 매혹을 느끼는 것이 논리의 한계를 훌쩍 넘어선 일이라는 것은 우리 모두가 알고 있다. 그러나 어쨌든 우리는 풀 농장을 조성한다. 우리가 그렇게 하는 데는 나름의 이유가 있고 그 이유 중 일부는 이성적이기까지 하다. 나 자신의 이유는 현재 중요하게 다시 논의되고 있는 것이다. 처음 뜰을 연구하기 시작했을 때, 나는 잔디밭이 공간의 낭비라는 생각이 자연스레 들었다. 그 공간이 야생동물의 은신처인 덤불이 되는 편이 더 낫다고 생각했다. 그리고 나는 곤충들을 알게 되었고 이 곤충들이 내가 아주 좋아하는 새와 포유류에게 양분을 제공한다는 사실을 깨달았다. 그리고 나는 곤충들이 내 잔디밭을 아름다운 목장이라고 생각한다는 사실을 발견했다. 그래서 나는 내가 자유 잔디밭을 두는 것이 환경을 파괴하지 않는 잔디 문화를 향한 큰 단계라는 사실을 깨닫게 되어 기쁘다.

　　자유 잔디밭은 『미국 잔디밭 재설계』에서 잡초의 장점을 주장한 예일 대학교의 삼림환경학 학부의 세 학자가 창안했다고 할 수 있다. 이들의 설명은 내가 가꾸는 들쭉날쭉한 잔디밭에 완전히 들어맞는다. 내가 조경의 유행을 선도하는 사람이었다고 누가 알았을까? 나는 인터넷 여기저기를 뒤지면서, 자유 잔디밭이 점점 더 보편적으로 되고 있다는 사실을 발견한다. 자유 잔디밭을 만들기에 필수적인 잡초가 부족한 잔디 주인들은, 토끼풀, 야생데이지, 캐모마일, 서양톱풀, 호밀, 김의털, 네모필라 같은 풀로 구성된 '생태잔디' 혼합물을 주문하고 있다. 일부 혼합물에는 꽃이 피는 식물들이 배합되어 있고 다른 혼합물들에는 풀들이 배합되어 있다. 한 광고 자료에 따르면, 캐모마일은 우리가 밟을 때마다 공기에 사과 향기를 내뿜는다. 일부 혼합물은 한 달에 한번만 잔디깎기를 하도록 되어 있다.

자유 잔디밭은 하나의 운동이 되고 있다. 코네티컷 주 밀포드Milford에서 주민들은 이제 1년에 한 번 수여하는 자유 잔디밭 상을 놓고 경쟁한다. 암 발병률, 오염, 물 부족에 대해 논의하는 미국 정원클럽Garden Club of America은 자유 잔디밭과 꼭 닮은 '뉴아메리칸 잔디'를 홍보하고 있다. "어머니 같은 자연은 단일 재배를 싫어한다는 점을 명심하라!"고 정원클럽의 소책자는 경고한다. 이어서 이 소책자는 잔디에 농약 치기를 즉각 중단하라고 주장하며 토양이 조직적인 오염에서 회복되는 동안 인내심을 가질 것을 촉구한다.

민들레를 좋아하지 않는 사람들이라도 자유 잔디밭 혁명에 참여할 수 있다. 열정적인 환경운동가인 내 친구 마크는 도시 잔디밭에 민들레가 있는 것을 참지 못한다. 그러나 잔디에서 구르는 두 아이를 둔 그는 독성 제초제 역시 용납할 수가 없다. "이건 옥수수 글루텐 가루야"라고 그는 잔디 농부의 열의로 눈을 반짝이며 말한다. 그리고 내가 읽은 내용에 따르면, 먹을 수 있다는 점에서 이 가루는 자연적인 것 같다. 봄에 토끼풀, 민들레, 왕바랭이에 싹이 트기 전 옥수수 글루텐 가루를 흩뿌리면, 뿌리가 타격을 받는다. 내 잔디밭에는 잔디가 워낙 적어서 토끼풀과 민들레에 옥수수 글루텐 가루를 뿌리면 잔디가 거의 남지 않을 것이다. 그러나 마크의 잔디밭에서는 민들레를 없앨 수 있다.

내 경우에 자유 잔디밭 운동은 정말로 덜 일하자는 운동이다. 제대로 알기 전에는 일 주일만 잔디깎기를 하지 않고 넘어가 꽃으로 뒤덮이게 되어도 약간의 죄책감을 느꼈다. 이제 나는 한 달에 두 차례 이상은 절대 잔디를 깎지 않는다. 그리고 나는 밭을 완전히 야생으로 돌리고 무슨 일이 일어나는지 볼 것이다.

이것이 미국 잔디의 완전한 역사이다. 우리는 목초지에서 풀 농장으로, 그리고 이제는 다시 목초지로 갔다.

백악관의 잔디밭

잡초가 얼마나 집에 어울리는지 궁금하다면 백악관의 자유 잔디밭에서 확인해볼 수 있다. 나는 나의 800제곱미터 땅에서 멀리 야외 연구조사 여행을 떠나서 이 나라 수도가 야생으로 돌아갔다는 사실을 발견했다. 토끼풀과 민들레, 캐나다꼬마양지꽃 Canadian dwarf cinquefoil, 별꽃이 단철 울타리 너머로 살짝 보고 있는 관광객들과 내 앞에서 흔들거린다. 생물학적 다양성이 점점 커지고 있다. 나는 이런 광경을 보게 될 줄은 예상하지 못했다.

잡초들을 모두 책임지고 있는 사람과의 만남을 기다리는 동안 수도 주변을 둘러본다. 나는 잎 아래쪽을 찌르며 개미를 세고, 새를 찾으려고 곁눈질로 덤불을 본다. 도시 생태 조사는 이래서 재미있는 구석이 있다. 내가 주변을 조사하기 위해 멈출 때마다 사람들이 모인다. 사람들은 내 눈을 따라서 함께 본다. 분명, 그들은 깊은 인상을 받는다. "여보, 여기 좀 봐요. 새예요!" 아내가 남편에게 말한다. "야아, 새가 뭘 먹고 있어요!"

　　내가 백악관 북쪽 잔디밭의 단철 울타리에서 멈출 때, 다람쥐 한 마리가 내 시선을 느끼고 반응한다. 이 다람쥐는 뛰어와서 코를 킁킁거리며 내가 뭔가 주기를 기대한다. 녀석은 실망하지만, 보라! 한 어린 소년이 다람쥐를 발견하고 가족을 끌고 온다. 다람쥐는 가족이 먹이를 줄지 눈치를 본다. 이제 이 다람쥐는 너른 곳으로 나오고, 더 많은 사람들이 멈춰 서서 녀석을 지켜본다. 다람쥐는 보도로 뛰어오른다. 인도식 억양이 있는 남자 두 명이 웅크리고 앉아서, 그중 한 명이 바나나를 내민다. 다람쥐는 올라가 바나나를 휘감아 꿀꺽 삼킨다. 일곱 명이 모인다. 네 사람은 다람쥐에게 먹이를 주는 사람의 사진을 찍는다. 반사 선글라스를 낀 키가 큰 남자는 휴대폰으로 통화를 하다가 멈춰서 전화에 대고 지금 일어나는 일을 하나하나 전해준다. 더 많은 사람들이 갈 길을 멈추고 지켜본다. 처음 보는 사람들끼리 이 다람쥐에 대해 함께 이야기한다. 이란 시위자들이 소리를 치며 접근하여 이 다람쥐를 겁먹게 할 때까지 이 갑작스러운 다람쥐 사랑이 보도를 가득 메운다.

　　다람쥐가 돌아간 잔디밭은 나무가 울창해 어둑어둑하다. 어떤 사람이 이날 떨어진 나뭇잎과 가지를 긁어서 작은 더미를 쌓아놓았다. 다람쥐 여섯 마리가 잔디와 잡초를 지나 슬며시 접근한다. 다람쥐 중 한 마리는 꼬리의 반을 잃었다. 좁은 공간에 많은 다람쥐가 있다. 나는 백악관 잔디 역사의 한 분수령을 떠올린다. 닉슨이 재직할 당시 쥐 개체수가 폭발적으로 늘었다. 내무부는 쥐약을 살포했지만, 그 결과 예상치 않은 유권자들이 분개했다. 다람쥐 애호가들이 분노하여 일어섰다! 닉슨의 공보 비서관은 이 문제를 고려하고, 쥐 아닌 다른 설치류가 쥐약을 먹을 수 있다고 주장하는 어느 기자에 대응해서 다음과 같은 정책 발표를 했다. "우리는 쥐는 퇴치하고, 다람쥐는 아낄 겁니다."

이런 보호주의 입장은 지속되었다. 로널드 레이건은 다람쥐에 열광적이었다. 레이건은 캠프 데이비드 별장에서 도토리를 몇 자루씩 공수해서 다람쥐들에게 주었다. 워싱턴의 공원을 찾아오는 다른 방문객들 역시 다람쥐들에게 먹이를 주었다. 꼬리가 북슬북슬하면 살기 좋은 시절이었다. 과학자들이 1981년에 발표한 바에 따르면, 근처 라파예트 공원Lafayette Park에 거주하는 1제곱미터당 다람쥐 수는 우주의 다른 어느 곳보다 많았다. 온건한 먹이 안 주기 운동으로 다람쥐 개체수가 조금 줄어들긴 했어도 다람쥐는 아직 만족스럽게 잘 살고 있다. 이곳 백악관 뒤뜰의 잔디 위에서, 나는 이제껏 관찰한 이래 처음으로 노인병에 걸린 다람쥐를 본다. 이 다람쥐는 너무 나약하게 자라서 털은 반쯤 하얗게 셌고 몸이 삐걱거린다.

나는 백악관 앞을 돌면서, 내셔널 몰National Mall 국립공원 위 높은 곳에서 붉은꼬리매로 보이는 큰 맹금류를 발견한다. 이것은 분명 좋은 소식이다. 이것은 도시에 대형 포식동물 가족을 먹이기에 충분한 자연이 있다는 사실을 제시한다. 내가 서 있는 곳이 어딘지를 감안하면 생각하기 힘든 일이다. 맹금류 두세 마리가 나무 사이에 숨어 있지만, 내 눈에는 까마귀 한 마리와 비둘기 다섯 마리만 보인다.

나는 스미스소니언 캐슬Smithsonian Castle로 갔다. 짐 셰럴드Jim Sherald는 이곳에서 돌과 흙으로 된 길을 왔다갔다하고 있다. 그는 찾기 쉬운 사람이다. 키가 크고, 1.6킬로미터 길이의 내셔널 몰에서 광이 나는 검은 구두를 신고 있는 유일한 사람이 그이다. 그를 제외한 다른 사람들은 모두 조깅화나 축구화, 원반을 던지며 놀 때 신는 신발, 유모차를 밀 때 신는 신발, 하루에 박물관 열 곳을 도는 신발 등을 신고 있다.

셰럴드는 국립공원 관리공단의 수도 지역 천연 자원과 자연사를 담당하는 책임자로서, 여러 가지 일들을 진전시켰다. 그는 수년 전에, 살기 위해 발버둥치는 내셔널 몰의 잔디를 위해서는 사람들이 전혀 발을 디디지 않는 것이 가장 좋을 수도 있다고 생각했다. 예전에 그가 국립공원 관리공단에서 일을 시작했을 때는, 관리공단은 정해진 시간마다 국립공원의 잔디에 농약과 제초제를 자욱하게 뿌렸다. 이제 내셔널 몰은 잡초투성이다. 짐의 반짝이는 구두 끝에 민들레의 잎이 닿아 있다.

잔디 아래에 있는 흙에는 문제가 많다. 이 흙은 백만인 대행진Million Man March(흑인 인권운동의 하나로, 1995년에 워싱턴에서 열렸다—옮긴이)을 지탱했다. 이 흙은 경마 경기와 철도 아래에서 떨었다. 남북전쟁의 진지가 이 위에 세워졌다 없어졌다.

짐은 이렇게 말한다. "이 흙은 콘크리트 정도로 다져졌습니다. 말 그대로입니다. 그리고 이 흙은 토종 흙에서 출발한 것이 아닙니다." 토종 흙은 6미터 아래에 있다. 토종 흙은 축축한 진흙이다. 1800년대 중반에 이미 흙을 채워 넣기 시작했다. 더해진 6미터의 흙은 일관성이 없다는 점만 일관적이다. 짐은 이렇게 말한다.

"이곳에서 흙의 표본을 채취하고 60센티미터 떨어진 곳에 가서 보면 두 곳의 흙이 전혀 다릅니다." 1986년에 내셔널 몰을 연구한 결과는, 정확한 과학 용어로 토양이 건축 잔해와 무작위한 흙으로 구성된다고 나타났다. 그렇기에 이곳에 민들레가 자랄 수 있는 것조차 놀라운 일이다. 나는 발가락으로 민들레를 건드려본다. 그리고 나는 묻는다. "이곳의 잔디밭을 혐오하시나요?"

짐은 내려다본다. "그랬었죠." 그러나 그는 남부 억양이 조금 섞인 말씨로 국립공원 관리공단 전체가 진화했다고 설명한다. "우리에게 화학적 처리 일정이 있던 때도 있었습니다. 우리는 모든 것을 처리했습니다. 그 시기에는 분무기를 들고 이 공원에서 왔다 갔다 했죠. 음." 그는 과장된 눈빛으로 조깅하는 사람들, 원반을 던지는 사람들, 아기와 산책하는 사람들, 가쁘게 숨을 쉬는 관광객들을 본다. "우리는 더 이상은 그렇게 하지 않습니다."

1970년대에 대중들이 점차 위험을 인식하게 되면서 화학물질의 물결은 방향이 바뀌었다. 국립공원 관리공단은 스스로의 농약 의존에 의문을 제기했다. "우리는 손을 떼기 시작했지만, 세계는 붕괴되지 않았습니다." 짐이 껄껄 웃는다. "사실, 일전에 저는 벚나무에 해충인 복숭아깍지벌레가 있나 살펴보았지만 한 마리도 찾지 못했습니다. 우리가 농약을 살포했을 때는 유익한 곤충을 많이 죽였는데, 이제 균형을 찾고 있는 것 같습니다." 그래서 아마 농약을 적게 살포하면, 그 다음에는 더 적게 살포하게 되는 것일 것이다.

내셔널 몰의 가장자리에 늘어선 느릅나무 600그루가 네덜란드 느릅나무 질병에 걸리는 것을 막으려면 의학적 치료가 필요하다. 그러나 이 느릅나무들은 질병의 징후가 보일 때에만 치료를 받는다. 그리고 짐의 말에 따르면, 화학물질을 살포하지 않은 느릅나무의 녹색 수관樹冠은 내셔널 몰의 생물학적 다양성의 정점일지 모른다고 말한다. "우리는 곤충의 활동을 측정하기 위해 수관을 끈끈이로 조사했습니다. 우리는 놀랄 만큼 다양한 생물들을 발견했습니다. 실로 뜻밖의 일이었죠. 이 공원은 우리가 생각하는 것보다 훨씬 더 다양한 생물들을 부양하고 있습니다. 그러나 우리 눈앞에 있는 것들을 자세히 들여다보기 전까지는 보이지 않죠."

짐은 유럽찌르레기 쪽으로 고개를 숙여 잔디에서 큰 생물의 다양성을 조사하고 있다. "지금 보고 계십니다." 까마귀, 그는 웨스트나일 바이러스가 창궐하기 전에는 까마귀가 더 많았다고 말한다. 가끔씩 사슴이 공원에 돌아다녀서 관리자들이 애를 먹기도 한다. 나는 두세 시간 돌아다녀서 앵무새와 구관조와 다른 새 몇 가지를 발견했지만, 이것이 거의 전부이다.

그러나 일반적인 큰 동물 무리는 도시에 점점 가까이 다가오고 있다. 흑곰, 코요테, 캐나다기러기가 근처에서 악역을 자처하고 있고 비버가 인공호수 타이들 베이슨Tidal Basin을 둘러싼 벚나무들을 힐끗힐끗 쳐다본다. 코요테 한 마리가 단철 울타리를 지나 몰래 들어와 백악관의 다람쥐 한 마리의 꼬리를 물어뜯기도 했다.

수도 순회에서, 내가 찾은 유일한 완전한 잔디밭은 국립 조각미술관National Sculpture Gallery 앞에 있다. 잡초 한 포기도 고개를 들지 않는다. 잔디 잎 하나하나는 옆에 있는 잎과 똑같은 너비이며, 각각 사각형으로 깎여 있다. 그러나 어쩐지 잘 돌아가고 있다.

구관조 새끼 세 마리는 잔디 위에 서서 퍼덕거리는데, 이는 새들을 키우기에 충분할 만큼 곤충들이 많다는 뜻이다. 그리고 앵무새 한 쌍이 칼더의 빨간 조각 위에 앉아 있다. 앵무새들은 구관조 부모새들을 향해 팔랑거리며 돌고 매번 한 마리씩 새끼에게 먹이를 주러 간다. 이 앵무새 새끼들도 분명 근처에 있을 것이다.

이 모두가 유쾌하도록 놀랍다. 나는 여기에 와서 농약과 제초제와 비료에 방부 처리되어 메말라버린 국립공원의 잔디를 보리라 예상했다. 그러나 나는 그 대신 화학물질 의존에서 벗어나는 길의 선두에 서 있는 잔디를 발견했다.

잔디밭의 생태적 공헌

뻔뻔이는 내가 나무 테라스 위에 있는 것을 발견하고 나를 발끝부터 머리까지 살펴보며 씨앗을 찾는다. 한 컵 가득 씨앗을 주자 씨앗을 가지고 간다. 뻔뻔이가 땅에서 폴짝 뛰어 덤불로 가서 씨앗을 숨겨두고 나무 테라스로 돌아올 때 헐떡이는 까마귀들은 뻔뻔이를 무시한다. 뻔뻔이는 나와 만난 이후 한 사이즈 자랐고 녀석의 꼬리는 북슬북슬하다. 내 생각에 뻔뻔이는 볼 한쪽으로 씨앗 38개 이상을 운반하는 것 같다.

정오의 열기가 마침내 사라지고 뻔뻔이가 자기 굴로 물러났을 때, 나는 땅에 코를 대고 잔디를 가로질러 기어 다니기 시작한다. 나는 산벚나무와 라일락 울타리 사이의 좁은 통로에 처음 자리를 잡는다. 이곳은 토끼풀 도시이다. 겹쳐 있는 토끼풀 잎들은 햇빛의 모든 광자를 빨아들인다. 이 꽉 막힌 잎들의 장막 아래에는 어떤 생물도 움직이지 않는다. 땅은 따뜻하고 가뭄 때문에 단단하다. 내가 선택한 0.09제곱미터 안에는, 잔디나 서양톱풀이나 민들레나 수영의 줄기가 하나도 없어서 둥근 잎과 하얀 꽃의 무늬가 전체를 수놓는다. 잠깐, 이 솜털 같은 것은 무엇일까? 나는 야생화 안내서를 펼친다. 이 참견쟁이에게는 긴 털이 달린 카누 모양의 잎과, 이상하고 털이 난 봉오리가 꼭대기에서 흔들거리는 가는 꽃대가 있다. 알프스민들레Mouse-ear hawkweed. 어어, 내 손 위에서 꽃들이 대결을 펼친다. 이 두 식물은 상대를 조금도 봐주지 않고 치고받고 있다.

식물은 다양성의 혜택에도 불구하고 오래된 잡초가 자기 영역에 들어오도록 두고 보지 않을 것이다. 토끼풀은 토끼풀과 함께 살기를 좋아한다. 조팝나물hawkweed(옛날 영국인들은 매hawk가 이 식물을 먹고 시력을 유지한다고 생각했다)은 조팝나물과 함께 있는 것을 좋아한다. 그래서 소나무가 싹을 틔우는 토양을 산성화시키듯이 조팝나물도 마찬가지 일을 한다. 적어도 과학자들의 초기 연구에서는 그렇게 나타났다. 조팝나물 밭 바로 아래의 토양은 주변 토양보다 산성도가 더 높다. 또 이 산은 알루미늄을 더 많이 녹인다. 알루미늄은 토끼풀과 다른 여러 식물, 곤충, 미생물에 유해하다. 조팝나물은 선제 공격으로, 귀중한 초지에서 여물용 잔디를 제치고 있다.

그러나 내 토끼풀은 밀려날 생각이 없다. 모든 식물은 뿌리 주위의 흙에다 화학물질을 배출하며, 이 화학물질은 특정한 미생물의 번식을 촉진한다. 미생물의 활동은 토양을 식물이 좋아하는 쪽으로 바꾼다. 토끼풀 역시 뿌리에 있는 박테리아에 양분을 공급하고, 이 박테리아는 대신 토끼풀을 위해 대기의 질소를 비료로 전환한다. 토끼풀 군대는 보급을 잘 받아 땅에 계속 서 있다.

식물 전쟁은 산만큼이나 오래 되었다. 토양 표면이 한정된 세계에서, 식물은 먹거나 먹히거나 그늘을 만들거나 그늘에 가려진다. 노르웨이단풍나무는 지표 바로 아래에 그물 모양의 뿌리를 뻗어서 물이 똑똑 떨어지기 전에 물을 흡수한다. 민들레는 잎을 방사형으로 펼쳐서, 물이 땅에 떨어지기 전에 낚아채 굵은 뿌리로 흐르게 하여 반격한다. 그리고 여기 내 잔디밭의 입구에서 토끼풀과 조팝나물은 땅 속에서 서로 치고받으며 싸운다.

토끼풀 구역에서 사바나로 천천히 간다. 이 지점은 그늘이 덜 지고 더 바싹 마른다. 이곳의 약 80퍼센트 정도가 한 종류의 풀로 덮여 있다. 노란 애기괭이밥이 약간, 조팝나물이 하나, 내가 '꽃잎 열 장'이라고 생각하는 식물 두세 개가 섞여 있다(이 식물에는 아주 작고 하얀 꽃들이 있다. 나는 새에 관한 책이 골치 아프다고 생각했다. 꽃에 관한 책은 두통의 연속이다).

풀잎의 맨 위는 다 해졌다. 녹색 풀잎의 살점 속에 마른 섬유질이 뼈처럼 드러나 있다. 식물학자의 관점에서 볼 때, 잔디깎기 기계로 잎을 자르는 것은 망치와 톱으로 수술을 하는 시대를 연상시킬 것이다. 이 잎들은 문자 그대로 두동강이 난다. 이상하겠지만 이는 식물에게는 아니더라도 지구에 이점으로 작용한다.

잔디 전문가들은 한때 예리한 잔디깎기 기계로 외과 수술을 하듯 자른 풀보다 내 풀 같은 손상된 풀이 물을 훨씬 더 많이 빨아들인다고 생각했다. 그들은 찢겨진 잎살이 물을 방출한다고 믿었다. 하지만 네브래스카 대학교 잔디 과학자들의 잔디깎기 실험은 자유 잔디밭에 더 우호적인 결론에 도달한다. 이 과학자들은 무딘 칼날에 잘린 잔디가 깨끗하게 깎인 잔디보다 물을 3분의 1 더 적게 필요로 한다는 사실을 발견했다. 그들이 한 최상의 추측은, 학대당한 잔디가 더 느리게 자란다는 것이다.

그러나 기다려보라. 에너지와 생태학의 관계는 어떤 것도 명쾌하지 않다. 과학자들은 칼날을 날카롭게 해두면 잔디깎기 기계의 연료 사용을 22퍼센트 줄일 수 있기 때문에 칼날을 갈아두어야 한다고 주장한다. 문제는 우리가 어떤 자원을 가장 아끼고 싶어 하느냐일 것이다. 에너지라면 우리는 풀이 수분을 덜 방출하는 것이 아니라 더 방출하도록 해야 할 것이다. 대부분의 식물들처럼 잔디도 수분을 방출함으로써 자신의 온도와 잔디 주변의 공기 온도를 낮춘다. 이런 기교의 효과를 측정하는 것은 더운 날 잔디밭에서 거리로 맨발로 걸어가보는 것만큼 쉽다. 15도 차이가 나는 경우도 흔하다. 해가 진 뒤, 잔디는 금방 식지만 거리는 더디게 식어가고 있을 때 가장 차이가 크다. 이런 식으로 집 주위에서 온도를 낮추는 모든 요인들로 인해, 우리는 필요한 실내 냉방을 줄일 수 있다. 잔디는 나무보다 증발 냉각 작업을 훨씬 잘한다(나무 그늘이 도시가 햇빛을 흡수하는 것을 막기 때문에 종합적으로는 나무가 잔디를 이긴다). 냉각 에너지를 아끼고 싶다면, 잔디를 잘 깎아준 뒤에 더 많은 물을 소비하게 하면 된다.

더 나아가, 내가 잔디를 난도질하면 잔디가 깨끗한 공기를 만드는 능력을 해칠 수 있다. 다른 식물처럼 잔디는 이산화탄소를 흡수하고 산소를 배출한다. 서서히 자라는 잔디와 병든 잔디는 이 작업을 잘 해내지 못한다. 사실, 건강한 잔디가 얼마나 효율적으로 산소를 생산하는지도 논쟁적인 주제이다. 산업체인 잔디자원센터 Turf Resource Center는 15미터 구획의 잔디밭이 4인 가족이 쓰기에 충분한 산소를 생산한다고 말한다. 굉장하다! 『미국 잔디 재설계』의 저자들은 헛소리라고 주장한다. 잔디밭은 여러 방식으로 산소를 소모한다. 베어낸 잔디를 소화한 박테리아는, 가솔린을 태우는 잔디깎기 기계가 하는 것처럼 산소를 삼켜버린다. 비료를 만들고 운반하는 것과 물을 펌프질하는 일은 더 많은 가솔린을 태운다. 이 저자들은 일반적인 잔디밭은 산소와 에너지를 많이 소비한다고 말한다.

잔디가 얼마나 물을 맑게 하는가 하는 문제도 역시 논쟁적이다. 잘 운영되는 골프장에서의 실험은, 큰길을 흐르는 오염된 물이 깨끗하고 건강한 잔디밭을 통과하여 흐를 때 이득을 볼 수 있다고 나타났다. 잔디는 물이 땅에 스며들 수 있도록 흐르는 속도를 늦춘다. 산소가 공급된 토양이 수분을 머금는다. 토양 속의 미생물은 오염물질 일부를 분해한다. 잔디밭을 통과해 나온 물은 훨씬 개선된다. 그러나 잘 관리되지 않으면, 잔디밭은 오염물질의 하수구가 아니라 원천이 된다. 물이 비료나 살충제를 뿌린 잔디 사이로 흐른다고 해서 나아질 점은 없을 것이다. 물이 뒤뜰에서 개똥이나 제초제를 모아서는 나아지지 않을 것이다. 잔디밭이 다져지거나 비탈이 지면, 물은 거의 스며들지 않을 것이다.

잔디의 공기 여과 잠재력에 대한 논쟁 역시 둘로 갈린다. 잔디는 바람에 날리는 먼지와 꽃가루를 상당히 끌어들일 수 있다. 나는 잔디와 토끼풀 한 포기를 뽑아서 현미경 밑에 두고 직접 본다. 높은 배율로 볼 때 나뭇잎들에는 석영 덩어리와 운모 조각, 죽은 식물 조각과 노란 꽃가루 얼룩이 점점이 붙어 있다. 그러나 내 이웃이 민들레를 제초제 한 병으로 불태울 때도 이웃의 잔디가 깨끗한 공기의 친구일지 나는 의심스럽다. 잔디깎기 기계의 저효율 엔진이 검댕을 내뿜을 때 내 잔디가 공기의 질 면에서 순이익을 나타낼 것 같지는 않다.

가장 논쟁의 여지가 적은 잔디의 이익은 아마 기분전환의 가치일 것이다. 나는 여행과 인터뷰를 통해 미국 잔디의 해악에 가장 익숙한 과학자들조차도 잔디밭을 소유하는 경향이 있다는 사실을 알게 됐다. 한 사람은 이렇게 말한다. "제 아들들은 축구하는 것을 좋아합니다." 또 한 사람은 어깨를 으쓱하며 이렇게 말한다. "저는 아이들과 축구공을 차야 해서 잔디밭이 있어야 합니다. 그리고 잔디밭에 잡초가 자라는 것을 막아야 하기 때문에 질소를 뿌려야 하고요. 저희 잔디가 파릇파릇해 보이지 않는다면, 제 이웃들은 즐겁지 않겠죠." 그리고 나도 내 야외 카펫이 그립다고 인정한다. 때로 나는 잔디밭이 없어도 자연적인 덤불 사이의 길만 있으면 괜찮다고 생각한다. 그러나 오늘만 해도 놀러온 개와 함께 맨발로 뜰 주위를 뛰었다. 자유 잔디밭은 시원하고 끈끈하며, 녹색 그늘은 언제나 내게 에메랄드 시티Emerald City를 떠오르게 한다. 잔디는 싱그러운 향기를 뿜으며, 따뜻했으며, 바로 여름 그 자체였다.

내가 잔디에서 발견한 가장 놀라운 생태적 공헌은, 지구 온난화와 싸우는 능력이다. 나무를 심으면 우리가 화석 연료를 태우면서 대기에 방출한 이산화탄소 일부를 흡수한다는 사실을 누구나 알고 있을 것이다. 그런데 여기 알맞은 종류의 잔디를 심는 것이 공기에서 훨씬 더 많은 탄소를 제거할 수 있다는 한 가지 증거가 있다. 농토, 초지, 초원, 숲, 덤불 등 다양한 생태계 밑의 토양에 저장된 탄소량에 대한 연구는 일반적으로 같은 결론에 도달한다. 초원과 초지가 가장 많은 탄소를 모은다. 울창한 덤불이 들판을 대체하도록 하는 것은 탄소를 잃는 것이다. 역으로, 초지가 농토를 대체하도록 하는 것은 큰 이득이다. 그러나 **초지**와 **초원**은 **잔디밭**과 정확한 동의어가 아니다. 게다가 모든 종류의 풀이 자라는 잔디밭과 동의어도 아닌데, 초지와 초원은 다양한 식물을 부양하며 땅이 두텁고 공기가 잘 통하기 때문이다. 그러나 내 자유 잔디밭이 탄소를 저장하는 이런 환경들과 관련이 있을 수 있다고 용기를 얻는다.

학자들은 이 역학관계에서 비료의 역할을 놓고 논쟁을 벌인다. 어떤 학자들은 초지에 비료를 주는 것이 탄소를 저장하는 능력을 높인다고 말한다. 또 다른 학자들은 비료 자체의 제조 및 운송이 비료의 기능보다 더 많은 탄소를 공기에 내뿜는다고 말한다. 나는 비료를 살포하지 않는다. 그렇지만 변함없이 괴로운 문제는 내 잔디깎기 기계가 방출한 것을 메꾸기에 충분할 만큼 내 자유 잔디밭이 탄소를 저장하느냐이다. 내 희망은 희미하다. 그러나 내 뜰이 기후 변화의 문제에서 완벽한 낭비가 아니라는 점을 아는 것은 좋은 일이다.

잡초와 약초

풀밭 사바나에 대해서는 그만 이야기하자. 나는 앞으로 기어가서 까마귀들이 오늘 아침 퍼덕이고 있던 지점 근처로 간다. 까마귀들이 목욕을 한 정확한 지점을 찾기 위해 나는 구부러진 잎을 찾는다. 나는 떨어지고 짓눌러진 민들레 줄기 하나와, 짓이겨진 잔디 잎 두세 장을 찾는다. 그 위에 두드러지게 보이는 것은 긴병꽃풀, 가장자리가 부채꼴을 이루는 녹자색綠紫色 잎이 있는 식물이다. 나는 까마귀가 습격했을지 모를 개미탑을 찾아보지만, 개미탑은 보이지 않는다.

어쩌면 까마귀들은 떨어진 민들레를 이용하고 있었을 것이다. 나는 마못인 '뚱보 엄마'가 검은 발로 긴 봉오리를 잡고, 자기 입으로 휘어뜨리는 것을 보았다. 이 식물에 특별한 점이 있나? 내가 직접 봉오리를 씹어보았다. 보통 민들레만큼 쓰지는 않다. 잎의 냄새는 상당히 부드럽다. 어쩌면 긴병꽃풀이 무언가 쓸모 있을지 모른다. 나는 잎 하나를 짓이겨 그 냄새를 맡아본다. 향기가 박하와 잔디를 합친 것 같다. 톡 쏘기도 하는 것이 약초에 가깝다. 음. 이 잡초의 잠재적인 약효가 무엇인지 확실히 알아보려면 더 많은 책을 찾아봐야 할 것 같다.

나는 냉방이 되는 도서관으로 가서 약초에 관한 논문과 역사책을 모은다. 내가 읽은 내용에 따르면, 민들레는 약용으로 쓰이지만 주로 이뇨제와 관련 있는 용도라고 한다. 민들레는 월경전 증후군 치료에 추천된다고 하는데, 그러고 보니 '뚱보 엄마'가 배가 좀 부풀고 신경과민을 느낀 것 같기도 하다. 그러나 긴병꽃풀은 소문으로는 사람이나 까마귀의 어떤 병도 치유한다고 한다. 이 하찮은 잡초는 항히스타민제, 항박테리아제, 산화방지제, 암 예방제, 진경제(복통 시에 내장수축을 억제해주는 약-옮긴이), 항바이러스제, 거담제, 면역 체계 자극제, 진정제, 편집증을 포함한 우울증 치료제의 특성을 가지고 있다고 한다. 또한 이 잡초는 항염증 효과도 있다고 여겨진다. 이 마지막 특성이 가장 흥미롭다. 짓이긴 잎을 피부에 난 상처에 바를 수 있을 것이다. 새들은 털갈이를 하고 새로운 깃털이 피부를 밀어낼 때 피부에 염증이 생긴다. 이 긴병꽃풀은 쉽게 짓이겨지기 때문에, 살짝 때리기만 해도 이 식물이 만병통치의 화학물질을 방출할 것이라고 생각한다.

내 이론은 다음과 같다: 까마귀들은 약효가 있는 개미들뿐만 아니라 약초도 사용한다. 나는 이런 내용을 야생생물 관련 메일 목록에 있는 사람들에게 발송하여 실제 과학자들에게 약초를 사용하는 까마귀에 대해 들어본 적이 있는지 물어본다. 과학자들은 아무도 답변을 하지 않는다. 그러나 내 꾀꼬리가 사과꽃 봉오리를 먹었을 때의 유사한 반응을 나는 기억한다. 우리는 여기에서 약초를 사용하는 까마귀를 처음 알게 된 것이다.

나는 책을 읽으면서 시간을 거슬러간다. 나는 자유 잔디밭의 잡초 다수가 유럽의 유산이라는 것을 알게 된다. 이 약초들이 없는 삶을 상상할 수 없던 정착민들은 북아메리카로 이민을 갈 때도 이 약초들을 가지고 갔다. 긴병꽃풀은 여러 가지 약효를 가진 것 말고도 홉으로 대체되기 전까지는 맥주의 맛을 냈다. 이 식물의 여러 이름 중 하나인 툰호우프tunhoof는 '술 담쟁이덩굴tipple ivy'이라는 뜻이다. 정착민들은 당연히 이것을 가져왔다. 사람들은 여러 가지 결핍을 견딜 수 있지만, 절대 금주는 인간의 문화 속에서는 아주 드문 특징이다.

내 잔디밭은 유용한 유럽 풀들의 박물관이다. 긴병꽃풀 외에도 내 잔디에는 비누풀soapwort이 있다. 비누풀은 정착민들이 새로 짠 천을 깨끗이 빨고 맥주 윗부분에 거품을 더하고 설거지를 하는 데 사용되었다. 나는 이를 확인해봤다. 화단을 정복하고 있는 식물대를 꺾어서 손에 따뜻한 물을 묻히고 두 손으로 잎 몇 장을 문질렀다. 거품이 난다! 이 거품은 녹색이고, 내 손에 잎 냄새가 남는다. 냄새가 부드럽고 효과가 있다.

정원에서 쫓겨나 비참한 신세가 된 노란 꽃이 달리는 애기똥풀은 사마귀, 간 질환, 피부병, 궤양, 암을 치유하는 데 쓰였다고 한다. 현대 과학자들은 애기똥풀의 여러 가지 효용을 확인했고, 이제 애기똥풀의 화학적 성분은 가공되어 항암제로 쓰인다.

나는 까마귀 목욕의 신비를 풀어 적어도 스스로는 만족하고, 내 주의를 잔디밭의 먹을 수 있는 잡초에 돌린다. 내 잔디밭의 애기수영, 알리섬, 방가지똥은 모두 잡초를 먹는 사람들이 추천하는 것들이다. 자유 잔디밭은 유기농이지만, 그래도 나는 내 수확물을 씻는다. 다람쥐가 이 잎에 엉덩이를 깔고 앉았을지 아닐지 알 수 없으니까. 또 나는 차를 끓여 마시려고 어린 산딸기 잎을 딸 때도 민달팽이가 자주 와서 은색의 끈끈한 물질을 남겼을 것이 분명한 잎은 피해서 딴다.

나는 샐러드를 사무실에 가져가, 저녁을 먹으면서 기록을 한다. 뻔뻔이는 나를 따라와 책상 위에 놓인 컵 속에서 해바라기 씨 앗을 전부 꺼낸다. 우리는 각자의 식사를 한다.

시금치처럼 빛나는 애기수영은 푸른 사과 같은 맛이 난다. 기분전환을 하고 싶을 때는 애기수영을 먹으면 될 것 같다. 다른 손에 든 흰알리섬*Berteroa incana*은 질기다. 흰알리섬은 겨자과의 한 종으로, 싸한 맛이 난다. 아마 익혀 먹어야 했을 것이다. 방가지똥은 길고 껑충하며, 일찍 난 상추와 민들레의 잡종처럼 생겼다. 화살촉 모양의 잎은 어린 상추 잎의 부드럽게 씹히는 맛과 늙은 상추의 쓴맛이 난다. 음…… 어느 책에도 이런 식물은 없다. 어쨌든 이건 방가지똥이 아니다. 잎이 다르다. 또 야생 상추도 아니다. 뭔지는 몰라도 맛은 좋다.

물론 정착민들이 자신들이 가져온 채소와 잡초만 이용할 이유는 없었다. 또한 그들은 여기에서 새로운 잡초의 세계와 만날 수 있었다. 토종의 노란 애기괭이밥은 내 입맛에 가장 맞는 풀이다. 토끼풀 종류의 잎들에는 너무 금방 사라지는 산뜻한 신맛이 있어서 하나를 먹으면 또 하나를 먹고 싶다. 잔디는 애기괭이밥으로 가득하다. 옻나무는 내 뜰에 있는 또 하나의 풍부한 토종 식물이다. 야생초 섭식의 권위자 유얼 기번즈Euell Gibbons는 인디언으로부터 영감을 얻은, 산딸기를 짓이겨서 거른 에이드 음료를 추천했다. 그러나 올해 열린 내 산딸기는 장미꽃풍뎅이rose-chafer beetle가 다 먹어버린 것 같다. 그래서 대신 나는 복분자 잎을 따서 차를 끓인다. 이 잎은 향이 없다. 어쩌면 뿌리로 차를 끓여야 했을 것이다. 아니면 이 식물은 먹으면 안 되는 것인지도 모른다. 나는 『이러쿼이족의 약초학*Iroquois Medical Botany*』이라는 책에서, 복분자가 '남자가 사냥하고 아내가 빈둥거릴 때'를 위한 것이라는 내용을 찾았다. 또 복분자는 설사와 백일해에도 효과가 있다고 한다. 지금 이 순간은 이 중 어떤 질병도 나를 괴롭히지 않는다.

내 잔디에 많이 나는 토종 두드러기쑥을 이러쿼이 사람들은 피부병, 벌에 쏘인 상처, 타박상, '산딸기를 따다가 난 쥐'를 낫게 하는 데 썼다. 꼭 기억해둬야겠다. 내가 오래 전부터 봐온 '꽃잎 열장'은 토종 별꽃chickweed인 것으로 드러난다. 이러쿼이족은 유산을 방지하는 데 이 별꽃을 이용했다. 실제로 내 잔디밭에서 이러쿼이족의 약초 상자에 없는 토종 식물을 찾는 것이 더 어렵다. 이러쿼이족은 심지어 유럽인들이 가져온 새로운 식물도 단기간 내에 이용하게 됐다. 이러쿼이족은 다져진 차도에 주로 많이 나는 섬유질의 잡초인 질경이를 이용하여, 화상, 종기, 베인 상처, 출혈, 타박상, 거미에 물린 상처, 열, 염좌, 방광염, 과로한 여성들의 신경쇠약, 불임, 관절염 등의 질병을 치료했다. 사실 영국인들은 그저 우연히 질경이를 아메리카 대륙에 가져왔다.

야생의 잔디밭

늦여름에 내 잔디깎기 기계가 고장이 났다. 내 자유 잔디밭은 보통 수준으로 넘어선 야생의 잔디밭으로 멋지게 변한다. 나는 이 잔디밭에 애착이 생겨서 다시는 깎고 싶지 않아졌다. 2주에 한 번씩의 잔디깎기를 견뎌온 식물들은 이제 고개를 들고 꽃을 피운다. 이 식물들은 생장을 어느 정도 방해받아 그 결과 초원은 약 15

센티미터 높이를 유지한다. 야생당근Queen Anne's lace 분재는 레이스 달린 작은 냅킨이 된다. 잎이 마리화나를 연상시키는 반질반질한 식물은, 환한 노란색 꽃을 활짝 피운다. 작은 데이지 꽃들은 10센티미터 높이에서만 핀다. 흰알리섬은 로켓의 흔적처럼 생긴 가는 줄기를 뻗는다. 애기수영은 모래알같이 생긴 빨간 꽃들을 피운다. 두드러기쑥은 5센티미터 크기의 혹투성이 녹색 꽃의 이삭을 밀어내며 소규모로 퍼질 준비를 한다. 토끼풀은 흰 구름을 이룬다. 토종인 세인트존스워트Saint-John's-wort는 노란 꽃을 피운다. 최근에 나타난 민들레 한 쌍도 관을 올려 꽃을 피운다. 자유 잔디밭은 미니 초원이 된다.

나는 기쁘고 내 바깥 이웃들 역시 그렇다. 뻔뻔이는 볼 가득 씨앗을 넣고 우리 집에서 자기 보금자리로 뛰어갈 때 숨을 곳이 더 많아졌다. 뻔뻔이는 포식동물에 대비해 길을 조사한 다음 나무 테라스에서부터 초지로 뛰어간다. 뻔뻔이 뒤편에서 줄기가 흔들린다. 마못 뚱보 엄마는 엎드려서 손에 닿는 무엇이든 먹는다. 뚱보 엄마는 검은 발을 뻗어서 민들레의 꽃을 꺾고 머리를 낮추어 잎을 씹는다. 가장 좋은 것을 수확하면 발을 들고 몇 걸음 뒤뚱뒤뚱 걸은 다음 다시 털썩 앉는다. 나는 녀석이 이뇨제인 민들레와 함께 토종인 세인트존스워트를 먹는 건지 잘 모르겠고, 토종 세인트존스워트 *Hypericum punctatum*에도 유럽종 세인트존스워트*H. perforatum*처럼 원기를 돋우는 화학물 하이퍼리신hypericin이 포함되어 있다는 과학적인 주장을 어디서도 찾지 못한다. 그러나 '뚱보 엄마'가 풀을 뜯는 것을 보는 것만으로도 나는 행복하다.

모든 장면이 나를 기쁘게 한다. 녹색뿐인 내 잔디가 색색의 태피스트리로 변했다. 나는 이 모든 꽃들이 잔디깎기 기계의 횡포를 견뎌낼 수 있었다는 점이 경이롭다. 그러나 나는 이 꽃들이 깎이는 것에 완전히 속수무책이었다면 내 자유 잔디밭에서 살아남지 못했을 것이라고 생각한다. 나는 이 꽃들을 알게 되면서, 어떤 꽃들은 땅 속으로 덩굴을 보내서 번식하고(조팝나물), 어떤 꽃들은 잔디깎기 기계 높이 아래에서 꽃을 피우고 씨앗을 만들며(흰토끼풀), 민들레 같은 일부 꽃들은 봉오리를 올리고 피우는 마지막 순간까지 봉오리를 땅 위에서 납작하게 자라게 한다는 사실을 배웠다. 나는 꽃들이 이곳에 살면서 진화하고 있는 건 아닐까 생각해본다. 나와 자유 잔디밭에 사는 다른 모든 동물들이, 꽃이 칼날에 닿는 높이까지는 절대 올라가지 않는 새로운 극소형 식물의 혈통을 만들고 있는 것은 아닐까?

잔디깎기 기계가 상점에서 돌아오고 나는 아쉬워하면서 야생화를 잘라낸다. 그러나 작은 구획 한 곳은 남긴다. 어쨌든 사과 그루터기 주위는 풀을 깎기가 어려워서 넓게 남겨둔다. 나는 지름이 1미터 20센티미터인 초원을 갖게 될 것이다.

이 '잔디'의 식물은 나를 놀라게 한다. 세 종의 풀이 발달하는데, 모두 키가 90센티미터 이상으로 자란다. 한 종은 머리가 버들개지를 닮은 큰조아재비로, 어릴 적에 건초밭에서 본 기억이 난다. 또 다른 종은 두 줄의 쐐기무늬에서 씨앗을 생산한다. 세 번째 종은 씨앗을 실에 대롱대롱 달아서 잔디 위에 뿌린다. 풀들은 저마다 다른 시기에 갈색으로 변한다.

나는 '잔디'에 가까이 가서 다른 동물들도 원하는 것을 찾고 있는지 본다. 뻔뻔이는 풀숲 사이에 굴을 여러 개 뚫었는데, 이 굴 모두는 오래된 그루터기 아래에 판 새 구멍으로 이어졌다. 지금 이 굴로 들어가는 통로는 귀뚜라미가 짝짓기 굴로 쓰고 있다. '잔디'는 초미니 서식지로 바뀌고 있다. 나는 이듬해를 위해 이 '잔디'를 계속해서 만들 계획을 짜본다.

그러나 내 '잔디'는 사우스포틀랜드의 법을 위반한 것일 수 있다. 내가 사는 도시는 잡초법을 제정하여 나 같은 사람들을 다룬다. 이 법령은 보통 '유해한 잡초'를 금지하며 잔디의 최대 높이를 규정한다. 일반적인 이론적 근거는 기다란 잔디가 뱀, 쥐, 식인 호랑이의 은신처가 된다는 것이다. 하지만 이웃들이 불평하는 이유에는 이론적 근거가 드물다. 그 이유는 잔디 농부들은 야생 잔디의 모습을 넌더리난다고 생각하기 때문이다. 잡초가 자유 잔디밭에서 손질된 잔디로 진입하려고 하기 때문이다.

언제나처럼 나도 이웃 여자와 마찬가지로 위선적이다. 이웃 중에 이곳에 살지 않는 땅 주인은 자기 뒤뜰에 대나무를 심었다. 이 식물은 자기 마음대로 세계를 지배하려 한다. 내 잔디깎기 기계가 고장난 몇 주 동안 담장 쪽의 대나무들은 90센티미터나 우뚝 솟았다. 대나무 숲을 그냥 내버려두자 대나무 숲은 내 작은 초원을 침입하고 그늘을 만들었다. '뚱보 엄마'는 먹을 것을 못 찾았다. 까마귀들은 다른 뜰에서 약초를 구해야 했다. 황금방울새는 어딘가 다른 곳에 씨앗을 찾으러 가서 둥지를 틀었다. 대나무에 꽃이 피는 한 주 동안은 곤충들이 떼를 지어 왔지만, 꽃이 피지 않으면 급히 떠났다.

내 뜰은 단일 재배가 되었다. 그리고 한쪽 끝에서 다른 쪽 끝으로
다니는 것이 꼭 옥수수밭을 돌아다니는 느낌이었다.

사막의 두 잔디밭

나는 극단적인 잔디 문화가 궁금해졌다. 녹색 카펫을 만들
기 위해 사람들이 어느 정도까지 하는지에 호기심이 발동해서, 다
시 내 뜰을 떠났다. 이번에는 목마른 잔디가 아닌 선인장과 침엽수
를 재배하도록 되어 있는 애리조나로 간다. 피닉스 공항을 벗어나
자 누군가 내게 물에 대해 말한다. 렌터카 회사 직원은 내가 도시에
서 무엇을 하는지 묻더니 고개를 설레설레 젓는다. 그는 이렇게 말
한다. "저는 L. A.에서 왔습니다. 여기서 오목한 잔디밭을 보고 정
말 믿을 수가 없었어요. 여기 사람들은 잔디밭에 10센티미터에서
13센티미터쯤 물을 채워놓고 하룻밤을 보낸다니까요. 저는 수도관
이 고장난 줄 알았어요."

다른 무언가가 고장난 것이 분명하다. 피닉스의 1년 강우량
은 18센티미터 내지 20센티미터이다. 이 정도라도 한 해의 대부분
에 죽은 것처럼 보이는 선인장과 낙엽성 식물을 자라게 하는 데는
충분하다. 내가 사는 메인 주의 강우량은 이곳 강우량의 약 여섯
배이다. 그러나 피닉스는 온통 녹색이다. 비행기 창문에서 보면 피
닉스는 갈색 사막에 펼쳐진 '즐거운 옛날의 영국Merry Olde Eng-
land'처럼 보인다. 야자수가 있는 '즐거운 옛날의 영국'. 가까이 가
서 자세히 살펴보면 몇 가지 혁신점들을 확인할 수 있다. 많은 집주
인들은 잔디를 선인장과 다른 가뭄에 견디는 종으로 교체하는 '건

식조경乾式造景 xeriscaping'을 했다. 그러나 더 가까이 가서 자세히 살펴보면 어쩌면 이것은 개선이 아닐 수도 있겠다.

크리스 마틴Chris Martin 박사는 이런 전환의 효과를 연구한다. 나는 나무가 없는 섭씨 42도의 주차장 가운데 있는 애리조나 주 환경연구센터에서 그를 만난다. 크리스는 호리호리한 남자로, 빈정대는 듯한 희미한 미소가 항상 얼굴에 걸려 있다. 우리는 트럭을 타고 시동을 건다.

그는 차를 몰고 출발하면서 말한다. "냉방을 하기 전에는 아무도 건식조경에 눈길 한번 주지 않았습니다. 예전에는 집 주위의 경관에 기능이 있었습니다. 나무는 그늘을 제공하고 뜰은 물을 순환시켜 공기를 식혔죠. 그러나 건축 재료로 단열재 R-20 또는 R-30을 사용한다면, 그늘은 중요하지 않습니다. 집 주위의 경관은 이제 아름답게 꾸미기 위한 것입니다."

그는 렌터카 직원이 언급한 오목한 잔디 앞에 차를 댄다. 이 잔디는 메인 주에 있는 내 뜰이 봄에 촉촉할 때보다 더 푸르다. 크리스는 농지가 주택 부지들로 나뉠 때 이 뜰이 농업용수 몫의 물을 대신 차지했다고 설명한다. 정해진 시간마다 물이 수로에서 뜰로 흐른다. 이 뜰은 풍성한 나무, 덤불, 풍부한 그늘을 자랑한다. 다 익은 오렌지가 거리에 뚝 떨어진다.

크리스는 이렇게 지적한다. "이 집들은 냉방기기가 있기 전에 지어졌죠. 나무는 그늘을 만들려고 심은 겁니다. 또 이렇게 물을 가두어둔 뜰에 얼마나 많은 새들이 있는지 보시게 될 겁니다." 정말 새들이 많다. 또 이 거리는 시원하다. 그리고 햇빛이 덜 강렬하다. 그러나 방향이 바뀐 강들(베르데 강, 그린 강, 콜로라도 강)이 계속 이 방향대로 흘러갈지는 분명치 않다.

크리스는 이렇게 말한다. "우리가 이곳에서 보고 있는 모든 식물은 가두어둔 물, 스프링클러, 똑똑 떨어지는 관개수로에서 물을 받고 있습니다. 이런 식으로 물을 받지 못하면 몇 달 안에 모두 죽을 것입니다. 큰 나무들의 경우는 한 일 년쯤 갈지도 모르죠. 상당한 양의 물이 이곳으로 들어가고 있습니다." 이 잔디는 피닉스의 잔디 중에 가장 축축한 잔디이다. 우리는 크리스의 집에 차를 몰고 가서 중간 수준의 사례를 본다.

크리스의 좁은 앞뜰에는 가뭄에 견디는 식물이 주로 바위 옆에 자라고 있다. 넓은 뒤뜰 가장자리 주위에는 껍질이 녹색인 가시콩나무와 큰 메스키트나무 등 사막식물 몇 종류가 있다. 메추라기 한 마리가 덤불숲을 헤치고 나아간다. 한쪽 구석에서 채소밭이 시들어간다. 그러나 토지 대부분은 잔디이다. 그는 이렇게 말한다. "제 아이들은 여섯입니다. 사내아이 다섯은 축구하기를 좋아하죠." 그래서 그는 물을 준다.

이제 진정한 건식조경으로 나아간다. 이것이 진정한 건식조경인가? 크리스는 언덕의 저택에서 트럭을 멈춘다. 부서진 돌이 잔디를 덮고 있다. 오코틸로선인장이 하늘을 향해 가는 가지들을 뻗는다. 어린 사와로선인장은 오동통한 몸통을 가시를 마구 뻗은 프리클리페어선인장에 문지른다. 나는 아주 멋진 광경이라고 생각했다.

크리스는 말한다. "이것은 만화예요. 이건 우리가 '디즈니 사막'이라고 부르는 풍경이죠. 디즈니 사막은 물을 공급받은 사막 식물이 있는 작은 잔디밭입니다. 사실 아무도 사막에서 살고 싶어 하지는 않거든요. 우리는 사람들이 이곳에서 더 오래 살수록 녹색을 더 좋아하게 된다는 사실을 알게 되었죠. 보세요. 이것이 정말 사막입니다." 거리의 다른 끝에서 집들은 끝이 나고 자연이 시작된다. 이 자연은 추레하며 갈색이다. 햇빛이 모든 곳에 단조롭게 비친다. 가만히 보고 있자니 끔찍하게 지루하다.

나는 말한다. "좋아요. 그러면 이 사람들이 진짜 사막을 원한다면, 크레오소트로 방부 처리한 덤불과 사와로선인장들을 가질 수 있지 않을까요?"

"사와로 한 그루요." 크리스가 정정한다. "그리고 통통해지도록 물을 대지 않아야죠."

건식조경xeriscaping 단어 앞의 그리스어 어근인 xeri는 '건조한'이란 뜻이지만, 이 이름 아래에 현재 번창한 업계는 건조함의 환상을 전문으로 다룬다. 구멍이 많은 호스가 대부분의 사막 환경 아래에서 구불구불 움직여 흙 속에 물을 스며들게 한다. 선인장은 계속 굵은 상태를 유지하며 덤불은 잎들을 유지한다.

크리스는 다음과 같은 결론을 내린다. "우리가 물 보존의 관점에서 본다면, 건식조경은 전혀 효과가 없습니다. 우리가 완벽한 건식조경을 한다면, 조경 관리 사업은 끝장날 것입니다. 그런데 이 업계의 사람 대부분은 저임금 노동자들입니다. 이 사람들이 일자리를 잃는 것을 원하진 않으시겠죠?" 그는 빈정대는 듯이 입 꼬리를 조금 더 올리며 웃는다.

게다가 그는 우리가 돌아본, 가둔 물을 대는 인근은 시원하고 그늘이 지지 않았느냐고 내게 상기시킨다. 이 그늘은 도시 전체를 좀더 시원하게 유지한다. 그리고 이 물을 많이 빨아들이는 나무, 잔디, 덤불은 사막식물보다 훨씬 더 빠르게 물을 순환시키며, 이 증발은 도시를 훨씬 더 시원하게 만든다. 그러면 우리는 어느 쪽을 선택해야 할까? 물을 더 쓰고 에어컨을 덜 써야 할까? 아니면 물을 덜 쓰고 에어컨을 더 써야 할까? 물 부족 아니면 공기 중의 화석 연료 연기 증가? 크리스는 소리내어 웃는다. 그에게는 쉬운 답이 없다. 그러나 대학은 피닉스의 주택지에 세 가지 다른 방식으로 조경을 해서 그 결과를 비교하려는 계획을 세운다. 크리스는 과학이 잔디밭에 대한 사람들의 생각을 바꾸리라고는 기대하지 않는다.

그는 기분 좋게 말한다. "저는 우리 모두 즐겁게 춤을 추다가 위기를 맞게 될 것이라고 생각합니다."

나는 작별인사를 하고 사막과 에메랄드빛으로 빛나는 옥수수밭을 지나 투손Tucson으로 간다. 이곳에서 잔디 문화의 반대쪽 극단에 있는 두 형제가 자연이 남부 애리조나에 할당한 물 예산 안에서 살려고 노력하고 있다. 브래드 랭커스터Brad Lancaster와 로드 랭커스터Rod Lancaster 두 사람은 집 주위에 농작물을 키우지만, 여전히 이웃이 쓰는 물의 4분의 1도 쓰지 않는다. 만약 그들이 새콤한 오렌지나무를 베어 넘긴다면, 흙과 지붕에 떨어지는 빗물로도 버틸 수 있을 것이다. 그러나 우리 모두는 어느 정도에서 선을 긋기 마련이다.

이 집은 메스키트나무, 과실수, 빈약해 보이는 선인장 뒤에 가려 있어서 찾기가 어렵다. 이 집의 문은 전문가인 로드가 오토바이 부품과 도구들을 용접해서 만든 조각품이다. 로드가 만든 선풍기(이 형제들에게는 에어컨이 없다)가 윙윙거리는 소리 속에서도, 브래드는 내가 노크하는 소리를 듣고 문 쪽으로 온다. 그는 샌들을 서둘러 신고 갈색 고수머리 위로 모자를 쓴다. 피닉스보다 이곳이 훨씬 더 덥다. 그러나 브래드는 바람 부는 쪽으로 주근깨가 난 코를 쳐들고 놀라워한다. "비가 올 것 같은 냄새가 나는군요." 정말이다. 그리고 그런 냄새는 오랫동안 나지 않았다. 투손은 가뭄으로 숨이 막혀가고 있다.

그는 이렇게 사과한다. "요즘이 정원이 가장 황량한 때입니다. 우리가 모든 것을 내버려둬서 닭들이 4월부터 7월까지 정원을 차지하고 있어요."

닭들. 나는 덤불 속에서 병아리들에 둘러싸인 검은색 닭 한 마리를 찾았다. 브래드는 이렇게 고백한다. "합법적인 일은 아니죠. 그렇지만 저희는 모든 이웃들에게 가서 한 달만 봐달라고 부탁했습니다. 수탉이 우는 소리가 개와 새의 소리와 잘 어울리지 않는다면 우리가 이 닭들을 없앨 겁니다. 그러나 아직까지는 아무도 불평하지 않더군요." 아마도 이웃들에게 달걀을 나눠준 것이 수탉 두 마리가 끼친 불편을 무마시킨 것 같다. 이 형제들은 이 3천 제곱미터의 땅에서 달걀, 선인장 열매, 토종화된 열매, 토종 씨앗, 채소 등 식량의 15퍼센트에서 25퍼센트를 생산한다. 게다가 이들은 태양열 오븐, 태양열 온수기, 태양열 전기 패널 판으로 전기까지 일부 스스로 생산한다. 그리고 이들은 물까지 생산한다. 브래드는 빗물을 거두는 일을 다룬 책을 쓰고 있는데, 이 책은 많은 통계와 글을 담고 있다.

"우리는 식물을 심기 전에 물을 심어야 합니다"라고 그는 짐바브웨에서 만난 어떤 사람의 말을 인용하여 말한다. 그는 내 주위에 있는 물 모으는 장치를 가리킨다. 이 뜰은 웅덩이처럼 오목해서 물을 한 방울도 흘려보내지 않는다. 그는 나뭇가지들 일부를 옆으로 밀쳐서, 돌 더미 위에 있는 4,500리터들이 물탱크를 보여준다. 이 물탱크는 집 지붕에서 흘러나오는 모든 물을 모은다. 우리는 뜰 뒤로 가서, 마른 야자수 잎이 드리운 야외 샤워 시설을 찾는다. 배수관이 하나가 아니라 세 개나 있다. 브래드는 한 발을 뻗어 고무 플러그를 다른 배수관으로 옮긴다. 이렇게 해서 샤워 전이나 샤워 중이라도 어떤 과일나무에 목욕물을 보낼지 결정할 수 있다. 랭커스터 형제들은 뜰 밖의 공공 도로에서도 정말 철저했다. 그들은 자신들의 땅과 거리 사이의 연석에 물길을 냈다. 비가 올 때 일반적인 경우라면 억수처럼 빠져나가는 물은 연못으로 가게 된다. 나는 질문하지는 않고, 이 남자들이 오줌을 뜰의 한쪽 구석에 싸는 모습을 상상해본다. 물은 물이니까.

형제들은 물을 적절한 장소에 모으고, 크고 작은 식물을 심었다. 브래드는 빗물을 모으고 토종 식물을 키우고 싶은 다른 사람들을 상담한다. 그가 이런 일을 하는 근원적인 동기는 투손을 둘러싼 사막에 대한 애정인 것 같다. 여기에서, 그리고 고객들의 뜰에서 그는 토종 식물을 재도입한다. 그는 식량을 생산하거나(그의 말에 따르면 소노라 사막Sonoran Desert은 그런 식물 375종을 제공한다),

약용으로 쓸 수 있는 식물을 특히 좋아한다. 그는 식물을 뜯어 먹으면서, 내게 그의 식물들을 소개하고 씹어보라고 꺾어준다. 그는 자신의 뜰에 대해서 말한다. "이 뜰은 살아 있는 달력입니다. 저는 촐라cholla 꽃이 피는 것을 보면 이 도시 주위에서 이 꽃들을 거둬들일 때가 되었다는 것을 알게 됩니다. 프리클리페어선인장이 열매를 맺는 것을 볼 때는 이 선인장이 사막에서 열매를 맺고 있다는 것을 알게 되죠."

"이게 프리클리페어선인장인가요?" 벌통과 닭장을 지나갈 때 이렇게 묻는다. "그런데 뭐가 잘못된 거죠?" 이 식물은 주름지고 쳐져 있다. 브래드는 약간 놀라며 이렇게 말한다. "건조한 시기에는 자연적으로 이렇게 되요. 투손에 내리는 비는 이런 토종 식물 뜰을 돌보기에 충분합니다. 그러나 식물이 시들시들해 보이는 것이 마음에 안 드는 사람들은 여전히 물을 주죠. 그게 식물들의 자연적인 적응인데도 말이죠." 그러나 브래드는 아름다움을 추구하는 성향이 우산잔디Bermuda grass를 프리클리페어선인장으로 바꾸는 데 걸림돌이 되지는 않을 것이라고 주장한다. "여기에 회색 물을 이용하는 거죠. 우리 생활 폐수는 밀림 하나를 키우기에 충분합니다." 랭커스터 형제는 자신들은 지저분한 빨래 헹군 물을 복숭아 형태로 바꾸어 먹는다고 즐겨 말한다. 그리고 새콤한 오렌지로도. 브래드는 한숨을 쉰다. 이 나무는 물을 정말 많이 빨아 먹지만, 나뭇잎이 태국 요리에 아주 훌륭하게 쓰인다.

다시 울타리 밖에서 나는 이 뜰의 영향 범위가 얼마나 넓게 뻗어 있는지 평가하기 시작한다. 이 형제는 포장되지 않은 보도를 더 많은 선인장과 나무로 야생화해서 보행자들을 위해 그늘이 있는 길을 만들었다. 이웃들은 토종 식물을 자신의 뜰에 더하기 시작했다. 새들은 랭커스터의 뜰에서 토종 씨앗들을 더 먼 뜰에 운반하고 있다. 이 형제는 서쪽으로 두세 블록 떨어진 곳에서 주차장을 공공 정원으로 전환하는 노력을 이끌었다. 형제는 해마다 향토 음식 축제를 열어서 사람들에게 소노라 사막의 풍요로움을 전달한다. 그들은 나무 심기 캠페인을 이끌고 있다. 지금 브래드는 사람들이 자신이 한 것처럼 길가의 연석을 깎아 거리의 물을 모으도록 도시 전체를 자극하고 있다. 그리고 기타 등등.

나는 브래드에게 무엇을 성공의 증거라고 여기는지, 무엇을 투손의 뜰이 사막 생태계로 기능하고 있다는 징후로 생각하는지를 물었다. 그는 지구의 운명을 생각하는 진지한 청년으로서 생각에 잠긴다. "저는 인근에서 메추라기가 돌아오는 것을 보고 싶습니다. 메추라기가 돌아오면, 고양이로부터 메추라기들을 보호하는 좋은 은신처가 있다는 뜻일 것입니다. 그리고 부모님들은 집 주변에서 자벨리나javelina(멧돼지를 닮은 페커리과의 동물—옮긴이), 붉은스라소니bobcat, 퓨마, 뮬사슴, 흰꼬리사슴을 보신 적이 있습니다. 그런 동물들은 이곳에 있습니다. 우리는 실제로 자벨리나가 인근에서 나타난 것을 한 번 보았습니다. 그리고 우리의 뜰을 가꾼 뒤부터, 우리는 선인장굴뚝새, 흰부리흉내지빠귀사촌, 딱새를 뜰에서 볼 수 있었습니다. 이 새들은 우리 꿀벌을 먹죠. 도마뱀붙이, 도마뱀도 있는데 닭들이 이것들을 먹습니다. 뿔도마뱀도 있지만, 닭들은 이 동물에게도 좀 모질게 굽니다. 그리고 나비, 박각시나방, 유익한 말벌

등도 있습니다……." 그는 좀더 생각한다.

"버드나무, 미루나무, 멕시코엘더베리Mexican elderberry가 자생하기 시작하는 것을 본다면, 우리가 성공한 것입니다. 이 나무들은 강과 범람원을 따라 죽 늘어서 있곤 했습니다. 사람들은 이 나무들에 매혹되었고요. 지금 우리는 이 지역을 사막화하고 있으며 좀더 건조한 생태계로 만들고 있습니다. 그러나 이 나무들이 살아남을 수 있다면, 지하수면이 이전에 있던 곳까지 올라갔다는 뜻입니다. 토종 잔디의 경우도 마찬가지입니다."

바람이 불어 뜨거운 비 냄새를 실어 오고 있다. 브래드는 참가할 모임이 있어서 자전거에 오른다. 나는 자외선 차단제를 사려고 쇼핑몰로 향한다. 내가 주차할 때 천둥이 친다. 골프공만한 물덩이가 내 자동차 앞 유리 위에 철썩 부딪친다. 내가 주차장을 가로질러 갈 때 물결이 아스팔트 위로 흘러나온다. 사람들은 흥분하여 가게의 차일 아래로 이동한다. 그들은 자기들 차를 보고 나서 번개와 큰 물방울을 본다. "좋아, 젖은 티셔츠 대회다!" 한 여자가 소리치며 차로 달려간다. 다른 사람들은 웃으며 발을 구른다. 또 다른 여성은 말한다. "우리는 빗속에서 어떻게 해야 할지 전혀 몰라요."

주차장 끝에서 거세게 흐르는 물이, 에메랄드빛 잔디와 아시아에서 온 덤불을 심은 아스팔트 섬을 세게 때린다. 물은 이 섬을 때리고 하수구로 흘러간다.

가을

FALL

 **뒤뜰의 과거**

내가 사는 인근과 해변에는 벤저민 윌러드Benjamin Willard 대위의 이름이 붙어 있다. 윌러드 대위는 초상화 속에서 진지한 얼굴로 서 있다. 얼룩무늬 개도 진지한 얼굴로 윌러드 대위의 머리 위에 모자인 양 앉아 있다.

1895년에 발간된 윌러드 대위의 자서전에는 그가 잡은 상어와 황새치의 이야기가 나온다. 이 자서전에서 윌러드 대위는 난파 사건, 남북전쟁 때의 전투, 그 외에 필사의 용기를 발휘한 다른 행동들을 하나하나 자세히 설명한다. 그러나 윌러드 대위의 신사다운 영혼이 빛나는 장, 그림과 이른 시기의 사진이 가장 많이 들어가 있는 장은 "내가 훈련시킨 애완동물, 마차견(달마시안개)과 여새"라는 제목의 장이다. 이 장은 덩치가 큰 남자가 객실 바닥에 누워 한쪽 다리를 천장으로 올리고 있는 그림으로 시작된다. 윌러드 대위의 발 위에서 균형을 잡고 있는 것 역시 달마시안개이다.

우리는 어떤 필터를 택하든지, 그 필터를 통해서 한 장소의 역사를 살펴볼 수 있다. 왜 개를 통해서는 아니겠는가? 개들은 현대 뒤뜰의 대표적인 동물이다. 그리고 선사시대의 다이어울프, 여우를 비롯한 개과 동물은 아마 사람들이 거주하기 전부터 내 뜰에서 서식했을 것이다. 그리고 1만 2천 년 전에 최초의 인간들이 이곳에 걸어 들어왔을 때 길든 개과 동물들이 그들과 함께 왔을 것이다. 그전까지 이곳에 살던 개과 동물은 대부분 멸종했다. 최근에 유럽인들은 400년 전에 일단의 개 무리를 새로 이끌고 바다를 건너왔다. 이번에도 역시 거주하던 개들 대부분은 현재의 우세한 계통들에 밀려 자취를 감추었다. 개가 개를 대체했고, 또 개가 개를 대체한 것이다. 오늘날, 코요테와 늑대가 내 잔디밭으로 부드러운 발을 향하면서, 이 개의 역사에서 가장 야생적인 장이 펼쳐지고 있다.

이 시대의 주요한 개과 짐승은 실내에서 자며, 샴푸와 커피향에 둘러싸여서 자신에게 다가오는 사촌의 냄새를 맡지 못한다. 늑대들이 예전에 서부로 몰아넣었던 사촌 코요테는 이제 캐나다 노바스코샤 주 같은 동쪽 끝에서도 총총걸음을 치고 있다. 코요테는 까마귀들처럼 도시 근교를 안전하고 기분 좋은 서식지로 이해하고 있다. 사촌인 여우 역시 살아남아 도시 근교에서 사냥한다. 최근에 나는 대낮에 근처 거리에서 여우 한 마리가 총총 걸어가는 것을 보았다. 메인 주에서 100년 동안 사라졌던 늑대조차 캐나다에서 터벅터벅 걸어 내려오고 있다. 몇 년 전에는 늑대 한 마리가 해안을 따라 오다가 사냥꾼의 덫에 잡혔다. 또한 이 늑대들은 미네소타, 미시간, 몬태나, 아이다호, 워싱턴의 뜰로 가고 있다. 늑대들이 코요테와 여우처럼 근교의 전원주택들 사이가 살기 좋다고 결정할 가능성에 나는 매료된다. 이것은 길들인 개와 야생 개과 동물의 첫 번째 만남으로 돌아가는 흥미로운 상황일 것이다.

얼음 위를 달리는 개들

우리 동네를 가로지른 모든 개과 동물은, 약 6천만 년 전에 나무에 오른 족제비 같은 동물들 무리의 계통으로 더듬어 올라간다. 미아시드miacid라는 포유류의 이 새로운 분파는 조상들이 즐겼던 것보다 고기를 더 즐겨 먹었다. 공룡들이 죽자 육식이 갑자기 가능해졌다. 미아시드는 몰래 먹이에게 다가가기 위해 필요한 큰 뇌와 고기 덩어리를 찢는 데 필요한 큰 이빨을 발달시켰다. 5천만 년 전에 미아시드가 두 계통으로 나뉘었을 때, 한 계통은 개와 비슷해졌고, 다른 계통은 고양이와 비슷해졌다. 개를 닮은 계통은 더 나뉘었다. 내게는 항상 개를 연상시키는 곰과 바다표범의 조상들은 점점 더 개처럼 진화한 동물들과 갈라졌다. 약 3천만 년 전에 닥스훈트의 다리가 달린 독일 셰퍼드가 우리 동네를 급히 달려갔을 것이다. 이 동물은 개를 닮았었다.

당시에 이 인근은 지구 냉각에 참여하고 있었다. 내 잔디밭에서 북쪽으로 1,600킬로미터 떨어진 곳에 있던 툰드라의 띠는 남쪽으로 천천히 이동하고 있었다. 이 마지막 빙하기에 원시 개들은 무엇을 사냥했을까? 화석을 갈아 없애며 바다로 흘러간 빙하 때문에 메인 주에는 유용한 화석이 없다. 하지만 이 나라의 다른 지역의 경우로 판단해볼 때, 우리 동네는 소형 말, 대형 돼지, 원시 낙타, 멸종한 코뿔소, 매머드, 마스토돈, 곰 크기의 비버, 거대한 나무늘보의 보금자리였다.

　　셰퍼드-닥스훈트는 혈통이 점차 소멸하기 전에 수백만 년 동안 이상한 동물들을 잡으며 인근을 공격했다. 다수의 원시 종들이 점점 개다운 모습으로 계속 진화했다. 최종적으로 성공한 모델은 북아메리카 남서부 태생의 여우였다. 이 여우로부터 현재의 야생 개와 가축 개뿐만 아니라 늑대, 여우, 재칼, 코요테가 계통을 이었다. 이 종분화의 대부분은 북아메리카 밖에서 일어났다. 원시늑대는 이때 일찍 아시아로 성큼성큼 달려갔다. 그곳에서 원시늑대는 회색늑대로 진화했다. 아시아에서 사람들은 마침내 회색늑대를 길들였다. 그리고 늑대, 개, 사람들 모두 아시아의 동쪽에서 우리 동네로 이동했다.

　　자연의 개과 동물 실험이 시작되었을 때, 이 여우를 닮은 최초의 동물은 내 뒤뜰에서 그린란드와 유럽으로 경쾌하게 달려갈 수 있었다. 그러나 대륙을 건널 기회는 끝나가고 있었다. 이 대륙들은 내 손톱이 자라는 속도 정도로 슬금슬금 갈라지고 있었다. 곧 북아메리카는 서쪽에서만 베링 육교로 아시아와 유럽으로 연결되었다. 그리고 그 땅은 해수면이 변동할 때 쉽게 범람했다. 200만 년 전에 빙하기가 시작된 뒤, 빙하는 이 육교 끝을 완전히 막곤 했다.

　　진짜 늑대가 아시아에서 북아메리카로 느릿느릿 들어온 것은 사실상 어제나 다름없다. 불과 이삼십만 년 전에 회색늑대의 조상이 내 뜰에 처음 나타났다. 얼마나 환상적인 동물들의 축제가 이 새 늑대를 기다리고 있었을까! 검치호랑이, 사자, 코요테, 아메리카에서 진화한 엄청나게 큰 다이어울프 등의 아메리카 동물과 함께 이 늑대는 내 뒤뜰에 이상한 뼈들을 쌓아 남겼을 것이다. 수많은 화석을 상상해보라!

그리고 빙하가 이 뼈들을 부수어 화석 가루로 만들고 저 멀리 바다에 던져버린 것을 상상해보자.

뼈를 부수는 강한 턱을 가진 청소부 동물인 늑대와 다이어울프는 불과 12만 5천 년 전 빙하기 사이의 따뜻한 기간에 이곳 인근까지 뛰어왔을 것이다. 최근 200만 년 대부분 동안 우리 동네를 짓이긴 얼음판은 북극 쪽으로 줄어들었다. 그때, 내 잔디밭은 녹은 만년설 물로 불어난 대서양 아래에 있었다. 인근의 높은 언덕들은 숲으로 덮였다. 늑대는 현재의 토끼와 마못의 조상들, 또한 내 얼룩다람쥐 뻔뻔이의 조상들을 쫓아다녔을 것이다. 현대 회색늑대와 크기가 비슷한 다이어울프는 숲에서 사자 뼈를 갉아 먹거나, 해안에서 가장 높은 곳까지 올라온 죽은 물고기를 찾아다녔을 것이다. 아마 다이어울프는 열을 식히려고 내 뜰 위에서 개헤엄을 쳤을 것이다.

그러나 이 얼음은 다시 내려왔다. 1.6킬로미터 두께로 두텁게 쌓인 눈 더미가 내 잔디밭 쪽으로 기반암을 깎으며 내려와, 흙과 돌을 갈아엎었다. 대륙빙하가 확장되면서 바다가 얼었다. 빙하에는 눈이 쌓였지만, 바다로 녹아 들어가지 않아 대양은 다시 채워지지 않았다. 얼음이 불어나면서 대서양은 줄어들었다.

빙하가 내 잔디밭에 도착하기 훨씬 전에 차가운 바람이 얼음을 쏟아 붓고 땅에 한기를 불어넣었다. 어느 해에는 이웃 떡갈나무의 도토리들이 싹을 틔울 수 있을 만큼의 온기를 얻지 못했다. 이 삼십 년 후에(빙하의 속도는 추측할 수밖에 없다) 서리 결정이 떡갈 나무 가지에 너무 깊이 박혀서 떡갈나무 세포들이 갈라졌다. 이 나 무들은 잎을 피우지 못할 테니 다음 해 봄에 떡갈나무에 알을 낳은 곤충은 자손이 굶어 죽을 운명이었다. 아마 이삼백 년이 지난 후에 는 몇 그루의 침엽수들만이 내 차가운 뜰에서 간신히 살 수 있는 유 일한 나무들이었을 것이다. 툰드라 잔디는 이제 잘 자랄 수 있게 되 었다. 어느 봄에, 서리가 땅에서 한 순간도 사라지지 않게 되었다.

툰드라 식물이 코네티컷으로 떠났을 때 이 식물들을 먹는 딱정벌레와 나그네쥐도 함께 떠났다. 나그네쥐에게 덤벼드는 여우 들도 먹이를 따라갔다. 다이어울프 역시 남쪽으로 출발했다. 얼어 붙은 땅 위에 바람이 부는 것을 제외하면 내 뜰은 조용했다. 그리고 얼음이 왔다. 쌓인 얼음이 쿵쾅 소리를 내며 포틀랜드 항구를 건너, 윌러드 비치로 와르르 올라갔다. 얼음은 바닥의 모난 돌들을 비틀 어 끄집어냈다. 얼음은 내 뜰을 바닥까지 뒤집어엎고 계속 남쪽으 로 대륙 가장자리 해안으로 400킬로미터를 갔다. 땅 위에는 아무 것도 남지 않았다.

얼음이 남쪽으로 향해 갈 때 북아메리카의 모든 뒤뜰은 와 들와들 떨었다. 빙하가 뉴잉글랜드와 뉴욕 위에서 우지끈 부서졌 다. 빙하는 오대호를 압도하고 오하이오를 부스러뜨렸다. 마니토바 부터 다코타와 미네소타를 굽이쳐 나아갔다. 이 빙하는 비스마르크 와 시애틀을 짓찧었다.

낙타와 나무늘보와 다이어울프는 이 추운 시절을 어떻게 지냈을까? 빙하기가 끝이 날 무렵에 이 동물들은 모두 사라지고 없었다. 그러나 이 동물들이 식생 변화에 식습관을 맞추지 못한 건지 아니면 새로운 포식동물과 그의 개가 그 동물들을 전부 먹은 건지는 오랜 시간 연구해야 말할 수 있을 것이다. 어떤 경우든 인간과 개는 마지막 빙하기가 끝날 무렵 북아메리카로 걸어왔고, 그래서 상황은 이전과 결코 같지 않았을 것이다.

빙하가 환경을 얼마나 크게 재배치했는지를 생각하면, 이제까지의 설명이 많은 것은 아닐 것이다. 사람들이 아시아에서 북아메리카 전역으로 이주할 때에도 빙하는 계속 내 뜰을 바꾸었다. 빙하는 앞으로 나아가면서 기반암을 깨끗하게 갈아놓았다. 그리고 빙하가 녹으면서 운반하던 모든 돌, 자갈, 모래를 떨구었다.

내 잔디가 마지막으로 얼음물에 젖은 것은 1만 4천 년 전으로 거슬러 올라간다. 빙하는 앞으로 가면서 내 뜰을 지구의 바닥으로 눌렀고, 빙하가 물러나고 나자 낮아진 땅이 바닷물에 잠겼다. 대서양은 윌러드 비치에 범람하고, 비탈을 철벅거리게 만들고, 메인 주의 반이 물에 잠겼다. 그러나 대륙을 완전히 누를 수는 없다. 지각은 아주 빨리 회복되어 9천 년 전에는 현재의 해변에서 24킬로미터 떨어진 곳까지 바닷물이 빠졌다. 그리고 개펄이 빙력토 덩어리 위로 서리가 끼듯이 퍼졌다. 조개와 벌레 화석이 흩어져 있는 이 푸른 진흙이 메인 주의 남동부 3분의 1의 뒤뜰과 정원에 나타난다. 내 이웃의 새 지하실에서 90센티미터 아래를 파보면 분명 바다가 후퇴하고 있을 때 쌓인 흙이 있을 것이다.

얼음과 바다가 모두 내 뜰에서 사라진 뒤에, 남쪽을 향하던 생물 흐름의 방향이 역전되었다. 툰드라 이끼와 난쟁이버들이 다시 돌아와 차가운 빙력토를 개간했다. 흙과, 죽은 식물과, 식물들에게 충실한 곤충의 시체가 바람에 날려 와서 모래를 비옥하게 만들었다. 가문비나무들은 이 흙을 붙들고 잎과 죽은 나무로 이 흙을 두텁게 만들었다. 다람쥐들은 솔방울을 먹었다. 공기가 더 따뜻해지는 사이 현대의 회색늑대는 내 뜰에서 순록의 힘줄을 뜯어 먹었다.

서해안 위로 베링 육교를 지나갈 수 있게 되었고 풀을 뜯는 동물들이 이주해왔다. 개와 인간이라는 새로운 두 종은 이 육교를 건너 마음껏 먹으며 북아메리카의 뒤뜰에 끼어들었다.

이 시기에 야수들의 무리가 빠르게 멸종한 것은 우연의 일치일까? 아메리카 매머드, 마스토돈, 낙타, 자이언트비버는 사람이 없는 대륙에서 진화했다. 이들의 본능은 그렇게 머리가 좋은 포식동물에 대항할 수 있도록 연마되지 않았을 것이다. 몇몇 과학자들은 기후 변화가 풀을 뜯는 동물들이 적응하기에는 너무 빠르게 식물들을 이 대륙의 위아래로 움직였기 때문에, 기후 변화가 더 큰 위협이었다고 주장한다. 북아메리카의 대형 포유류 동물들이 굶어 죽었는지 아니면 새로 온 동물들에게 먹혔는지는 모르지만, 이 동물들은 개와 사람이 아메리카 대륙을 휩쓸고 지나갔을 때와 거의 같은 시기에 죽었다.

최초의 인디언

내 뜰의 늑대들은 분명 개를 처음 보았을 때 주둥이를 올리고 코를 가까이 대고 킁킁거렸을 것이다. 개 옆에서 똑바로 서서 걸어가는 털 뽑힌 까마귀들처럼 생긴 이상한 동물들을 보고서도 당연히 그랬을 것이다. 이 새로 온 동물들 둘 다에서 아마 퀴퀴한 연기 냄새와 죽은 야생동물 냄새가 풍겼을 것이다. 얼음과 바다가 물러나고 먹이사슬이 형성될 여지가 생기면서, 회색늑대와 개는 실제로 거의 동시에 내 뜰 쪽으로 왔을 것이다. 다이어울프도 숲과 함께 북쪽으로 돌아와 떠돌았다면, 사라져가는 다이어울프와도 행동반경이 겹쳤을 것이다.

언제 이런 일이 일어났느냐는 논란의 여지가 있다. 누가 아시아부터 알래스카까지 드넓은 툰드라를 건넜는가? 그리고 언제였나? 그들은 빙하가 깨지기를 기다려야 했을까? 아니면 그 해안을 피했을까? 걸어서? 아니면 배를 타고? 그들 중 몇 명은 열대 섬들을 건너 더 남쪽으로 훌쩍 넘어 갔을까? 다양한 종류의 석기와 뼈들은 북쪽 길을 건너는 이민의 물결이 두세 차례 있었다고 나타난다. 하지만 증거가 부족하다. 바다가 그때부터 다시 치솟아, 사람들이 쓰레기와 부서진 도구를 남겼을 해안 지역을 삼켰다. 몇 안 되는 증거는, 이르면 3만 년 전에 사람들이 아메리카에 살았을 것이라고 암시한다.

내 뜰에서 빙하는 역사를 단순하게 만들었다. 사람들은 약 1만 3천 년 전에 거주할 땅이 생기기 전까지는 이곳에 오지 못했을 것이다. 그리고 천 년 후에 인간의 첫 번째 자취가 나타난다. 그러나 메인 대학교 인류학자 데이비드 생어David Sanger의 말에 따르면, 그들 역시 이해하기 어려운 무리이다. 그들은 클로비스Clovis 문화의 돌촉을 남겼으며 그밖에는 별로 남긴 것이 없다.

"우리는 백여 곳에서 이런 돌촉들을 발굴했습니다"라고 그는 말한다. "그러나 돌촉과 훌륭한 유물 여섯 점만 찾았을 뿐입니다. 그들은 순록 고기를 먹었을까요? 그들은 구할 수 있는 것은 무엇이든 먹었다고 저는 확신합니다" 하고 그는 난감하다는 듯이 어깨를 으쓱하며 말한다. 증거가 되는 뼈는 메인 주의 산성 토양에서 녹는 경향이 있다. 그리고 내구력이 더 큰 도자기는 여기에서는 그때껏 발명되지 않았다.

생어는 고古인디언Paleo-Indian의 관점에서 내 이웃을 해석하러 오로노Orono에서 해안으로 왔다. 그는 클로비스 돌촉으로 확인한 한 가지는 메인 주 최초의 인디언들이 자신들의 바위를 잘 알고 있었다는 사실이라고 말한다. 거의 예외 없이, 그 돌촉은 가장자리가 예리한 각암으로 만든 것이다. 이 돌은 메인 주에서는 흔치 않은 돌이다. 따라서 내 뜰에 있던 사람들은 교역로도 알고 있었을 것이다.

생어는 인근을 찍은 항공사진을 두드리며 이렇게 말한다. "선생님이 당시에 이곳에 살고 있었다면, 그런 종류의 바위를 어떻게 손에 넣을 수 있었을까요? 노출된 광맥이 있는 먼성간Munsungan 호수로 정기적으로 여행을 갈 수도 있겠죠. 그러나 그곳까지는 480킬로미터 거리입니다. 그런데 메인 주 북부에 선생님 사돈들이 산다면 사돈댁과 정기적으로 만날 것입니다. 사돈댁에서는 선생님에게 유용하게 쓸 수 있는 무언가 멋진 것을 선물로 줄 것입니다. 우리 장모님이 파이를 제게 주시는 것처럼 말이죠." 한 고인디언 거주 지역에서 서로 다른 다섯 주에서 나오는 돌이 나타났다. 이 사람들은 자주 친척들을 만났던 것 같다. 그러나 각암을 함께 자른 이 가족은 함께 사라졌다. 고인디언 문화는 불과 1,500년 뒤에 명멸했다.

3만 년 전부터 1만 년 전까지의 고대기archaic는 훨씬 더 불분명하다. 처음에는 형편없는 현지의 바위를 갈고 쪼아서 도구의 형태를 만들었다. "도구를 만들 수는 있었지만 예쁘지는 않았죠"라고 생어는 말한다. "그들은 아마 유기체인 뿔과 뼈로 된 뾰족한 촉을 이용했을 것입니다." 이 사람들은 이때까지도 이동하고 있었다. 그러나 그들은 바위를 거래하는 대신에…… 호박을 거래했을까? 피스카타키스Piscataquis 강의 한 곳에서 6천 년 된 호리병박 조각이 나왔다. 이 식물과는 이보다 이삼천 년 먼저 중앙아메리카와 남아메리카에서 재배되기 시작했으며, 북아메리카 동남부에는 지금으로부터 5천 년 전에 무성하게 자랐기 때문에 이 조각을 두고 할 이야기가 상당하다. 이 새로운 사람들은 호수의 진흙 속에 고기잡이 도구 유물도 남겼다.

고고학적인 기록이 메인 주 내륙에 사는 사람들에게 편향되어 있다는 사실에 나는 낙담한다. 내가 사는 해안 지역에서 6천 년 전에 살던 사람들은 $E=mc^2$을 쓰고 수플레를 먹었을지 모르지만, 나는 그 사실을 결코 알지 못할 것이다. 그때에도 빙하가 여전히 녹고 있어서 해수면은 계속 올랐다. 한 고대인이 6천 년 전에 해변에서 소설책을 잃어버렸다면, 현재 이 책은 바다 쪽으로 8킬로미터 들어간 땅에 있을 것이다. 조수가 올라가는 속도는 5천 년 전에야 느려져서, 고고학자들에게는 가장 최근의 해안 유적지만이 남았다. 이 유적지들은 황새치를 잡기에 충분한 해양 상식과 30센티미터 크기의 굴을 음미하는 데 필요한 부엌 용품을 갖춘 문화에 대해 알려준다. 이 굴 껍질은 해안에서 80킬로미터 떨어진 다마리스코타 Dama-riscotta 강 옆의 패총에 남아 있다. 비록 내륙의 사람들과 해안의 사람들이 다른 식습관을 가지고 다른 도구를 사용했지만, 생어는 동일한 정신적 경험이 이 사람들을 하나로 묶었다고 말한다. 이 기간 대부분에 뉴잉글랜드 전역의 사람들은 공동묘지에 시신을 매장하고 의식 도구를 묘지에 넣고, 붉은 황토를 뿌렸다.

그러나 내륙 문화와 해안 문화 사이의 차이는 지속되었다. 해안의 사람들은 시종일관 한 방향으로만 끈을 꼬았고, 내륙의 사람들은 그와 다른 방향으로 끈을 꼬았다. 그리고 고고학적 증거에 기반해 보면, 해안 사람들은 개들에게 동물 뼈를 주었다. 헉! 여러 북아메리카 사냥꾼들 사이에서 이것은 금기였다. 설명하자면, 이는 짐승들을 모욕하는 행위였고, 이후에 이 동물들은 사냥꾼들을 피하게 될 것이었다. 그러나 해안 지역에서는 개한테 씹힌 사슴, 비버, 다른 동물들의 뼈가 발견된다.

생어는 내 부엌 식탁에 펼친 항공사진에 관심을 돌린다. 우리 집에서 두 블록 내륙으로 떨어진 숲에서 내가 발견한 어두운 연못을 그가 가볍게 두드린다. "이곳에서 식용 가능한 부들개지와 백합 구근을 찾을 수 있었을 겁니다. 이 연못은 물을 마시러 오는 오

리, 뱀, 사향뒤쥐, 거북, 사슴도 끌어들였을 겁니다." 그리고 그는
해변을 손가락으로 가리킨다. "썰물 때는 대합조개를 찾을 수 있었
을 겁니다." 그는 씩 웃는다. "대합조개는 별 관심을 받지 못하죠.
먹을 것이 별로 없거든요. 그러나 여성, 아이들, 심지어 노인들까지
조개를 모을 수 있죠. 저는 원시 사람들이 '또 대합조개야'라고 불
평하는 모습을 즐겁게 상상합니다. 그러나 그들은 대합조개를 진한
사슴 수프에 넣었습니다." 그는 다시 지도를 유심히 본다. "이곳은
북서풍으로부터 보호받고 있습니다. 선생님은 카누를 바다에 띄워
서 꽤 멀리 나갈 수 있습니다." 오늘날 바다가재가 캐스코Casco 만
에서 가장 먹고 싶은 먹이는 무엇일까? 생어는 인디언 쓰레기 더미
에서 바다가재 껍질을 한 번도 본 적이 없었다. 그러나 나는 9킬로
그램이 나가는 바다가재를 잡는 메인 주 인디언들에 대한 유럽인들
의 글을 읽었다. 인디언들은 바다가재를 육포처럼 말렸으며 낚시
미끼로 이용하기도 했다(유럽 정착민들 역시 바다가재 고기로 낚시
를 했고, 폭풍 후에 갑각류가 밀려왔을 때는 이 바다가재 고기를 정원
용 비료로 사용했다. 현재 우리는 바다가재를 잡을 미끼로 물고기를
사용한다. 시대는 변한다).

　　유럽 탐험가들의 보고에 따르면, 우리 동네 숲의 좁은 부분
에서 거주한 가장 최근의 인디언들은 알무치콰스Almouchiquois족
또는 아르무치콰스Armouchiquois족이다. 북쪽과 동쪽의 메인 주 사
람들과 달리 이 사람들은 농부였으며, 이주하지 않고 도시를 건설
하는 생활 방식을 영위했다. 이 때문에 이웃들은 그들을 싫어해서
서로 다투었다. 역사가들의 최선의 추측에 따르면, 아르무치콰스는

'개 인간'을 뜻하는 경멸적인 단어이다.

사리진 인디언 개

사람은 이 정도면 됐다. 사람들이 키우는 개는 어떤 모습이 었을까?

이 개들은 캐롤라이나 개와 닮았을 것이다. 캐롤라이나 개는 근래 들어서야 플루토늄이 풍부한 고립된 사바나Savannah 강 구역(사우스캐롤라이나 주의 사바나 강 지역은 미국의 핵물질 처리 중심지이다—옮긴이)에서 야생으로 뛰어다니는 모습이 발견되었다. 수십 년 동안 조지아 주, 사우스캐롤라이나 주, 플로리다 주의 사람들은 어떤 개들인지는 별로 생각하지 않고 길가에서 토스트 색깔의 강아지들을 구해냈다. 이제 이 개들은 계획적으로 사육되고 있다. 캐롤라이나 개의 사진을 처음 봤을 때, 나는 푹 빠져버렸다. 미국 사육클럽United Kennel Club은 캐롤라이나 개는 '부드러움과 지성'이 몸에 스며들어 있다고 설명한다. 캐롤라이나 개는 정말 그 말 그대로이다. 이 개들은 눈이 크고 나긋나긋하다. 주둥이는 가냘프다. 큰 귀는 쫑긋 서 있다. 다리가 길어서 다람쥐를 쫓고 개구리에게 달려들기 좋은 체격이다. 꼬리 끝 부분은 낚시 바늘처럼 구부러졌다. 전체적으로 이 개는 고상한 딩고 같아 보인다. 하얀 발가락과 꼬리 끝, 긴 귀가 똑같다. 지금까지 표면적인 DNA 분석은 이런 생각을 부추긴다. 캐롤라이나 개는 딩고, 말라뮤트, 기타 다른 두세 종류의 개들처럼 유럽 개의 유전자가 최소한만 포함되어 있는 고대의 개 *Canis familiaris*일 것이다. 다른 원시 개들처럼 캐롤라이나 개는 굴을 파고 새끼 강아지들을 위해 먹이를 토해낸다.

　　나는 인디언 개들에 대한 역사적인 설명에서, 유럽 탐험가들이 훌륭한 주둥이와 코요테나 작은 늑대와 흡사한 전체적인 외양을 언급한 경우가 많다는 사실을 발견한다. 지금도 그렇듯이 캐롤라이나 개의 색은 다양했다. 그리고 유럽인들은 캐롤라이나 개뿐 아니라 다른 유형의 개들도 자주 설명했다. 나는 마리온 슈워츠Marion Schwartz의 『초기 아메리카의 개의 역사A History of Dogs in the Early Americas』에서 늑대 같은 개, 여우 같은 개, 코요테처럼 보이는 동물, '코가 짧은 인디언 개'들이 있었다는 내용을 발견한다. 특히 '코가 짧은 인디언 개'들은 흔했으며, 해안을 따라 남쪽의 페루에서까지 보고되었다. 나는 두 혈통의 개를 기르는 부족에 대한 글을 읽는다. 하나는 작은 테리어의 크기이고 다른 하나는 늑대나 코요테 정도 되는 크기이다. 수많은 장소의 수많은 유럽인들은, 인디언들이 기르는 큰 개를 체구는 비슷하지만 힘이 더 센 늑대와 짝짓기 시킨다고 기록했다. 일부 관찰자들은 큰 인디언 개들이 '어우' 하고 짖지 않고, 조용히 있거나 '멍멍' 짖는다는 면에서만 늑대들과 구분한다고 썼다. 나는 개들의 삽화를 찾던 중 『자연주의자의 문고A Naturalist's Library』라는 모음집에서 1840년도의 에칭 두 점을 발견한다. "북아메리카 인디언의 개Dogs of the North American Indians"라는 제목의 삽화는 음…… 캐롤라이나 개 한 쌍을 보여준다. 머리는 좀더 넓은 것 같지만 더 부드럽고 지적인 모습이다. 뒤뜰의 야자수와 산맥과 함께 선명하게 그린 다른 에칭은 두 가지 종류를 더 보여준다. 노란색의 '인디언의 운반용 개'는 크고, 다리, 귀, 주둥이가 억세다. 3색의 ‘알코alco’는 3분의 1크기이며 귀가 접혀 있다.

유럽인들의 기록이 정확하다면, 수백 년 전의 개와 인간의 관계는 현대의 관계 유형과 유사하다. 많은 인디언 부족은 개를 훈련시켜서 생태계에 따라 엘크부터 들소까지, 칠면조부터 비버, 심지어 바다표범까지 모든 동물을 사냥하도록 시켰다. 일부 개들은 신에게 바칠 제물로 길렀다. 인디언들은 더 많은 개들을 가족들의 식사에 올리거나 시장에 팔기 위해 살찌웠다. 슈워츠가 『개의 역사 History of Dogs』에 기록한 바에 따르면 스페인 사람들은 아메리카 탐험을 할 때 개를 많이 먹었다. 한편 다른 쪽에서는 많은 인디언들이 개를 먹지 않는 금기를 지켰다. 그들은 개를 실내에서 자게 하고 가족처럼 사랑했다. 심지어 어떤 여성들은 때로 강아지에게 직접 젖을 먹이기까지 했다. 고고학자들은 가끔 사람만큼이나 큰 관심을 받으며 땅 속에 묻힌 강아지들을 발견한다. 때로는 귀중한 개가 죽고 나서 주인이나 여주인과 한 무덤에 묻히기도 했다. 애리조나의 ‘흰 개 동굴White Dog Cave’에서 발견된 서기 100년경의 미라들은 당시 가족 구조를 보여준다. 남자 미라는 크고 하얀 개 옆에 누워 있었고, 여자 미라는 작은 점박이 개와 함께 있었다.

그러나 이 증거 대부분은 최근의 것들뿐이다. 사람과 개는 아시아에서 들어오고 나서 수천 년 동안 여러 가지 다양한 생활양식을 확산시켰다. 그 시기의 사람과 개의 관계는 수수께끼이다. 그리고 유럽인들이 인디언 개를 발견하고 얼마 지나지 않아, 인디언 개들은 거의 소멸해버려서 연구하기에 얼마 안 되는 정보만을 남겼다.

아시아의 개와 사람들이 북아메리카로 걸어 들어온 이후, 다이어울프가 떠났다. 그러나 다른 개과의 동물들은 계속 남아서 팽팽한 긴장 관계를 형성하며 공존했다. 분명 인디언들은 일부 늑대들을 죽였다. 그리고 늑대들은 일부 개를 잡아먹었고, 개들은 일부의 여우를 잡아먹었다. 개들은 늑대를 몇 마리 잡아먹기까지 했을 것이다. 아마 늑대들은 사람도 몇 명 잡아먹었을 것이다. 서부에서는 코요테가 이 난투극에 끼어들었다. 서로 날카롭게 대립하고 있었지만, 새로운 사람들의 물결이 반대 방향에서 이 대륙으로 밀려오기 전까지는 어떤 동물도 멸종하지 않았다.

연이어 동쪽에서 이민자들이 유입되어 유럽인들과 개들이 카리브 해와 북아메리카 동쪽 해안에 정착했다. 이번에는 개들이 엘크와 토끼가 아닌 사람을 사냥하도록 길들여졌다. 스페인 사람들은 마스티프와 그레이하운드를 시켜서, 문제를 일으키거나 행실이 나쁘거나 그냥 가치가 없다고 간주한 카리브 인디언들과 아메리카 인디언들을 공격하게 했다. 슈워츠는 스페인 탐험가들이 때로 인디언 노예들과 함께 여행하다가, 이 노예들을 죽여서 개에게 먹이로 주었다고 기록한다. 스페인 사람들은 도덕적으로 타락하여 주위에서 폭력 사태가 자주 일어났다. 잔혹한 시기였다. 여러 인디언 부족이 적의 여성과 아이들의 머리를 아무렇지도 않게 부쉈다. 포로의 귀를 잘라 그 포로에게 먹이는 것은 일부 부족들에게는 전쟁의 법칙이었던 것 같고, 여러 유럽 연대기 기록자들은 일부 부족들의 식인 풍습을 기록했다. 여러 인디언 부족들이 유럽인들만큼이나 노예 무역에 익숙했다. 내가 갖고 있는 드레이크Drake의 다 해진 1835년

판 『북아메리카의 인디언*Indians of North America*』에는, 유럽인들이 젊은 인디언 여성들을 상대로 매춘을 하는 동안 인디언들은 프랑스인을 시켜 나무와 물을 가져오게 했다는 내용이 있다. 이런 거친 상황에서 이 으르렁거리는 전투견들은 인디언들에게 악몽 같은 존재였을 것이다.

인디언의 인구는 곧 천연두와 다른 전염병들로 인해 유럽인의 숫자보다 적은 정도로 급감했다. 살아남은 많은 사람들이 내 인근 지역을 둘러싼 '대죽음Great Dying'을 피해 동쪽으로 이동하거나 북쪽 캐나다로 갔다. 남은 인디언들과 유럽인들은 약 50년 동안 평화롭게 행동했다. 하지만 늑대들과 곰은 유럽인들의 돼지를 죽이려는 본능을 억누르기를 거부했다. 그리고 나는 유럽인들이 들여온 가금류를 여우들이 대환영했을 것이라고 확신한다. 야생 개과 동물들은 곧 덫과 총을 알게 되었다. 인디언들처럼 이 동물들도 물러나고 죽기 시작했다. 내가 사는 구역의 인디언 개들도 다른 지역의 인디언 개들처럼 유럽인들의 가축을 잡아먹었다고 비난을 받았을 것이다. 그리고 이 개들은 분명히 유럽의 농장견들과 잡종으로 교배되었다. 그러나 살아남은 '개 인간'과 이들의 개들은 영국 왕이 뉴잉글랜드를 무역회사에 양도했다는 사실을 모른 채 잠시 동안 일상생활을 했다.

그러나 유럽인들은 퍼졌다. 빙하기의 대형 동물이 두 다리의 포식동물들에 대해 치명적으로 무지했다면, 인디언들은 이 부동산 약탈자들에게 비슷하게 무지했다. 유럽인들은 이제 해안을 오가며 개간을 하고 나무를 심고 벌목을 하고 선적하며, 소로 인디언 옥수수 밭을 짓밟았다. 인디언들은 상황을 파악했다: 이 뺨이 장밋빛인 사람들이 네발 달린 가축과 함께 집과 고향을 파괴하려고 한다. 뉴잉글랜드에 전쟁이 일어났다. 인디언들은 농장을 불태웠다. 프랑스인들은 인디언과 손을 잡고 영국인들에 맞서 싸웠다. 내가 사는 인근에서는 나의 영국계 미국인 선조들이 새로 지은 요새로 서둘러 도망갔다. 프랑스인들은 이 영국인들을 안전한 영국인 마을로 안내하겠다고 약속하여 꾀어낸 뒤에 대부분을 캐나다로 끌고 가서 프랑스계 캐나다인들의 하인으로 팔았다. 남은 사람들은 64킬로미터 남쪽의 웰스Wells로 물러났다. 마지막 농가가 불에 탔을 때 인근은 한동안 예전의 모습을 되찾았다. 소나무와 자작나무가 들판에서 쑥쑥 자랐다. 10년 뒤에 수많은 평화 협정 중 하나에 따라, 영국인들이 돌아왔다. 그리고 5년 뒤에 더 많은 전쟁, 학살이 일어났고 더 많은 포로가 잡혔다.

그렇게 60년 동안 공포와 평화가 번갈아 나타났다. 우리 마을에서 정치는 소나무와 초원을 번갈아 교대하는 역할을 했던 것 같다. 그러나 매번 인디언들은 더 배고파지고 인구는 줄어들었다. 인디언의 옥수수는 유럽인들의 화염과 동물들에게 취약했다. 유럽인들은 화약과 폭탄이 자기들에게 얼른 돌아올까 두려워서 인디언들에게는 화약과 폭탄을 팔지 않았다. 인디언들은 개를 키울 수도 없었다. 그리고 그들은 총 없이 사냥하는 방법을 잊어버렸던 것 같다. 이민자들은 계속 숲을 점유하고, 경작하고 새로 이름을 붙이며 잠식했다.

이것은 한 국가에 뼛속까지 상처를 줄 만큼 끔찍했던, 오래 계속된 싸움이었다. 아메리카 전역 대부분에서와 마찬가지로 내 인근에서도 인디언들과 인디언의 개들이 사라졌다. 한때 그들은 내 뒤뜰을 관리했다. 이제 그들이 어떤 사람들이었는지 보여주는 증거는 거의 사라졌다. 내가 그들의 개에 가장 가깝게 간 것은 1855년의 그림 한 장이다. 이 그림은 아르무치콰스족과 싸우던 이웃 부족인 카누를 타는 미크맥Micmacs족을 묘사하고 있다. 그림에는 자작나무 껍질로 만든 원뿔형 천막 밖에서 캐롤라이나 개 두 마리가 졸고 있다.

돌아오는 동물들

인디언들이 사라진 뒤 수십 년 동안 내 뜰은 아마 황폐한 초원이었을 것이다. 1800년대 중반의 사진에서 이 땅은 울타리에 가두지 않은 가축들이 다 뜯어 먹은 것 같은 모습이다. 나무는 드물다. 그래서 집도 귀하다. 같은 시대의 한 지도에는 우리 집이 있는 거리는 존재하지 않는다. 현재 백 가구 이상 서 있는 여섯 블록 구역 위에는 건물 열다섯 채만 그려져 있다. 내 땅을 포함한 땅 대부분이 훤히 트여 있다. 나는 이곳이 근처에 다양한 농가를 둔 윌러드 가문에 속한 과수원이나 초지였을 것이라고 생각한다.

나는 벤저민 윌러드 대위의 자서전에서 우리 동네가 1800년대 중반에 이미 도시 근교가 될 운명이었다는 징후를 발견한다. 대위가 훈련시킨 애완동물들을 그린 삽화들에서(윌러드는 점박이 달마시안을 자기 머리 위로 기어오르게 하면서, 애기여새가 점박이의 서커스 모자 위에 앉도록 훈련시켰다), 나는 야생의 땅에서 생물들을 내쫓는 시대가 끝나가고 있는 징후를 읽는다. 대위는 경제적인 기반이 아주 튼튼해서 점박이가 죽었을 때 점박이에게 기념비까지 남겼다. 점박이는 열다섯 살에 눈이 멀어서 의사가 에테르로 이 점박이를 처리했다. 그리고 윌러드 대위는 "50달러 묘석과 함께 땅에 점박이를 묻었다……." 구름이 낮게 드리운 오후, 굳어가는 땅 위에서, 나는 미팅하우스 힐Meetinghouse Hill 위의 이 구역을 수색한다. 화강암 산그늘에 대위의 아치형 석판이 서 있다. 그 석판에는 앞발로 통을 굴리는 개 한 마리가 새겨져 있다. 돌에는 '훈련받은 점박이 개'라고 적혀 있다. 한때 내 뜰에서 울던 늑대들이 길들은 자신들의 사촌이 인간에게 꼬리를 흔드는 것을 봤다면, 분명히 입가를 비틀었을 것이다. 그러나 1800년대 말 점박이 개의 시대에 늑대들은 주 밖으로 밀려났다.

늑대들은 흐름의 일부였다. 1만 2천 년 전에 최초의 사람들과 개들이 어슬렁거린 이후, 내 뜰에서 살 수 있는 동식물들은 점차 줄어들었다. 북쪽으로 줄어든 빙하를 쫓아온 다이어울프, 원시 말, 낙타, 마스토돈이 모두 멸종했다. 그리고 유럽인들이 도착했을 때, 메인 주의 거의 모든 나무는 쓰러졌다. 수입된 말, 양, 염소, 소를 먹이기 위해 들여온 잔디와 경쟁할 수 있는 식물이 거의 없었다. 그리고 이 잔디 카펫에서 살아남을 수 있는 야생동물들도 별로 없었다. 그러나 도시 근교가 이 벌판에 생겨나면서 이런 불모의 경향은 그치고 역방향으로 전환되었다.

도시 근교의 주민들은 나무를 원했다. 그들은 꽃을 원했다. 그리고 그들은 가축을 원하지 않았거나, 가축 기르는 것은 허용되지 않았다. 뒤뜰은 다양성의 오아시스가 되었다. 물론 뒤뜰에 사람들이 심은 식물들은 대개 아시아 토종이었으며 뉴잉글랜드 토종이 아니었다. 그렇지만 이 식물들은 많은 수의 배고픈 곤충과 씨앗을 찾는 쥐에게 맛있어 보였다.

대형 동물들은 새로운 환경에 더 느리게 적응했다. 코요테는 늑대와 탈 없이 영역을 공유하지 않을 것이다. 그러나 사람들은 늑대들을 캐나다와 멕시코 깊숙이 밀어넣었다. 이 노란 개과 동물들은 동쪽으로 코를 킁킁거리며 왔다. 야행성이며 대담한 이 동물들은 사람 근처에 사는 것이 참을 만하다고 결론을 내리고 있다. 근교의 주민들이 이 동물들을 덫으로 잡거나 총을 쏘는 것이 금지되어 있어도 별 문제없을 것이다. 이제 늑대가 주민들의 돼지를 향해 짖는 대신에 코요테들이 같은 인근의 고양이와 개를 향해 울 뿐이다.

흰꼬리사슴도 비슷한 생각이다. 사냥하는 사람들이 점점 적어지면서, 엄청나게 늘어난 사슴 개체군은 껑충껑충 뛰어 먹이가 풍부한 근교 깊숙이 가고 있다. 까마귀들도 마찬가지다. 회색다람쥐도 마찬가지다. 그리고 그전 밤에는 한 이웃이 훈련받은 점박이 개가 누워 있는 묘지 주위를 말코손바닥사슴 한 마리가 어슬렁거리는 것을 보았다. 동물계의 재유행을 보니 빙하기 후기가 되돌아온 것 같다. 경작과 벌목으로 이 땅에는 야생동물이 거의 없어졌다. 이제 농업이 끝이 나자 이 땅은 다시 동물들로 가득 차고 있다. 우리 지역을 탐색한 가장 최근의 토종 생물은 야생 칠면조이다. 풍채 좋은 이 새들은 사람들에게 사냥당하여 거의 멸종할 위기에 처했지만, 이제는 근교의 도로에서 장난치며 새 모이통을 공격한다. 근교의 사무실 건물에서 일하는 한 친구가 주차장의 차에 앉아 있는 이 칠면조의 사진을 이메일로 내게 보낸다.

옛 시대의 개과 동물인 늑대도 마을로 흘러 들어와서 캐나다 국경 근처의 한 기지에서 활동을 시작하고 있다. 메인 주에서 이번 세기에 목격된 최초의 늑대는 1993년에 곰이 무엇인지 개념이 없었던 것 같은 곰 사냥꾼의 총에 맞았다. 다음 늑대는 해안으로 나와 덫에 걸리고 총에 맞았다. 늑대들이 서서히 돌아오는 것인지도 모른다. 만약 늑대들이 총, 덫, 코요테의 시련을 극복하고 남쪽으로 여행을 하기에 충분한 먹이를 찾을 수 있다면, 얼마나 흥미로운 일이 일어날까? 늑대들은 인디언들의 곁에서 함께 살았다. 유럽인들은 값싼 총알, 덫, 독약으로 늑대를 마구잡이로 잡아 없앴다. 아마 이런 마구잡이식 사냥이 없다면 늑대들도 근교의 생활양식을 마음에 들어할 것이다. 방문자가 안 좋은 일도 일으켰다. 퓨마들은 최근 볼더Boulder와 다른 서부 도시들의 근교에서 풀을 먹는 사슴을 발견하고, 고양이와 개를 포함하여 먹이를 다양하게 늘리고, 때로는 호모사피엔스까지 먹었다. 그러나 가로등이 켜진 교외에서 늑대의 맑은 울음소리를 듣고 일어나는 것은 얼마나 두근거리는 일일까? 첫눈 위에 찍힌 늑대의 큰 발자국을 발견한다면 얼마나 신이 날까? 잡초 사이에서 창자가 빠진 참새가 아니라 사슴의 반질반질한 검은 발굽과 황갈색 다리를 본다면 얼마나 흥미로울까?

훈련받은 점박이 개는 언덕 위의 묘지 안에서 여전히 뒹굴고 있다.

8 떡갈나무의 싸움

청동색 털의 광택이 내 눈길을 끈다. 번개 모양 줄무늬가 정체를 드러낸다. 잔디를 가로질러 구멍으로 뛰어가는 얼룩다람쥐 뻔뻔이다. 무언가 뻔뻔이의 입에서 불쑥 나온다. 내 사랑스러운 친구는 자기 손으로 도토리 하나를 찾았다.

나는 뻔뻔이의 식생활에 대해서 걱정하고 있었다. 나는 해바라기 씨앗이 얼룩다람쥐에게는 정크푸드와 같다는 글을 읽었다. 그러나 다른 먹이에 큰 장점이 있다고 뻔뻔이를 납득시키지는 못했다. 나는 날씨가 추워지면 뻔뻔이의 작은 몸은 더 중요한 양분을 필요로 할 것이라고 생각했다. 유일하게 바뀐 것은 녀석의 작업 시간표였다. 녀석은 오전 8시에 집에 후다닥 들어오는 대신에 9시에 그리고 9시 30분에 나타난다. 흐린 날에는 열한 시나 되어야 내 무릎을 발톱으로 칠 것이다. 대신 뻔뻔이는 혼자서 일하며 먹이를 다양하게 늘리고 있다. 나는 그날 늦게 내 사무실 창밖에서 내 눈 높이에 있는 뻔뻔이를 발견한다. 뻔뻔이는 산벚나무 위로 6미터 올라와 있다.

　나는 뻔뻔이의 번개 모양 줄무늬를 만지고 털에서 풀잎 냄새를 맡을 수 없게 되는 것을 아쉬워한다. 그리고 뻔뻔이가 너른 곳에서 춤을 추며 고양이와 매에게 노출되어 있는 것을 보는 것이 싫다. 실내의 씨앗 접시로 오는 길은 덤불로 잘 가려져 있는데. 하지만 본능이 치솟아서 뻔뻔이가 습관을 깰 수 있다는 사실이 기쁘기도 하다. 또 떡갈나무들이 뻔뻔이를 굶주리게 하려고 공동의 노력을 하고 있는 지금 뻔뻔이가 일 년 만에 도토리를 찾을 수 있게 됐다는 사실이 뿌듯하다.

　정말 그렇다. 도토리 수확이 변변치 않은 것은 우연이 아니다. 떡갈나무들은 머리를 함께 맞대고 설치류 개체수를 줄이자는 결정을 했다. 인근 지역 전체에 걸쳐서, 그리고 아마 뉴잉글랜드 전체에 걸쳐서, 떡갈나무는 생장을 자제하고 있는 것 같다. 나무들은 모두 최소한의 도토리만 생산하고 있다. 일부는 도토리를 하나도 생산하지 않고 있다. 그 결과 도토리를 주식으로 먹고 사는 사슴, 곰, 다람쥐, 새는 흉작에 맞추어 작은 가족을 계획하거나 아예 가족계획조차 하지 않고 있다. 올해 배고픈 동물들이 도토리를 모두 먹어치운다 해도 이 나무들은 견딜 수 있다. 이 나무들에게는 번식할 기간이 수십 년은 있다. 그리고 몇 년 뒤에 도토리를 먹는 동물들의 숫자가 줄어들면, 이 나무들은 신호를 보내고 고개를 끄덕이며 엄청난 수의 도토리를 쏟아낼 것이다. 줄어든 동물 개체군은 이 도토리를 모두 수확할 수 없을 것이다.

　나는 이 '도토리 조절' 전략을 처음 들었을 때 설마 그럴리 있겠느냐고 생각했다. 나무들에게 비밀 의사소통 체계가 있다거나, 석유수출국기구OPEC와 같은 도토리 카르텔이 있다는 것이 믿겨지는가? 그러나 초기의 연구로부터 판단할 때 이보다 훨씬 간단한 일이다. 이 나무들은 날씨에 대응하도록 진화했다. 가뭄과 열기가 어느 정도가 되면 일종의 화학 단추들이 눌러져서 나무들이 도토리를 많이 맺게 된다. 진화는 우연히 이런 주기에 참여한 나무들에 보상했다. 전 세계의 나무들은 다양한 날씨 유형에 대응하도록 진화했다. 예를 들어, 북아메리카 동부의 나무들은 초여름에 가뭄이 들 때에 열매 시계를 맞춰놓았다. 그 이듬해에 이 나무들은 열매를 많이 맺는다. 다른 종들 사이의 협력 역시 지역별로 다양하다. 극단적인 경우, 보르네오에서 나무 400여 종이 엘니뇨의 신호에 반응하여 모든 나무들이 씨앗을 먹는 곰, 오랑우탄, 잉꼬, 사람들에게 씨앗 폭풍을 퍼부었다.

모든 나무가 동물 굶주리기 전략을 완벽하게 따라가는 것은 아니다. 내 집에서 서쪽으로 800미터 떨어진 곳에 사는 내 친구 뎁은 올해 도토리가 떨어지는 소리에 잠을 자지 못했다. 그 친구 집의 차도는 노란 과육으로 덮여 있다. 친구의 나무는 올해 도토리를 생산하고 있으며, 그 결과는 지긋지긋할 정도다. 아마 이 나무가 돌연변이거나, 이 나무의 직접적인 물이나 양분 상황에 반응하는 유전자가 더 큰 이익을 위해 활동한 유전자를 압도했을 것이다. 이런 일은 야생의 숲에서도 일어난다. 모든 나무가 함께 활동하는 것은 아니다. 하지만 나무 대다수가 그렇게 하기 때문에 도토리 만드는 일이 동시에 일어난다.

완전히 파악하려면 이 '포식동물 포만' 이론만으로는 충분하지가 않다. 이와 경쟁하는 한 가설은, 나무들이 양분과 물을 완벽하게 흡수한 뒤에 많은 도토리를 생산한다고 주장한다. 또 다른 가설은, 바람에 의존하여 수분을 하는 나무는 다른 꽃으로부터 꽃가루를 받아 타화수분을 하기 위해서 동료 나무들과 동시에 꽃을 피울 필요가 있으며, 이 수분 방법이 동시성을 향하여 진화하도록 이끌었다고 말한다. 이 세 가지 요인 모두가 역할을 한다고 해도 나는 납득할 것이다. 또 나무들의 주요 목표가 도토리를 훔치는 동물들을 물리치기 위한 것이라고 해도 떡갈나무를 탓하지 않을 것이다.

올해처럼 도토리 수확량이 적을 때에 내 북미 상수리나무는 몇백 개의 도토리만을 생산할 것이다. 이 도토리 하나하나는 새로운 상수리나무가 될 잠재력을 지니고 있다. 그러나 아무것도 성공할 것 같지 않다. 도토리는 단백질 함량은 낮지만 지방 함량은 높은 매력적인 열량 덩어리이다. 노아의 방주에 탔던 만큼의 동물들이 매년 도토리가 익기를 기다린다. 도토리 도둑 150종에는 긴코바구미, 쥐, 파랑어치, 딱따구리, 칠면조, 여우, 멧돼지, 사슴, 곰이 포함된다. 도시 근교와 도시에서 조류와 작은 설치류는 가장 식욕이 왕성한 동물들이다. 이 모든 동물들 중에서, 두세 종만 먹이에 적절한 대가를 치른다. 다람쥐들과 파랑어치들은 도토리가 싹틀 확률을 극대화하는 방법으로 도토리를 묻는다. 이 동물들은 나중에 도토리들을 파헤치곤 한다. 그러나 녀석들이 어디에 도토리를 묻었는지 잊거나 그전에 죽는다면 떡갈나무가 이득을 보게 된다. 이와 대조적으로 긴코바구미, 사슴, 딱따구리, 곰은 그 자리에서 도토리를 씹어 먹거나, 도토리가 자랄 수 없는 나무 구멍이나 빗물 홈통에 도토리를 집어넣는다.

도토리 조절 전략은, 다람쥐의 개체수를 조절하는 외에도 생태계 전체에 예기치 않은 파문을 일으킨다. 최근 조사 결과, 도토리 수확량이 많은 해에는 사슴과 쥐의 개체수가 많고 그 결과 라임 병을 옮기는 진드기가 많아진다. 이에 비해, 도토리 수확량이 적은 해에는 매미나방 번데기를 먹는 쥐의 개체수가 줄어든다. 따라서 도토리 수가 줄어들면 매미나방이 평소보다 많아질 수 있다. 자연은 복잡하다.

뜰 안의 다른 나무들도 떡갈나무만큼 열매 생산이 적다. 미국꾀꼬리가 남긴 사과 몇 개를 누군가 먹고 거름 덩이에 싸인 씨앗을 배출한다면, 이 사과들은 이득을 볼 것이다. 이 과일은 녹색 위장복을 빨간색과 노란색으로 바꾸어 달콤한 과육을 광고한다. 그러나 사과를 따가는 동물들은 없다. 사과는 썩어서 떨어진다. 옻나무도 열매를 못 맺는다. 장미꽃풍뎅이 수천 마리가 여름에 일찍 핀 꽃 속에서 모든 꽃을 먹어치우며 진탕 놀았다. 산딸기가 한 알도 맺히지 않았다. 아, 뭐. 나무는 잘 견딘다.

나무들의 전쟁

내 나무들은 한창 전투 중이다. 이 나무들의 열매를 누군가 훔쳐가고, 매일 이 나무들의 잎은 산 채로 뜯어 먹힌다. 이 나무들에는 이 나무의 한 조각을 원하는 초식동물들이 기어 다니고 있다. 나는 사다리를 타고 떡갈나무에 올라가서 낮은 나뭇가지 사이에 앉는다.

　　미묘한 움직임이 내 주의를 끈다. 잎 표면에 소금 결정 크기만한 하얀 미소微小동물animalcule들이 움직인다. 미소동물들은 잎을 먹고 있을까? 아니면 잎에서 흘러나오는 액체를 먹는 곰팡이를 먹고 있을까? 내가 녹색 알약이라고 생각한 반짝이는 작은 파리 한 마리가 진딧물을 찾아 잎들을 지나 미끄러져가고 있다. 작은 주황색 거미는 장미 모양으로 난 잎들에 걸쳐둔 거미집에 매달려 있다. 나는 모기 한 마리를 찰싹 쳐서 거미에게 선물을 주려고 하지만, 불쑥 나타난 내 손과 모기 시체 때문에 거미가 겁을 먹고 탈출줄 위로 뛰어 내려간다. 모기는 다시 살아나 풀려난다. 거미가 돌아온다. 이 나뭇가지의 끝에는 중간 크기의 갈색 '활발마을' 개미가 있다. 녀석은 마주치는 모든 나뭇가지를 조사하면서 사냥하고 있다. 녀석은 나무줄기 3.6미터 위로 올라와서, 또 나뭇가지를 타고 3미터 더 올라가서 끝까지 먹이를 찾아갔다. 떡갈나무 가지 하나에서 이렇게 많은 동물들을 찾을 수 있다면, 주위에서 바쁘게 살고 있는 다른 동물들은 몇 마리나 될지 상상해보라. 이 나무는 그 자체로 하나의 세계로서, 곤충들의 회사가 가득 차 있는 마천루라고 할 수 있다.

　　가까이에서 자세히 조사해본 떡갈나무 잎은 전투에 지쳐 있다. 나는 이 떡갈나무 잎 두세 장에서 물어뜯긴 자국과 구멍 숫자를 세어본다. 잎 한 장당 평균 손상 부위는 350군데이다. 내가 본 모든 잎이 난타를 당했다. 어떤 것은 가시까지 박혀 있다. 모든 잎줄기 역시 씹혀 있으며 검은 반점이 나 있다. 나무는 산 채로 먹히고 있다.

동물과는 달리 나무는 적이 다가와도 일어서서 도망칠 수가 없다. 그리고 15미터 높이의 떡갈나무는 숨을 수가 없다. 떡갈나무는 뿌리를 내린 식량 탑이다. 잎들이 연한 녹색 별 모양이던 5월에 떡갈나무는 저항할 수 없었다. 숲에서는 사슴과 토끼가 가장 낮은 곳의 잎도 순식간에 해치웠겠지만, 이 동물들은 내 뜰에 없다. 대신 다람쥐들이 그 빛나는 잎을 갉아 먹었다. 잎이 억세지면서, 나무는 곤충 떼의 침입을 받았다. 물집을 만드는 말벌과 진드기는 잎과 가지에 알을 낳고, 떡갈나무 세포를 자궁으로 이용했다. 나뭇잎들 위에는 딱정벌레, 파리, 나방, 말벌의 화려한 행렬이 알을 낳아 어린 '잎 광부'를 생산했다. 이 애벌레들은 떡갈나무 나뭇잎의 윗면과 아랫면 사이에 갈색으로 말라비틀어진 길을 뚫는 데 며칠을 보냈다. 나무껍질 아래에서도 베이지색 떡갈나무좀 애벌레가 깨어나 단단한 나무를 톱밥으로 바꾸었다. 작은 매미나방 애벌레는 새 잎을 씹어 구멍을 냈다. 애벌레가 자라고 탈피하면서 더 큰 구멍을 냈다.

내 떡갈나무는 초식동물의 공격을 순순히 받지만은 않았다. 나는 첫 번째 방어선을 경험하기 위해, 스스로 떡갈나무 나뭇잎을 몇 입 뜯어 먹는다. 구멍, 혹, 갈색 상처가 없으면서 물어뜯을 만한 부분이 있는 잎을 힘들게 찾았다. 정확한 측정을 위해 이 잎을 씻었다. 그리고 나서 적절한 구간을 잘라서 씹어 먹는다. 처음에는 불쾌한 맛은 아니고 아주 풋내가 가득하다. 그러나 잎이 부서지면 씁쓸한 맛이 난다. 민들레처럼 떫은맛은 아니며, 홍차의 좋은 풍취가 있다. 그러나 신경이 쓰이는 점, 즉 내가 곁들이는 요리로 데친 떡갈나무 나뭇잎을 내놓지 않는 이유는 이 잎이 내 침에 어떤 작용을 한다는 것이다. 침이 진해지는 것 같다. 침이 아주 미끌미끌하다. 그리고 내 입 안쪽에서 좀 이상한 감각이 느껴진다. 음, 이제 도토리를 먹어볼 시간인 것 같다.

　　나는 이빨 자국이나 바구미 구멍이 없는 좋은 도토리 한 개를 발견한다. 도토리의 윗부분을 비틀어서 버리고 깨끗하게 씻는다. 나는 혼동을 줄 수 있는 보툴리누스 중독증이 내 실험에 끼어드는 것을 방지하고 싶다. 앗, 바구미 구멍을 알아채지 못했다. 구멍 안쪽이 까맣고 불량스럽다. 다음 것도 그렇고 그 다음 것도 그렇다. 올해 도토리 생산량이 적었기에 내 시도는 실패했다. 바구미들은 도토리 생산량이 적은 해에는 거의 모든 도토리를 얻을 수 있다. 다람쥐들도 도토리를 일부 얻고, 바구미들은 손상된 도토리를 취하지 않기 때문에 바구미들은 도토리 몇 개는 놓쳤을 것이다. 그러나 설치류와 곤충 사이에서, 내게는 도토리가 한 개도 남지 않았다. 그러나 나는 어릴 적에 도토리를 깨물어본 기억이 있고, 그 기억으로는 건조한 쓴맛이다.

　　떡갈나무의 잎과 열매는 모두 타닌 화합물에 싸여 있다. 타닌은 맛이 고약하지만, 그것이 첫째가는 특징은 아니다. 내가 식물 세포를 씹었을 때, 타닌의 작은 묶음이 깨지고 과육과 섞였다. 타닌 분자들은 잎살 속의 양분이 풍부한 단백질 분자를 찾아 결합했다. 내 몸은 변경된 분자들을 흡수하느라 고생해야 했다. 나는 이 반응이 내 침의 질감을 바꿨다고 생각한다. 아마 이 변경은 내게 먹은 것을 뱉으라는 신호를 보냈을 것이다. 나는 그 씹은 잎을 삼키고 나서 무슨 일이 일어나는지 보기를 원했지만, 내 뇌의 파충류적 부분은 내 침이 끈적끈적해진 것을 소화 불량의 경고로 해석했을 것이다. 뇌는 즉시 내게 잎을 삼키지 말도록 신호를 보냈다. 떡갈나무 나뭇잎을 먹었다고 해도 내 몸에 해를 끼쳤을 것 같지는 않다. 그러나 일부 곤충들은 타닌 함량이 높은 식물을 먹으면 성장이 더뎌진다. 치명적인 타격은 아니지만, 나무 입장에서는 비밀스러운 전략의 하나이다. 성장이 지체되면 애벌레는 더 오랫동안 새와 다른 포식동물들에게 노출되면서 먹이를 찾게 된다. 헤헤!

그렇다면, 동물들이 잎을 먹는 것을 타닌이 지연한다면 왜 떡갈나무들은 더 많은 타닌을 생산해서 잎을 먹는 모든 동물을 쫓아버리지 않을까? 우선, 타닌을 만들려면 도토리에 흘러들어갈 수 있는 나무의 에너지를 소모해야 한다. 또한 타닌이 함유된 도토리는 긴코바구미를 불쾌하게 만들겠지만, 다람쥐 역시 불쾌하게 만들 것이다. 다람쥐는 도토리가 부족할 때는 타닌 함량이 높은 도토리도 먹겠지만, 타닌 함량이 낮은 도토리를 더 좋아한다. 떡갈나무가 너무 솜씨 없게 타닌 함량을 높인다면, 도토리를 심는 다람쥐들은 더 달콤한 나무의 단골이 될 것이다. 떡갈나무는 방어를 적절하게 이용하여 씨앗을 심는 협력하는 동물들과 기분 좋은 관계를 유지해야 한다.

씨앗으로 도움을 받을 필요가 없는 식물들은 거리낌 없이 더 비열해진다. 예를 들어, 내 산딸기 근처에서 자라는 아스클레피아스는 바람으로 씨앗을 퍼뜨린다. 그러므로 아스클레피아스는 공격자들의 신경계를 괴롭히도록 설계된 더 고약한 화학물질을 이용할 수 있다. 아스클레피아스의 하얀 유액은 맛이 쓸 뿐만 아니라 곤충에게 심장마비를 일으킬 수 있는 알칼로이드alkaloid 화학물질을 함유하고 있다. 소처럼 큰 동물조차 때로는 아스클레피아스를 많이 먹고 죽는다. 이 약은 독을 만들지만, 사람들은 많은 식물 알칼로이드를 적절한 양으로 즐기는 법을 배웠다. 담배는 알칼로이드를 만든다. 커피나무 역시 알칼로이드를 만든다. 양귀비와 코카나무도 알칼로이드를 분출한다. 우리는 의도적으로 그런 화학물질을 추출하여 우리 신경계를 괴롭힌다. 니코틴, 카페인, 모르핀, 코카인은 우리가 알고 있는 가장 매혹적인 화학물질이다.

내 뜰의 소나무는 또 다른 흔한 화학무기인 테르펜terpene을 만든다. 어떤 테르펜은 곤충을 즉사시킨다. 다른 테르펜은 애벌레를 불임으로 만들거나, 식욕을 없애거나, 탈피를 너무 빨리 일어나게 하여 정상적인 성장을 방해한다. 사람들은 알칼로이드를 이용하듯이 테르펜을 이용하는 방법을 발견했다. 우리는 소나무를 이용하여 테레빈유, 송유, 로진rosin(송진에서 테레빈유를 증류시키고 남은 수지樹脂. 비누, 도료 등의 재료이며, 현악기의 활이 미끄러지는 것을 방지하는 데도 사용한다—옮긴이)을 만든다. 우리는 장뇌camphor를 장뇌나무가 사용하는 것처럼 곤충을 물리치는 데 이용한다. 우리는 박하에서 테르펜 멘톨 성분을 얻는다. 내가 내 잔디의 풀을 조사하고 손을 씻을 때 썼던 비누풀은 비누 같은 테르펜을 이용하여 딱정벌레, 진드기, 나방과 나비의 애벌레 떼에게 독을 퍼트린다. 기타 등등. 대부분의 식물에는 한 가지 이상의 화학 방어 기술이 있다. 타닌도 여러 식물에 함유되어 있다.

내 식물 중 일부는 기계적 방어에 의존하기도 한다. 떡갈나무는 잎과 열매에 쓴맛이 있을 뿐더러 목질과 잎에 양분이 없는 섬유질과 목질소가 있어서 질기다. 동물이 먹이에서 얻는 열량보다 먹이를 씹느라 쓰는 열량이 더 많다면, 곧 수익성이 더 좋은 먹이를 찾을 것이다. 소나무는 송진을 이용하여 껍질에 구멍을 뚫는 곤충을 붙잡는다. 산딸기에는 가시가 있어서 초식동물들을 쫓는다. 담배*Nicotiana*는 끝이 뾰족한 털의 독성 니코틴을 이용하여 잎을 보호한다.

　내 떡갈나무는 이렇게 화학적 방어와 기계적 방어를 하는 외에도, 함께 세균과 맞서 싸우는 공동투쟁집단의 일부이기도 할 것이다. 동물에게 씹히거나 감염된 식물은 공기 중에 특별한 화학물질을 방출한다. 떡갈나무가 동료 떡갈나무의 고통 신호를 감지하면, 더 조심하고 자신의 방어를 더욱 강화할 것이다. 균류나 유충들이 어떻게든 공격한다면, 내 떡갈나무는 다른 화학 신호인 '밥 먹자!' 경보를 내어 자신을 공격하는 생물의 포식동물들을 끌어올 것이다. 이것은 세력을 과시하는 꽤 현명한 방법이다.

　'말하는 나무'에 대한 대부분의 실험은 담배와 세이지처럼 작고 다루기 쉬운 식물을 대상으로 이루어졌다. 그러나 점차 연구자들은 보다 많은 식물들이 주변의 식물들이 벌레와 싸우고 보호하려고 반응할 때 그 사실을 알아차린다고 생각하게 되었다. 야외의 나무들을 대상으로 한 몇 가지 실험 중 하나에서, 연구원들은 유럽 검은오리나무에 대해 초식동물의 역할을 했다. 연구원들은 이 나무의 잎을 뜯어내어 이론상 나무가 화학적으로 소리를 지르도록 자극했다. 그리고 연구원들은 잎을 뜯어내지 않은 주변 나무들이 겪는 자연적인 공격의 양을 관찰했다. 잎을 뜯긴 나무에서 가장 가까운 나무들이 잎을 가장 덜 갉아 먹혔다. 아마 이 나무들은 화학적인 외침을 감지할 수 있어서 방어 화학물이 가득한 잎을 만들었을 것이다. 작은 식물들로 한 실험은 이 단계 모두를 보여준다. 잎이 찢겨진 세이지는 메틸자스몬산methyl jasmonate을 분출한다. 잎이 찢겨진 세이지에서 바람 부는 쪽으로 있는 토마토나 담배는 방어 화학물질을 발산한다. 그리고 이 식물들은 초식동물의 공격으로부터 자신을 지킨다.

식물들은 외침에 따라 놀랍게 정교해질 수 있다. 연구원들은 담배를 대상으로 야외 실험을 하면서 어떤 담배에는 회색담배나방tobacco budworm의 유충을 두고, 다른 담배에는 큰담배밤나방corn earworm의 유충을 뒀다. 각기 다른 담배 잎을 먹는 곤충들은 자기가 씹어 먹는 담배에서 열두 가지 화학물질의 서로 다른 혼합물을 끌어냈다. 회색담배나방 유충을 먹는 기생 말벌 한 종이 적시에 나타났고, 이 말벌은 회색담배나방 유충이 공격하고 있는 식물로 날아갔다. 과학자들은 화학물질의 외침을 실험하면서, 야생 담배 역시 일상적인 대항 수단으로 야간에 구충제를 방출하는 듯하다는 점에 주목했다. 이는 나방들이 담배 위에 알을 낳지 못하게 막는 것 같다. 식물의 화학물질 세트의 결합된 효과는 인상적이다. 과학자들은 한 연구에서, 한 식물이 가능한 곤충 공격의 90퍼센트를 저지한다고 계산했다.

식물들은 박테리아 감염의 문제를 가지고도 의사소통할 것이다. 많은 식물은 잎이 훼손될 때, 조직에 침입한 미생물을 태우는 산소를 주입한다. 식물들은 항생제 증기 구름을 공기에 방출하기도 한다. 과학자들은 근처의 식물들이 이 증기를 경고로 받아들이는지 아닌지는 결론짓지 못했다. 이것은 새로운 연구 분야로 불확실성이 크다. 하지만 내 주위의 공기는 화학적 전보로 가득한 것 같다. 한 곤충의 침에 든 화학성분이 내 떡갈나무에서 한 형태의 화학반응을 일으킬 수 있고, 다른 곤충의 침에 든 화학성분이 다른 반응을 이끌어낸다는 것은 큰 무리가 없어 보인다. 나의 면역 체계도 어떤 면에서는 이와 비슷하게 작용한다. 또한 육식 말벌이 떡갈나무에서 유출된 스트레스성 화학물질의 냄새를 맡을 때, 활기를 띠도록 진화할 수 있었다는 것도 놀라운 일은 아니다.

그래서 내 나무들은 무력하지 않다. 나무들은 빈틈없이 무장하고, 나무들의 적인 곤충들보다 훨씬 더 오랜 시간 동안 번식한다. 나무들이 건강하면, 매미나방 유충이 잎을 모두 먹어도 견딜 수 있다. 그리고 그런 일이 때때로 일어난다. 진화적 군비경쟁에서, 내 떡갈나무는 일부 전투에서 이겼지만 전쟁은 결코 끝나지 않는다. 돌연변이가 발생하기 때문이다. 때로는 돌연변이로 나무가 새로운 방어 수단을 얻고 다른 때에는 돌연변이가 초식동물에 새 무기를 부여한다. 풀을 먹는 매미나방은 현재 떡갈나무보다 앞서 있는 돌연변이이다.

몇 년 전에 내가 떡갈나무 인근에서 살았을 때, 매미나방 유충이 엄청난 수로 늘어났다. 매미나방 유충들은 차도 전체와 우리 집 옆의 나무줄기 위까지 무리를 지어 꿈틀거렸다. 그리고 유충들은 먹이를 먹어치웠다. 차도의 다른 끝에서 이 유충들이 공격한 나무들은 헐벗은 뼈대만이 남았다. 내 나무의 잎들은 곧 유충의 고기, 그리고 똥으로 전환되어 갈색 덩어리가 집, 고양이, 잔디를 덮었다. 유충이 턱으로 갉아 먹는 소리가 들릴 정도였다. 내 나무가 모조리 먹혀서 회색 가지로 되돌아갈 때까지 유충들은 계속 움직였다.

어떻게 된 일일까? 매미나방은 왜 먹기에 힘든 타닌을 먹는 데 에너지를 모두 써서 굶어 죽지 않을까? 과학자들은 아직 이 유충들이 정확히 어떤 방법을 써서 떡갈나무 나뭇잎에서 모든 양분 조각을 묶고 타닌을 분리하는지 모른다. 그 방법이 무엇이든 아직 완벽하지는 않다. 떡갈나무 나뭇잎을 먹는 매미나방들은 다른 식물을 먹는 친척들보다 더디게 성장한다. 그러나 펜실베이니아 주 연구팀의 잭 슐츠Jack Schultz는 이 유충들이 타닌을 뽑는 방법을 두 가지 찾은 것 같다고 내게 말했다. 첫 번째 방법은 애벌레가 자신의 장을 이례적으로 잘 산화시켜서, 타닌이 단백질에 붙기보다는 서로 붙어 있게 만드는 것이다. 또 두 번째 방법은 타닌이 애벌레 장의 지방 분자에도 붙게 하는 것이다. 이렇게 하면 유충의 일부 지방이 줄어들지만, 다른 양분을 흡수할 수 있다.

도토리를 먹는 다른 동물들 역시 떡갈나무 이상으로 변이했다. 다람쥐들은 도토리가 풍부할 때는, 도토리에서 타닌이 가장 적은 부분만 먹도록 진화했다. 다람쥐는 도토리의 맨 위만 씹어 먹고 나머지는 남길 것이다. 사슴은 타닌과 맞서는 특별한 침을 발달시켰다. 비록 내 혀는 떡갈나무 잎에 반감을 갖고 있지만, 인간 역시 그런 특별한 침을 발달시켰다. 내 침 속에 있는 특별한 단백질이 타닌을 묶어 내 몸으로 끌고 들어가서 타닌이 도토리 단백질을 강탈하는 것을 막는다. 타닌은 식물 세계에서 아주 보편적이고 식물은 사람들이 보편적으로 먹는 음식이기 때문에, 우리가 타닌을 처리하는 기술을 발달시킨 것은 논리적인 결과이다. 그렇지만 타닌 함량이 높은 도토리를 처리하기 위해 사람은 기술에 의존했다. 많은 미국 인디언 주민들은 도토리를 가루로 만들어 타닌을 새어나오게 했다.

때로는 식물의 화학 방어를 꺾은 동물이 더 진화하여 그 화학물질을 이용하기도 한다. 제왕나비monarch butterfly가 그런 동물이다. 제왕나비 유충은 아스클레피아스의 심장 유해 성분을 먹고 몸속에서 이 독을 분리시켜, 새들이 이 유충을 먹기 두렵게 만든다(많은 동물들과 마찬가지로 이 제왕나비는 "내가 쉬워 보이지만 뭔가 함정이 있을 걸"이라고 말하듯이, 밝은 색으로 끔찍한 맛을 선전한다. 진화의 사기꾼인 총독나비viceroy butterfly는 쓴 음식을 먹지 않고, 제왕나비의 색만 흉내 낸다). 담배박각시나방tobacco hornworm은 담배의 독성 아트로핀을 가지고 제왕나비처럼 한다. 녹색의 커다란 담배박각시나방은 아트로핀 독에 굴복하지 않고, 대신 아트로핀을 몸속에 저장하여 적을 쫓아버린다. 그리고 펜실베이니아 주의 매미나방 연구자들은 매미나방 유충들이 떡갈나무의 타닌으로 자신들을 치료해서 치명적인 '시들음병' 바이러스와 맞선다고 말한다. 매미나방 유충들은 자신들을 쫓아내는 바로 그 화학물질을 이용한다. 우리 인간도 떡갈나무의 지적재산권을 도용하여 타닌의 항바이러스 특징을 실험한다.

올해 내 떡갈나무는 큰 재앙을 피했다. 어떻게 그랬는지는 확실히 모르겠지만, 아마 두세 블록 떨어진 공원의 떡갈나무들이 떡갈나무 해충 떼의 습격을 받았기 때문일 것이다. 작은 나방 애벌레는 현재 나무 꼭대기에서 실을 타고 썩은 나뭇잎 더미로 겨울을 나러 내려오고 있다. 수많은 나방 애벌레들이 매달려 있어서 떡갈나무의 가장자리가 커튼처럼 빛난다. 내 나무에서는 이런 벌레들의 줄이 한 쌍만 있다. 이 잎들은 색이 진하고 아직 햇빛 속에서 팔랑거린다. 증명할 수는 없는 내 개인적인 이론은, 내 나무가 문제거리의 냄새를 잘 맡는다는 것이다.

도시 나무의 가치

뒤뜰의 나무들은 도시의 생활양식과 관련해서 특별한 도전을 받는다. 그러나 이 나무들은 이익을 얻기도 한다. 역설적으로 도시의 나무들이 가장 클 때가 많다. 내 까마귀들에게 물어보라. 코넬대학교의 까마귀 전문가 케빈 맥고완은 나무의 크기가 까마귀를 도시로 끌어들이는 중요 요인 중 하나라고 주장했다. 나는 도시 나무가 자연 환경에 있는 나무보다 더 크게 자라는 것이 이상하다고 생각했지만, 그 차이에는 논리적인 이유들이 있다. 한 가지 이유는, 도시 나무는 종이와 합판을 만들기 위해 잘리지 않기 때문이다. 요즘에는 공원과 오래된 주택지에 가장 오래 자란 수목들의 숲이 있다. 거리의 나무들과 뒤뜰의 나무들은 경쟁이 줄기도 했다. 이 나무들은 숲속 나무들처럼 빽빽하게 들어차서 빛과 물을 두고 싸우는 경우가 거의 없다. 내 떡갈나무 같은 도시 나무의 뻗은 가지들 모양새는 넓고 효율적이다. 또 도시의 나무는 같은 종류의 나무들과 떨

어져 있기 때문에 애벌레들의 피해를 입거나 바이러스 전염병에 걸
릴 가능성이 적다.

　　도시의 나무는 도시의 더러운 공기로부터 도움을 받기까지
한다. 내가 차를 타고 볼일을 보러 다니는 동안 내 차 엔진은 질소
를 비롯한 수많은 물질을 공기 중으로 내보낸다. 질소는 우리가 보
는 관점에 따라 유해물질이 될 수도 있고 비료가 될 수도 있다. 유
해물질이라는 관점에서 보면, 질소는 대기의 물방울과 결합하여 산
성비가 된다. 산성비는 식물에 해를 입힌다. 그리고 질소가 함유된
비는 호수와 연못의 조류를 살찌워서 물에 서식하는 다른 생물들을
압박한다. 그러나 질소는 전통적인 화학비료이다. 내가 비료를 전
혀 주지 않는 떡갈나무 같은 나무에, 비와 함께 도착한 질소는 의사
가 처방한 약이나 다름없다. 내 나무는 비가 오지 않아도, 너무 작
아 땅으로 떨어질 수 없는 물방울을 바람에서 걸러내어 가지에 주
사를 맞을 수도 있다. 흐르는 공기가 떡갈나무 잎의 벽을 타고 움직
일 때 기체 분자들은 방향을 바꾸어 나무 위로 올라간다. 그러나 현
미경으로나 보이는 작은 물방울은 나무에 부딪쳐 튀긴다. 뉴욕 밀
브룩Millbrook의 생태계연구학회Institute for Ecosystem Studies 과학
자들은 숲 가장자리의 공기에 함유된 질소의 양과 숲 안쪽 공기에
함유된 질소의 양을 측정했다. 숲 가장자리의 질소 양이 월등히 많
다. 이 나무들은 숲 안쪽의 나무들보다 질산염을 50퍼센트 더 획득
한다. 이 조사는 넓은 들판과 숲에서 실시되었고 단독 개체가 아닌
나무 한 열列이 생성하는 '가장자리 효과edge effect'에 초점을 맞추
었다. 그러나 작은 숲이 작은 들판과 만나는 도시와 도시 근교에서

는 더 작은 가장자리 효과가 만연해 있다. 모든 가장자리는 바람의 방향을 바꾸게 한다. 물론, 잔디에 상업적인 농작물이 자라고 있지 않을 때만 배기구에서 나오는 이 질소 비료가 혜택이 된다. 질소가 풍부한 개 오줌 때문에 잔디가 자라지 않는 부분이 있다는 것을 아는 사람은 이런 질소가 유해물질이 된다는 사실을 잘 안다. 좋은 것도 과하면 좋지 않다.

오존 오염 역시 간접적인 방법이지만 도시 나무에 유리하게 작용한다. 나는 오존이 어린 도시 나무를 시골 나무보다 빨리 자라게 한다는 『네이처』지의 한 연구 결과를 읽었을 때 처음에는 의심이 들었다. 내 차의 배기가스가 햇빛과 반응할 때 형성된 땅 높이에 있는 오존이 나무에 좋다는 말인가? 나는 이 오존이 인간의 폐 조직을 태우듯이 나뭇잎을 태운다고 생각했다. 나는 좀더 자세히 읽어보고, 오존이 사실 나무에 좋지 않다는 사실을 알았다. 하지만 배기가스를 오존으로 바꾸는 반응에는 어느 정도 시간이 걸린다. 그래서 내가 차를 시동 걸 때 배기가스는 내 떡갈나무에 아무 해를 입히지 않고 지나가 바람에 날려간다. 화학물질이 도시를 지나 해안으로 바람을 타고 떠갈 때야 햇빛이 화학물질에 작용한다. 내가 배출한 배기가스는 해변의 가문비나무를 뚫고 여과될 때까지 숙성하고 반응한다. 내 운전에 직접적인 피해를 보는 것은 야생의 나무들이다. 이 나무들은 더 천천히 자란다. 도시 공기가 건강한 나무를 자라게 하는 것은 아니다. 덜 아픈 나무를 자라게 할 뿐이다.

잔디 위에 사는 나무에도 약점은 있다. 도시의 공기는 잎의 기공을 억지로 여는 매연과 다른 먼지를 운반하여, 잎이 기공을 닫지 못해 수분을 잃어버리게 된다. 또 도시의 공기는 시골의 공기보다 이삼 도 더 따뜻해서, 나무들이 온도를 낮추려고 수분을 더 배출한다. 그러나 좋은 면을 보면, 더위는 나무의 성장 시기를 늘릴 수 있다.

도시의 토양 역시 도시 나무에게 불리한 점이다. 나무의 뿌리가 양분을 찾는 토양이 쓰레기 같은 수준인 경우가 많다. 쓰레기 토양의 특징은 장소에 따라 다양하지만 통상적인 종류에는 산성비로 인한 산성 토양, 콘크리트 보도와 토대의 분해로 인한 알칼리 토양, 사람이 밟고 지나가고 차가 지나가서 다져진 토양, 오염에 대응해서 나무가 잎에서 분비한 밀랍 때문에 물이 스며들지 않는 토양, 나무의 양분을 천천히 생성하는 미생물이 부족한 토양 등이 있다. 도시의 나무들이 겪는 가장 슬픈 결핍 중 하나는 나무뿌리를 따라 자라야 하는 작은 동료들이 없는 것이다. 균근균mycorrhizal fungi은 나무뿌리에서 거미망처럼 뻗어나가 양분을 찾아내는 소작농의 일을 하는 공생체다. 이 균근균은 나무에 양분을 공급할 뿐만 아니라, 가뭄으로부터 나무를 보호하고 토양을 적절한 부스러기 형태로 유지한다. 나무들은 이 모든 도움을 받는 대신, 탄수화물을 보내 균류에 양분을 제공한다. 다양한 연구에 따르면, 도시의 나무들은 이런 점에서 다소 외롭게 생활한다. 이 나무들에도 일부 균류가 따르겠지만, 시골 나무들과 공생하는 종만큼 다양하지는 않다. 다른 많은 식물들도 균근균으로부터 도움을 얻는다. 나무들에는 균류가 꼭 필요해서 우리는 캔에 든 균류를 사서 도시의 흙을 보강할 수 있다. 이 구제책이 계속 유지될 것인가에는 의문의 여지가 있다. 과학자들은 균류가 머무르려면 깨끗한 흙이 필요할 것이라고 말한다.

내 떡갈나무는 이러한 학대에도 불구하고 수천 달러의 가치가 있는 재화와 서비스를 제공한다. 특히 아름다움을 선사한다. 10월 중순에 주 전체의 나무들은 겨울을 대비하여 성장을 중지하고, 사람들은 수억 달러를 들여 이 다채로운 위축 과정을 구경한다. 내 뜰은 매일 진화하는 한 폭의 그림 같다. 개나리 잎 두세 장이 연두색에서 진한 보라색으로 변한다. 옻나무 잎은 녹색에서 노란색으로, 그리고 주황색, 그리고 붉은 별처럼 타오르는 선홍색으로 단계적으로 변한다. 산벚나무 잎의 색조는 복숭아와 아보카도의 색조와 닮았다. 대나무 숲의 노박덩굴에서는 레몬 향이 난다. 떡갈나무는 늦게 꽃이 피고, 붉은 잎 몇 장만 난다. 11월 폭풍이 떡갈나무를 강타할 때까지 떡갈나무는 죽은 갈색 잎을 달고 있을 것이다.

사람들은 오랫동안 북쪽 나무들의 이런 모습이 에너지 생산을 중단한 부작용이라고 생각했다. 잎 속의 엽록소가 쇠퇴할 때 그 안에 있는 노란색과 빨간색 색소가 모두 드러나는 것이다. 그전까지의 이론은 그랬다. 그러나 나는 최근 색깔 자체가 기능을 갖는다고 제시하는 논문 두세 편을 읽었다. 실마리 중 하나는 붉은 '안토시아닌anthocyanins'이 늦여름까지는 잎에 넘쳐흐르지 않는다는 사실이다. 그리고 안토시아닌은 자외선 차단제, 부동액, 산화방지제 기능을 한다. 그리고 한 이론에 따르면 이 붉은 화학물질은 오래된 잎의 생명을 연장하여, 잎의 양분을 나무의 몸체로 되돌리도록 시간을 더 준다고 한다. 두 번째 이론에 따르면 나무들은 색깔을 이용하여 겨울에 알을 낳으러 나무를 찾아드는 적, 즉 곤충들에게 경고를 보내 쫓아낸다고 한다. 이 이론은 가장 건강한 나무가 가장 밝은 잎을 만들며, 이것이 곤충들에게는 새끼들이 부화하여 봄에 먹이를 먹기 시작하면 활발한 화학 방어를 만나게 될 것이라는 신호가 된다고 한다. 한 논문은 가을에 가장 밝은 나무들이 다음 해에 곤충 피해를 가장 적게 입는다는 상관관계를 발견했다. 그러나 상관관계는 인과관계를 증명하는 것은 아니다. 붉은 잎의 비밀은 아직 풀리지 않았다. 그 이유가 무엇이든, 내 뜰의 낙엽수는 이삼 주간 멋진 모습을 보인 뒤에 잎들을 한꺼번에 떨어뜨린다.

내 떡갈나무 역시 실제적인 임무를 수행한다. 여름에 떡갈나무 잎은 햇빛이 집에 직접 비추는 것을 막는다. 그래서 에어컨을 가동할 필요가 줄어든다. 떡갈나무의 뻗은 가지들은 그늘을 드리우며, 이 그늘 안은 그늘이 없는 잔디밭보다 15도는 더 시원할 것이다. 또한 내 나무는 오존과 휘발성 화학물질 같은 위험한 오염물질을 흡수하여 중화시킨다. 바로 이 순간에도 떡갈나무는 사람의 폐를 태우는 미세먼지 분자를 붙잡는다. 그리고 나무는 성장하면서 대기 중의 이산화탄소를 흡수하여 내 차가 배출하는 가스에 맞선다. 잎이 썩을 때는 잎에 저장된 탄소가 다시 올라가 지구를 과열시키지만, 나무줄기와 가지는 수백 년 동안의 순환에서 탄소를 받아들이고 있다. 나무는 일부 탄소를 토양으로 이전시켜 장기적인 저장까지 하고 있다.

최근 일부 나무 애호가들은 도시의 나무들이 하는 일의 경제적 가치를 매기는 시도를 했다. 계산 방법은 아주 다양하다. 어떤 연구자들은 오염을 줄이는 가치만 보고 있고, 다른 연구자들은 나무의 심미적인 가치도 매기려고 한다. 예를 들어 시카고의 나무 한 그루는 매년 오염을 줄이고 공기 조절 기능을 하는 비용 402달러를 절감한다고 판단된다. 캘리포니아 모데스토Modesto의 나무 한 그루에 지불된 1달러는, 공기 정화와 냉각 서비스를 하고 부동산 가치를 올려서 1달러 89센트로 돌아올 것이다. 뉴욕에서 작은 쥐엄나무 한 그루는 오염 억제와 풍경 가치를 통해 일 년에 637달러 어치의 일을 한다. 큰 튤립나무는 2만 3천 69달러의 가치가 있다. 잎이 수천 장인 내 떡갈나무 같은 큰 나무 한 그루는 작은 나무 한 그루보다 공기 정화에 60배 내지는 70배 더 유리하다. 이를 토대로 하면, 내 반쯤 자란 떡갈나무는 올해 오염 억제와 미관에 만 달러의 가치가 있는 일을 할 것이다.

그러나 이는 나무의 가치에 대한 좁은 시각에 불과하다. 예를 들어, 내 소나무는 집과 북풍 사이에 서 있어서 겨울에 내가 화석 연료를 태울 필요를 줄인다. 떡갈나무는 친절하게도 겨울에 내 집에 햇빛이 필요할 때에만 잎을 떨어뜨린다. 내 나무들은 내가 들이마시는 산소를 배출한다. 비가 올 때 나무는 떨어지는 빗방울의 속도를 늦춰서 토양으로 스며드는 물의 비율을 높인다. 나뭇가지와 땅 위의 나뭇잎들은 내 주위의 소음을 막아준다. 더운 날 내 소나무가 방출하는 테르펜은 공기에 대단히 귀한 향기를 풍긴다. 내 나무들의 진정한 가치는 너무 복잡해서 꼭 집어 설명할 수가 없다. 나는 나무 없이는 살고 싶지 않다.

또한 이 '나무 가치 평가' 연구 중 어떤 것도 동물들이 이용하는 나무의 가치를 고려하지 않는다. 나의 새들에게 나무는 곤충

카페이며 쉼터이며 보초소이다. 까마귀들은 사과나무에서 유희적인 가치를 끌어내기까지 한다. 까마귀들은 사과나무의 죽은 나뭇가지 여러 개를 부리로 비틀고 쪼고 빙빙 돌린다. 다람쥐들은 내 나무에 몸을 숨기고, 경고 신호를 받으면 가장 가까운 나무줄기에 기어올라간다. 또 다람쥐들은 나무 높은 곳에서 나뭇잎을 모아 보금자리와 새끼를 키우는 둥지를 만든다. 내 어린 소나무는 너무 짧아서 곤충을 돕는 것 말고는 별로 제공하는 것이 없지만, 이웃의 소나무에는 이전에 까마귀 알이 있던 둥지가 있다. 내 떡갈나무와 사과나무의 열매는 쥐부터 미생물까지 뜰에서 양분을 찾는 모든 동물의 먹이가 된다. 그리고 물론 이 나무들은 얼룩다람쥐의 먹이도 만든다. 가을 중반까지는 나는 이 먹이가 필요하지 않았다. 뻔뻔이는 어느 날에 이곳에 오더니 그 다음 날은 오지 않는다.

뻔뻔이는 겨울잠을 자지 않는다. 얼룩다람쥐는 겨울잠을 자지 않으며, 어쨌든 날씨가 너무 따뜻해서 낮잠을 길게 자는 겨울의 주기도 시작할 수 없다. 뻔뻔이는 다른 곳으로 이동하지 않았다. 얼룩다람쥐는 얼기설기 얽힌 굴과 가득 찬 먹이 저장고 속에 모아둔 먹이를 버리고 멀리 가지 않는다. 또 나는 최근 인근에 출몰하는 줄무늬새매를 전혀 보지 못했다는 것을 떠올린다. 그렇다면 내 얼룩다람쥐가 사라진 것에 대한 가능한 설명 목록에서 고양이가 남는다. 나는 또다시 친구 하나를 이웃의 애완동물에게 잃은 것 같다.

나는 3주 동안 뒷문을 계속 열어두고 부엌에 있는 뻔뻔이의 의자 위에 씨앗 한 컵을 둔다. 내가 컵을 지날 때마다 매번 사라진 것이 있나 확인한다. 날씨가 으스스하게 추워질 때, 나는 문을 닫지만 씨앗은 다른 쪽에 그대로 둔다. 나는 문을 자주 열고 사라진 씨앗이 있는지 확인한다. 뜰을 건널 때마다 뻔뻔이의 주요 구멍에 들러서 입구의 사과나무 잎에 새로운 발자국이 있다거나 그 잎이 1센티미터 정도 움직인 것 같다고 혼잣말한다. 잔디 속의 서양톱풀, 또는 해바라기 씨앗의 향긋한 냄새가 뻔뻔이의 털이 풍기는 냄새의 기억을 불러일으킨다. 나는 내 손바닥 위에 놓인 뻔뻔이의 무게와 내 뺨에 닿는 적갈색 벨벳의 따스함이 그립다. 그러나 뻔뻔이는 다시 돌아오지 않는다.

뻔뻔이는 내가 이 집에서 본 유일한 얼룩다람쥐였다. 내 뜰을 돌아다니는 다른 사람들의 고양이 수를 생각하면 당연한 일인지도 모른다. 또한 내 뜰에는 얼룩다람쥐의 이상적인 먹이가 부족할 것이다. 나무와 설치류 사이의 관계를 조사하면서, 나는 얼룩다람쥐가 분명히 도토리를 환영하긴 하지만 붉은단풍나무 씨앗을 훨씬 더 좋아한다는 사실을 알았다.

봄이 오면 나는 단풍나무를 심을 것이다. 단풍나무는 소음을 줄이고 오염물질을 씻어내고, 물이 흘러나가는 것을 줄이고 멋있어 보이기까지 할 것이다. 알게 뭐람. 나는 얼룩다람쥐에게 단풍나무 열매를 먹이고 싶을 뿐이다.

9 바람이 들려주는 이야기

나는 이번이 나뭇가지의 잎이 모두 떨어지는 것을 보고 기뻐한 첫 가을이라고 생각한다. 몇 달 동안 뜰에서 일어나고 있는 일을 보는 것은 힘겨운 일이었다. 곤충이 탈바꿈을 하고 성숙하고, 새가 둥지를 틀고 날 수 있게 되며, 다람쥐는 여름 보금자리를 짓는 모든 일이 잎의 장막 뒤에서 펼쳐졌다. 이제 나는 다시 선명히 볼 수 있다. 떡갈나무가 심홍색 잎을 떨어뜨린 아침에, 나는 나뭇가지에 줄지어 서 있는 까마귀들을 찾는다. 얼마나 많은 아침 동안 까마귀들이 나뭇잎 사이에 숨은 채로 앉아서 어디에 개 먹이를 던져주는 얼간이가 있는지 궁금해했을까? 나는 까마귀들이 하늘을 배경으로 맵시 있고 반질반질한 모습인 것을 보고 기뻐하며 그놈들에게 줄 간식을 모은다. 문 밖으로 나가면서 차가운 공기에 기침을 하게 된다. 하늘이 매우 맑아서 마치 까마귀 한 마리가 한 번 쪼면 하늘이 흐트러질 것 같다. 잔디에 발을 디디지 않고도, 서리로 흙이 딱딱하게 굳어진 것을 느낄 수 있다. 아마 이 견고한 세계에서는 소리도 다르게 울려 퍼지고 있을 것이다. 깜짝 놀란 내 코도 변화를 감지한다. 푸른 잎과 흙에서 나는 냄새는 이제 사라졌다. 그 자리에 건조하고 섬세한 냄새가 남았다.

앞으로의 밤은 훨씬 더 차갑다. 별들은 투명하고 하얗게 빛난다. 바람에 날리는 잎사귀 하나가 유리창 위의 얼음처럼 덜걱거린다.

겨울의 공기가 되었다. 이건 무슨 뜻일까? 나는 궁금하다. 공기는 계절에 따라 어떻게 다를까?

지난 여름날의 공기

불과 얼마 전만 해도 공기는 충분한 열과 수분을 수반하여 공기 자체가 흥분해 있었다. 7월에 공기가 적란운으로 솟아올랐을 때 나는 나무 테라스에 웅크리고 앉아 있었다. 쐐기 모양의 찬 공기가 캐나다에서 남쪽으로 나아가고 있었다. 찬 공기는 이 지역의 따뜻한 공기 아래로 빠른 속도로 움직이며, 따뜻한 공기를 하늘을 향해 밀어 올렸다. 옮겨진 공기는 휘저어져서, 마침내 얼음 공들과 전류를 생성하여 더 이상 그냥 담아둘 수 없는 수준에 이르렀다…….

찌는 듯이 더운 오후 2시에 세상이 희미해진다. 북서쪽에서 천둥이 우르르 울린다. 뜨거운 바람이 뜰 주위로 돌진한다. 나뭇잎들이 세차게 흔들린다. 청둥제비는 높은 곳에서 공기의 바다를 떠다니며 지저귄다. 제비들은 멍이 든 것 같은 색깔의 구름을 배경으로 검은 실루엣을 이룬다. 천둥이 더 가까이 우르르 울린다. 나는 초를 센다. 3킬로미터 정도 떨어져 있다.

어둠이 깊어지고 비가 쏟아지기 시작한다. 내 버릇없는 까마귀 '까악'은 선회하여 이웃의 가문비나무 꼭대기 30센티미터 길이의 가지 위에 앉으려고 한다. 까마귀의 무게에 눌려, 가는 가지가 구부러져서 땅으로 향한다. 까악은 투덜거리며 곧은 애가지 위로 기어 올라간다. 애가지는 수평으로 휘어 있어서 까악이 머물 자리를 마련해준다. 그러나 애가지가 탄력이 있고 바람이 세차서 까악은 계속 흔들린다. 녀석은 곧 그만두고 큰 은단풍나무로 날아간다. 거기에서 전 가족이 모이고, 이 가족들은 남쪽 이웃의 키 큰 소나무의 중간 부분으로 함께 급강하한다. 이들은 줄기 근처로 몰려간다. 녀석들은 감시도 해야 했지만, 쉴 곳을 찾는 것이 먼저였다.

불빛이 나무 위로 번쩍이더니 5초 뒤에 음파가 뜰 전체로 퍼진다. 우르릉쾅쾅! 1.6킬로미터. 기다랗고 하얀 갈퀴가 내 서쪽 세계를 베어간다. 번개가 왼쪽에서 오른쪽으로 구름에서 구름을 건너 번쩍인다. 번쩍! 번쩍! 비가 내리지만 불꽃 쇼를 가리지는 못한다. 까악은 배가 고픈 건지, 지겨운 건지, 자연의 장관에 놀란 건지, 소나무 안에서 주저하며 '까악 까악' 운다. 그리고 좀더 거침없이 운다. 까아악…… 까악. 까악! 까악! 까악! 그리고 거인이 잔뜩 쌓여 있는 유리창들을 주먹으로 내려치는 듯한 소리가 난다.

내 굴뚝을 쓸고 지나간 구름은 이제 까마귀와 나와 나무와 덤불 깊이 뛰어 들어간 명금류들 주위에서 우르릉 소리를 내며 으르렁댄다. 홍관조 한 마리가 산벚나무의 바깥 가지에 남아서 점점 굵어지는 빗방울 속에서 퍼덕거리며 깃털을 고르고 있다. 머리 위에서 발들이 이쪽저쪽으로 뛰어간다. 불꽃 하나가 세 갈래로 갈라져서 땅을 찌른다. 획! 홍관조는 산벚나무로 후퇴하고, 거리에 화재 사이렌이 울리기 시작한다. 오래된 소화기를 새것으로 바꿔야겠다는 생각이 든다.

비가 도착해서 땅을 뚫고 들어가 축축한 흙냄새를 끌어올린다. 세상은 회색이 되고 물은 폭포처럼 쏴아 소리를 내며 세차게 내려간다. 구름의 지형도는 지워진다. 번개는 약하게 깜박이는 빛이 된다. 비는 점점 더 세차게 내리친다. 집으로 가까이 다가가는 화물 열차처럼 비 뒤쪽에서 천둥이 진동한다. 엄청난 에너지가 들끓는다. 1.6킬로미터 밖의 번개가 기체 분자의 잔물결을 일으켜 내 가슴을 친다. 도심지에서 새로이 사이렌 소리가 울리면 소방차 한 대가 차고를 떠나 길을 지나간다. 그리고 이런 대변동이 있은 지 10분 뒤에 비는 잠잠해진다. 섬광과 우르릉쾅쾅 하는 소리가 바다를 넘어 바람 불어 가는 쪽으로 움직인다.

비가 아직 가끔 내리는 사이에 까마귀들은 가문비나무에서 나온다. 까마귀들은 키 큰 나무들로 날아가서 떠벌인다. 그리고 녀석들은 북쪽 이웃의 뜰에 미끄러지듯 나아가, 잔디에 쭈그리고 앉아서 고개를 까딱까딱하고 퍼덕거리며 등 쪽에 물을 튀긴다. 녀석들은 날개를 펴고 마지막 빗물을 세차게 떨어뜨린다. 까악은 서서 목욕을 하는 어른 까마귀에게 접근한다. 까악! 까악은 목욕하고 있는 까마귀를 쫀다. 녀석은 다음 제물을 향해 간다. 까아아악! 공기에 안개가 자욱하다. 한번은 균류학자가 내게 비가 오면 균류 포자낭이 터져서 수많은 포자가 공기 중에 나오며, 사람들은 아기 균류 냄새를 깨끗한 공기 냄새와 혼동한다고 말했다.

이렇게 여름에 비가 온다. 이 비는 우리 모두가 실제로 겪는 순간적인 폭우이다. 이 비의 양이 부족해서 토마토가 시들고 잔디가 자라지 않을 때가 많다. 올해도 그런 해이다. 더 많은 폭풍이, 전 세계에서 폭풍을 이끄는 제트 기류와 함께 여름에 북쪽으로 움직였다. 우리에게는 일 주일에 한번 정도 일어나는 뇌우만이 남았다. 뇌우의 비는 너무 빨리 내려서, 물이 내리막으로 흘러가기 전에 토양이 이 빗물을 흡수할 수 없다.

다가오는 겨울의 공기

"메인 주: 인생life이 가야 할 방향." 이런 표어를 담은 표지판이 통행료 징수소에서 이 주를 방문하는 방문객들을 맞이한다. 어떤 사람들은 바다가재의 간 속에 함유된 높은 다이옥신 함량이나 종이 회사가 벌목한 면적을 두고 트집을 잡을지도 모르지만, 그런 사람들조차도 메인 주 대부분에서 생명life이 풍겨야 할 냄새가 난다고 인정할 것이다. 모든 푸른 나무들이 기여한다. 특히 소나무는 향기로운 분자를 공기 중에 배출한다. 중공업이 거의 발달하지 않은 것도 도움이 된다. 하지만 내 뜰 안에서 가장 향기로운 냄새는 바다에서 온다. 이 세상 모든 곳의 공기는 조금씩 다른 냄새를 풍긴다. 그중에서도 내가 사는 곳의 향기가 가장 좋다.

폭풍에 이어서 차가운 북쪽 공기가 한동안 두드러진다. 이 공기는 캐나다를 거치며 1,600킬로미터의 숲에 걸러져 그 숲의 향기를 띤다. 나는 지도책을 가지고 나와 이 공기가 숲의 향기 말고 다른 어떤 것을 모았을까 확인해본다.

내 뜰은 화물선과 유람선이 디젤 매연을 뿜어내는 포틀랜드 항구의 바람을 안는다. 항구 저쪽에, 커피 원두를 태우는 냄새가 올드 포트Old Port의 카페에서 올라온다. 소량의 커피 검댕이 아마 지금 내 뜰을 지나 떠가고 있을 것이다. 계속 북서쪽으로 가면 제지공장의 본고장과 내 쓰레기를 검댕, 가스, 재로 바꾸는 쓰레기 소각장을 만난다. 아마 내 오래된 비닐 샤워 커튼이 다이옥신 형태가 되어 바람을 타고 내게 돌아오고 있을 것이다. 그리고 이 바람은 농토로 가며, 농토에서 이 공기는 꽃가루와 토양의 흙, 마른 소똥 가루, 비료와 농약, 식탁의 꽃과 호박꽃의 향기를 실었을 것이다. 차가운 공기는 세바고 호수를 건널 때 물가 규조류의 투명한 껍질을 모았을 것이다. 그 위에는 언덕들이 시작되어, 뉴햄프셔의 화이트 산맥 위를 오른다. 거기에서 가문비나무와 활엽수는 2센트어치의 화학물질을 방출했다(아니면 4센트어치이다. 일부 식물은 바람을 맞을 때, 여분의 방어 화합물을 배출한다). 벌거벗은 산꼭대기는 분명히 화강암 가루 두세 알을 라돈 가스(우라늄이나 토륨이 붕괴하여 생성되는 기체. 폐암의 한 원인으로 여겨지고 있다─옮긴이)와 함께 거센 바람에 날렸다. 그 다음 그레이트노스Great North 숲은 나무 분자를 킬로미터 단위로 내놓는다. 그리고 그 위의 캐나다는 타이가의 드문드문한 그루터기까지 녹색으로 산뜻하며, 타이가의 이끼와 난쟁이 버들이 바람의 배를 간질인다. 이제 이 모든 공기는 내가 사는 인근으로 순조로이 나아간다.

안타깝게도 여름 바람은 좀 덜 깨끗한 지역에서 도착할 때가 많다. 8월 중순에는 서쪽에서 뜨거운 바람이 오는 좀더 전형적인 유형이 지배적이다. 어느 날 아침 해변에서 나는 픽스peaks 섬을 본다. 이 섬은 집들이 보통 깔끔한 상자처럼 해안에 서 있다. 이 날은 섬에 스모그가 자욱하게 껴서 회색 언덕처럼 보였다. 바다 위로 스모그는 담배 얼룩 색조의 층을 형성한다. 집으로 돌아오니까 라디오에서 오존 경고가 나온다. 또 미립자 숫자가 늘어나고 있다.

이 공기는 어떤 숲에서도 영향을 받지 않았다. 이 공기 상당 부분은 석탄으로 불을 때는 중서부의 발전소에서 온 것이다. 이 발전소들은 황, 질소, 수은, 탄소를 흘려보낸다. 이 폐기물은 중서부 굴뚝에서 내 뜰로 이동하면서 점점 변했다. 여름의 태양이 이 폐기물을 태워서 오존과 산성 입자의 축축한 액체로 만들었다. 이제 이것이 내가 사는 인근에 도착하여 우리는 실내에 머물러 창문을 닫고 있으라는 지시를 듣는다. 내 까마귀, 다람쥐, 떡갈나무와 사과나무는 이 오물을 피할 대안이 없다. 이 생물들은 받은 것을 들이마신다. "메인 주: 오하이오 주가 가야 할 방향"이다.

그러나 날씨가 가장 좋을 때 메인 주 내륙의 농지와 숲은 열을 받고 그곳의 공기는 솟아오른다. 하수구를 향해 물이 흘러가듯이, 이 빈자리로 공기가 흘러들어 가게 된다. 내 뜰에서 끈적끈적한 공기가 내륙의 하수구를 향해 흐른다. 그리고 내 뜰에서 출발한 공기를 대신하여 차가운 공기가 바다에서 흘러들어 온다. 때로는 이 공기가 느릿느릿 나아가다 증발해버리기도 하는 바다 안개와 함께 도착을 알린다. 또 다른 때는 향긋한 향기와 함께 도착한다. 때로는 이런 공기가 밤에 와서, 칸막이 커튼을 밀고 캄캄한 집을 가득 채운다. 언제 어떻게 도착하든지 이런 공기에서는 항상 토마토 잎과 수박 냄새가 난다. 그리고 해초 냄새도. 그리고 짠내 나는 작은 생물 형태 냄새도. 그리고 진흙 냄새도. 그리고 여름의 냄새가 난다. 마치 신이 정한 것처럼.

　나는 바다의 냄새를 조사하면서, 내가 수많은 화학물질을 들이마시고 있다는 사실을 발견한다. 바람은 바다 표면에서 소금 결정을 실어와 공기 중에 날린다. 해초는 요오드화메틸methyl iodide을 발산하는데, 요오드화메틸은 우리 몸에서도 그러듯이 해초들을 감염으로부터 지킬 것이다. 또 해초는 바다의 산들바람에 향기로운 브롬화메틸과 염화메틸을 더한다. 조류의 난세포는 성 페로몬을 물속에 방출해서 조류 정자 세포가 난세포를 찾도록 돕는데, 이 페로몬 중 하나는 토마토 잎과 비슷한 냄새가 난다. 그러나 수박 냄새는 어디에서 온 것일까? 나는 자연스레 필립 크라프트Philip Kraft를 찾는다. 크라프트는 스위스의 유명한 향수업체 지보당Givaudan에서 향기 분자를 만들어내는 사람이다. "저도 아직 바다에서 나는 수박 냄새에 대해서는 정말 모르겠습니다." 그는 이렇게 이메일로 답한다. 그는 이 냄새가 아마도 조류 페로몬과 오존이 합쳐진 냄새일 것이라고 생각한다. 만약 그 냄새의 정체를 알게 되면 그는 그 냄새를 병에 담을 것이다. 그는 수박과 오존 냄새의 특징을 합쳐서 바다의 냄새를 재현하는 실험을 했지만, 성공했는지는 분명치 않다.

　날씨가 추워지면 바다 냄새는 사라진다. 냄새의 원인 다수는 겨울에는 작용하지 않는다. 반구가 식으면 냄새가 나는 액체의 증발이 더뎌진다. 여름에 달콤한 자스몬산과 잔디의 헥사닐을 대량 생산한 낙엽수는 이제 죽는다. 달콤한 상록수는 대사 작용을 억누른다. 곰팡이는 조용해지고, 떨어진 과일을 공중에 뜬 와인 증기로 바꾸는 이스트는 수축하여 휴지기로 들어간다. 쥐와 갈매기의 시체에서 가스가 이제 더디게 배출되고 부패 중간 단계에서 멈춘다. 이것은 공기가 계절의 변화를 알리는 방법 중 하나이다. 공기는 냄새를 덜 운반한다. 게다가 얼지 않는 물체에서 나는 냄새도 잘 퍼지지 않는다. 냄새는 습한 공기에서 가장 잘 이동하지만 차가운 공기는 보통 건조하다. 그래서 겨울바람은 내 뜰에 불어오면서 코를 자극하는 것을 별로 실어오지 않는다. 그것이 냄새 없는 차가운 공허이며 겨울 같은 냄새다.

북쪽에서 곧장, 투명한 햇빛 외에 아무것도 싣지 않고 겨울이 온다. 낮에 앞쪽으로 바람이 거세게 몰아쳐 쓰레기통을 굴리고, 산딸기 줄기를 휘갈기며, 사과나무의 작은 줄기를 부러뜨린다. 이웃의 병든 단풍나무는 잎의 절반을 잃는다. 넓게 퍼진 서리는 하룻밤의 일기예보이고, 라디오 기상예보관은 청취자들에게 마지막 호박을 따라고 충고한다.

도시 불빛의 치명적인 유혹

도시 근교의 공기는 특징적인 냄새를 실어 나른다. 또한 이 공기는 비정상적인 양의 빛을 운반한다. 밤에 광자光子들이 많은 덕분에 나는 보도의 틈에 넘어지지 않을 수 있고, 그 빛이 덤불 속의 도깨비를 쫓아내준다. 그러나 이 광자들은 다른 생물의 방향을 잃게 한다.

차갑고 고요한 어느 가을밤, 나는 밤에 이동하는 동물들이 공기를 가르는 소리를 듣는다. 마침 나를 찾아온 어머니는, 가로등 소리, 먼 곳에서 들리는 자동차 소리, 살랑거리는 소나무 잎, 똑딱똑딱거리는 떡갈나무 잎, 건조기 구멍에서 나는 소리, 배관 공사 소리, 백 가지 텔레비전 프로그램의 작은 소리, 그리고 백여 가지 대화의 소음 속에서 그 소리를 가려낸다. 유감스럽지만, 내 여생에 매년 가을밤 이 소리를 듣도록 운명이 정해진다고 해도 나는 이 소리를 알아듣지 못할 것이다.

어머니는 이렇게 말한다. "달을 봐라. 뭔가 지나가는 것이 보일 게다." 새들이 지나가면서 나는 소리는 나에게는 이 세상 것이 아닌 듯이 들린다. 새들의 소리는, 칠흑같은 어둠을 보이지 않는 레이스로 장식한다. 치! 치! 치! 앞을 못 보는 사람이 유성우의 매력을 느끼고 싶다면, 밤에 이동하는 동물들의 소리를 들으면 될 것이다. 빗발치듯 쏟아지는 형체 없는 새 울음소리는 오싹하면서 사랑스럽다. 나는 어둠에 눈이 멀어 하늘과 지구 사이에서 남쪽으로 돌진하는 작은 동물들을 머릿속에만 그린다.

치! 치! 하는 소리와 섞여서 가끔 윙하는 낮은 음역의 소리와 삐악삐악 하는 소리가 들린다. "높은 소리를 내는 새들은 아마 휘파람새 같지만, 장담하진 못하겠구나." 노래 소리를 듣고서 보통 어떤 새인지 아는 엄마도 이렇게 말한다. "새들은 모두 이주할 때는 완전히 다른 소리를 낸단다." 새들의 넓은 강이 계속 흘러간다. 이 새들 아래에서 대지에 묶인 우리의 몸은 차가워진다. 나는 자러 가면서 창문을 살짝 열어두고 누워서 귀를 기울인다. 치! 치! 긴 밤이 새들 앞에 가로놓여 있다.

내 처음 생각은 울새가 밤에 포식동물인 매를 피하여 이동하고 있다는 것이었다. 그러나 그것은 그렇게 크게 고려할 만한 일이 아닌 것으로 판명된다. 좀더 나은 이유는 녀석들은 먹이를 먹어야 하는데 밤에는 벌레를 잡을 수 없다는 것이다. 그래서 울새들은 낮에 지방을 모으고 밤에는 이동을 한다. 다른 이유들도 있다. 이렇게 퍼덕이는 모든 행동은 새의 체온을 올려서 위험을 가져올 수 있다. 울새들은 체온을 낮추기 위해 호흡계의 기낭에서 물을 증발시켜야 한다. 땀을 흘리는 마라톤 선수들이 그렇듯이 이 일은 탈수를 일으킨다. 가장 추운 시간에 비행을 하면 체온을 떨어뜨릴 필요가 줄어든다. 그리고 어쨌든 새들은 해가 진 이후에 같은 열량을 소모하여 더 멀리 갈 수 있다. 차가운 공기는 햇빛이 데운 공기보다 잔잔하며 밀도가 높다. 새들은 비행기와 마찬가지로, 부드럽고 밀도가 높은 대기를 가를 때 가장 효율적으로 난다.

그러나 밤에 이동하는 동물들은 현대의 통행료를 지불해야 한다. 광해光害는 새들이 적응하지 못한 최근의 장애물이다. 예를 들어 캔자스의 휘황찬란한 어느 날 밤에 5천 마리에서 만 마리의 긴발톱멧새Lapland longspur들이 126미터 건물 밑에 떨어졌다. 미국 전역에서 매년 고층건물에서 떨어져 죽는 새는 400만 마리에서 4천만 마리이다. 밤에 이동하다가 불이 켜진 사무실 건물과 통신탑 주변에서 죽은 수많은 울새들에 주목한 과학자들은 무슨 착오가 생겼는지 이해하려고 노력했다. 과학자들의 연구는 이 새들이 불이 켜진 고층 건물 그 자체에 끌리는 것은 아니라는 사실을 알려준다. 그보다는 안개가 자욱하거나 흐린 밤에 흩어진 빛의 구름 속으로 날아갈 때 새들의 작은 뇌 회로가 장애를 일으키는 것이다. 이 새들은 빛나는 영역을 절대 떠나지 않을 것이다. 이 새들은 펄럭거리고, 훨훨 날고, 하늘을 떠다니고, 원을 그리다가 결국 불이 켜지지 않은 전선이나 동료 새와 부딪치거나 지쳐서 떨어진다. 과학자들은 실험에서 새들이 이런 공중 대기 상태일 때 불빛을 꺼봤다. 바보birdbrains들은 정상으로 돌아와 멀리 날아갔다.

도시와 도시 근교는 이 치명적인 유혹의 불빛으로 타오른다. 나는 이동통신탑이 있는 공원에서 이웃과 이웃의 개와 함께 산책을 하곤 한다. 왜 여기에는 새들이 쌓여 있지 않을까? 나는 의아하다. 한 가지 이유는 너구리, 고양이, 쥐 등의 청소부 동물들이 이 탑 바닥에 먹을 것이 많다는 사실을 알고 대학살의 증거를 삼켜버렸기 때문이다. 또 한 가지 이유는, 이동하는 새들의 무리는 구름이나 안개가 별을 가릴 때 빛의 함정에 빠지기 쉽다는 것이다. 그래서 어떤 밤은 다른 밤보다 안전하다.

나는 조사 중에 밝은 부분(또는 실제로는 어두운 부분)을 찾는다. 시카고의 '불끄기' 운동은 건물 관리인들이 밤에 불을 끈 사무실 건물 주위의 대량 학살을 줄이고 있는 것 같다. 성공 사례의 증거 중에는, 한 건물의 관리자가 더 이상 새들의 대규모 야간 이주 다음 날에 지붕에서 죽은 새들을 퍼내지 않아도 된다고 한 보고가 있다. 도심지를 돌아다니는 들새 관찰자들도 보도에서 죽은 새의 시체 숫자가 줄어들고 있다고 말한다. 토론토에서도 비슷한 노력을 하고 있는데, 건물의 불을 끄자는 운동을 할 뿐만 아니라 지원자들을 모집하여 떨어진 새 수천 마리를 모으고 있다. 지원자들은 빛에 매혹된 세 마리 중 한 마리는 살아남으며 유혹에서 풀려날 수 있다는 사실을 알아냈다.

내 인근의 가로등은 높이 나는 새들에게는 덜 해롭다. 가로등은 내 시야를 더 망친다. 그렇지만 솔직히 말하자면, 도시의 불빛보다는 하늘 위를 보지 않는 것이 사람들이 우주의 신비를 보지 못하는 더 큰 이유다.

얼음이 단단하게 어는 11월 밤에 별이 하늘에서 떨어질 때는 포틀랜드와 사우스포틀랜드의 모든 떠도는 광자들을 합쳐도 이 장관을 이길 수 없다. 나는 할아버지의 인조 알파카 코트를 입고 새벽 세 시에 나무 테라스의 의자에 앉는다. 내 숨결은 회색 구름이 되어 검은 벨벳 하늘에 떠다닌다. 쉬익! 별똥별 하나가 이웃 휴의 집 너머로 휙 지나간다. 쉬익! 별똥별 또 하나가 뒤따른다. 나는 내 눈 한쪽 끝으로 남쪽 이웃의 지붕 너머로 떨어지는 별똥별 하나를 힐끗 본다. 쉬이익! 이번엔 긴 것이다. 사실 이것들은 소리를 내지 않지만 소리가 나는 것 같다. 아주 갑작스럽게 나타나고 아주 반짝반짝 빛난다. 그리고 어떤 사람들은 운석이 정말 휘익 소리를 내거나 딱딱 소리를 낸다고 보고한다. 그러나 나는 아니다. 오늘은 아니다. 외계의 방문객들처럼 이 별똥별들은 현지의 관습을 무시하고 조용히 스스로 붕괴한다.

유성체들은 정말 외계의 방문객들이다. 유성체는 혜성이 떨어뜨린 모래와 조약돌 조각들로 지구의 궤도에 남은 것들이다. 우리의 행성이 궤도를 선회하면서 유성체에 세게 부딪치면, 유성체는 우리 대기에서 불탄다. 공기 중에 혜성의 연기 한 줄기가 남는다.

바깥층만 불에 타버린다면, 아주 작은 유성체의 중심이 아마 내 서리 낀 잔디에 떨어질 것이다. 놀랍게도 이런 일이 규칙적으로 일어난다. 매일 평균 지구의 1제곱미터마다 우주의 먼지 입자 한 알이 떨어진다. 통계적으로 볼 때 내 뜰은 하루에 우주의 먼지 입자 100알 이상을 얻는다. 나는 어둠 속에서 머리를 뒤로 젖히고 입을 벌려 하늘에서 무언가가 떨어지기를 기대한다. 쉬익 쉬익! 쌍둥이 불이 지붕 꼭대기를 넘어 순식간에 지나간다.

이 한밤중에도 내 인근은 밝다. 이 불이 지나가는 헛간은 푸른 투광조명등에 휩쓸린다. 현관등은 노랗게 빛난다. 복숭아빛 가로등이 거리마다 줄지어 서 있다. 북서쪽으로 포틀랜드 도심의 칙칙한 빛이 나무 위로 불룩 나온다. 그래도 여전히 나는 유성들을 볼 수 있다. 아마 10초당 유성 하나는 지나갈 것이다.

나는 도시의 불빛이 모든 약하고 적당하지 않은 유성을 내 시야에서 걸러주고 있다는 생각으로 스스로를 위로한다. 도시 근교에서는 가장 밝은 유성만 보인다.

도시의 불빛은 퍼져나가며 밤의 더 약한 빛을 지운다. 나는 내 뒤뜰에서 목성의 위성 개수를 세는 것까지는 원하지 않는다. 그러나 내 경험상 지구의 달과 별 몇 개는 지구의 거의 어느 곳에서나 보인다. 나는 전 세계의 도시에서 천상의 경이로움을 보았다. 그래서 나는 사로잡힌다. 내가 여생 동안 귀를 쫑긋 세우고 밤에 이동하는 동물들의 소리를 들을 것과 마찬가지로, 세계에서 가장 밝은 도시의 중심부에 있더라도 매일 밤하늘을 점검하며 별의 숫자를 헤아려야 할 것만 같다.

내가 유성이 내는 소리를 듣지 못한 이유는 아마 도시의 공기가 다른 소리를 내기 때문일 것이다. 도시 중심에 사는 친구들이 내 집을 방문하면 항상 뜰에 서서 주위를 돌아본다. 그들은 "정말 조용해"라고 말하며 놀라워한다.

나는 내가 일종의 채널을 맞춘 것의 일부분만을 듣는다. 내가 뉴욕 시에 살 때 집참새들은 울타리, 덤불, 은행나무에서 끊임없이 재잘거렸다. 그러나 내 귀로 이 소리를 교통 소음 속에서 걸러내기 위해서는 집중력이 필요했다. 그리고 별이 희미해지는 것처럼 어떤 소리는 분명히 도시에 닿지 않는다. 나는 가을에 내 적갈색 집 위로 캐나다기러기들이 V자 대형을 이루며 날아가는 모습을 본 것을 기억한다. 나는 달팽이관 근육을 긴장시켰지만 인간의 소음만을 들었다. 이곳에서 캐나다기러기들은 퍼덕거리며 나타나기 전에 울음소리를 낸다. 때로 녀석들은 근처의 연못에서 바로 날아올라 자리를 잡는다. 작은 V자가 형성되고 해체되고 다시 형성된다. 다른 때 이 V자는 높고 정확하며 남쪽으로 바다 건너 케이프 코드Cape Cod로 캐나다기러기들을 몰고 갈 방향을 향한다.

빛의 오염처럼 소음도 동물들의 새로 출현한 문제거리이다. 특히 새들은 목소리에 의존하여 영역을 차지하고 짝을 끌어들인다. 자동차들이 지나가며 해마다 더욱 새의 영역을 침투한다. 최소한 한 종류의 새는 소음을 뚫고 자기 목소리를 들리게 하는 방법을 찾았다. 네덜란드 과학자들은 박새 수컷이 붐비는 거리 근처에서 노래하는 소리와 조용한 인근에서 노래하고 있는 소리를 녹음했다. 이 과학자들은 박새 같은 새들이 노래하는 가락을 분석하면서, 거리의 새들은 높은 음정으로 노래를 부르고 있다는 것을 알게 되었다. 이 새들은 자동차의 소음 속에서 음정을 높여 소리를 전한다. 여러 조류 개체들의 평균을 내볼 때 하얀색 피아노 건반에서 검은색 피아노 건반으로 올라가는 것과 같은 정도로 음정을 올린다.

기후 변화의 위협

우리 인간 세상의 풍경은 대부분의 동물들이 변할 수 있는 것보다 더 빨리 변한다. 그래서 유연성을 특성으로 지닌 동물이 공기의 변화에 적응하는 데 성공하는 경향이 가장 크다. 그러나 기후 변화는 가장 적응성이 큰 동식물의 한계까지도 시험할 것이다.

기후 변화는 전혀 새로운 일이 아니다. 이 지구에서 기후 변화는 끊임없이 계속된다. 갑작스러운 기후 변화 역시 특별하지 않은 일이다. 멸종의 재앙을 일으킨 기후 변화조차 그 선례가 있다. 수은주가 갑자기 올라간 일에서 새로운 점은, 우리가 원인이라는 사실이다. 동식물이 처한 고난은 내 도요타 차와 전기 오븐 때문이다. 기후 불안정의 두 번째 새로운 점은, 우리가 우리의 지구 동료들을 잘 알아서 그들이 처할 시련에 유감을 느낀다는 것이다.

여러 서로 다른 뒤뜰들은 서로 다른 시련을 겪기 때문에, 과학자들은 지구 온난화가 아닌 지구 기후 변화라는 용어를 쓴다. 내 뜰에서 북서쪽에 있는 캐나다의 중심은 이미 기온이 7도에서 8도 상승했다. 그러나 캐나다 동부 연해주Maritime Provinces는 이와 필적하는 속도로 기온이 하강했다. 이곳 메인 주에서 겨울밤은 더 따뜻해졌다. 진눈깨비가 눈보라를 대신하고 있으며, 눈으로 뒤덮인 벌

판은 봄에 한두 주일 먼저 녹고 있다. 현지의 사탕단풍sugar maple
이 익숙한 추운 밤을 겪지 못해 제대로 성장하지 않아서, 단풍 수액
사업체들은 더 북쪽으로 이동하고 있다. 내 뜰 아래쪽에 있는 바다
는 수온이 100년에 6도 상승했다. 이 모든 변화는 이동성 있고 적
응할 수 있는 종에게 유리하고, 번식하기 위해 특정한 서식지나 특
정한 먹이가 필요한 종들에게는 험난한 도전이 된다. 까마귀와 다
람쥐 외에도 살아남는 동물들 중에는 다른 생태계에서 온 공격적인
침입자들이 포함되어 있다. 내가 어릴 적에는 사슴진드기가 이 주
변에 있다는 말을 들어본 적이 없었다. 이제 사슴진드기는 매년 메
인 주에 더 깊숙이 들어가고 있다. 겨울이 따뜻해질수록 죽는 모기
수가 적어지고 있다. 이것은 모기를 먹는 박쥐와 새들에게는 좋은
소식이지만, 웨스트나일 바이러스에 취약한 새들에게는 좋지 않다.
따뜻해진 바다가 갑각류를 곧바로 죽이지는 않겠지만, 우울한 사실
은 따뜻한 물이 바다가재를 무기력하게 만든다는 것이다.

　　일부 동물들은 사라지고, 일부 동물들은 적응할 것이다. 철
새들은 좀더 일찍 찾아오는 봄에 적응하는 것 같다. 이제 네덜란드
해안 북쪽의 헬골란트Helgoland 섬을 지나 이주하는 거의 모든 종
이 40년 전보다 일찍 도착한다. 어떤 종은 거의 두 주일 먼저 온다.
유사한 '이른 새' 유형은 다른 곳에서도 나타나고 있다.

　　한편 철새들이 또한 이전보다 가을에 더 늦게 남쪽을 향하
느냐 하는 문제는 과학자들로부터 덜 주목을 받았다. 나는 울새가
암흑 속에 우는 소리를 들은 밤에 그 날짜를 기억했다. 이듬해 가을
에는 아마 내가 대기 중에 울리는 소리를 들을 만큼 운이 좋을 것이

고, 나는 달력을 확인하며 철새들이 더 길거나 더 짧게 머무는지를 볼 수 있을 것이다. 보통 확실한 데이터를 축적하는 데는 몇 년이 걸린다. 하지만 우리는 어딘가에서는 시작해야 한다. 그리고 사실 이것은 구실에 불과할 것이다. 겨울이 공기를 바꾸고 실내가 아늑해지고 있을 때, 밤에 이동하는 동물들을 발견할 수 있다는 생각은 밖으로 나가서 산책할 마음을 품게 할 것이다.

 겨울

WINTER

10 그해의 가장 추운 열사흘

10월의 어느 아침에 나는 창밖을 보며 빗물이 지붕에서 흘러 떨어지는 것을 본다. 1분 뒤에 나는 다시 본다. 공기는 깃털로 가득하다.

눈? 10월 말에? 이 지역에서 첫눈은 보통 한 달 뒤에나 온다. 보통 눈은 내리면서 녹고 1월까지는 별로 많이 내리지 않는다. 내 기억이 틀리지 않는다면, 화이트크리스마스는 아주 드물다. 그러나 이번 해는 그런 전형적인 겨울이 아닐 것이다. 이번 겨울은 곤충을 몰살시키는 계절이 될 것이다. 이번 겨울에는 박새가 가슴에 저장해둔 모든 지방을 태울 것이다. 이번 겨울에는 짝 없는 수컷 여러 마리가 암컷들만 사는 보금자리의 문 앞에서 딱딱 떨리는 부리 사이에 깔끔 선물을 물고서 애원하는 것을 보게 될 것이다.

두 달 안에, 내 잔디밭을 비추는 태양이 더 낮게 기울어져 있을 때, 미세한 결정으로 만들어진 눈은 소리를 차단할 것이다. 그러나 오늘의 눈송이는 시리얼 크기 정도이다. 이 눈송이들이 잔디밭에 불시착하여 잔디를 흠뻑 적신다. 나무에 아직 나뭇잎들이 많이 남아 있는 때로서는 이상한 장면이다. '까악'과 어른 까마귀 한 마리가 천천히 나아가고 있다. 까악은 공중으로 뛰어올라 떨어지는 눈송이에 달려든다. 그리고 이 두 까마귀 모두 사과나무 꼭대기로 물러간다. 깃털이 축축해지자, 까마귀들은 나뭇가지 두세 개를 뛰어내려 잎 아래에 숨는다. 잎 아래 숨을 수 있는 호사도 머지않아 끝날 것이다.

한 시간 뒤 눈이 비로 다시 바뀌면서 겨울의 위협은 사라진다. 오후에 곤충들은 경고에서 벗어났다. 각다귀는 나무 테라스 옆에서 빙빙 돌고 거미 바베트의 현관 여동생은 파리를 잡았다. 그런데 왜 이렇게 눈이 일찍 왔을까? 사실, 기상 통보관 데이브 산토로의 대답에 따르면 다음과 같다. 눈이 지금 오는 것이 정상에 가깝다.

데이브는 현지 CBS 계열 방송국 WGME 13의 수석 기상학자이다. 그는 전진하는 한랭전선을 확인하면 흥분해서 진한 눈썹을 치켜 올리는 부류의 기상 통보관이다. 그는 카메라로 몸을 기울여 응축된 수분이 대기에 열을 어떻게 방출하는지를 설명한다. 데이브의 말에 따르면, 자신은 '기상학광met-Herb'이다. 그는 기상학에 열광하는 괴짜이다.

그는 어느 추운 저녁에 방송 사이에 내게 말한다. "이번 10월은 평소보다 춥습니다. 때로는 우세한 바람이 자리를 잡아 방향이 변하지 않습니다. 제트기류의 방향이 몇 달간 변하지 않을 수 있습니다!" 이 예언은 증명되었다. 갑작스러운 추위가 연속적인 강추위로 바뀌어 다섯 달 동안 지속될 것이다.

　11월 말에 눈이 계속 1센티미터 조금 넘게 내린다. 동물의 뒤를 쫓는 데는 이런 날씨가 이상적이다. 밤에 나무 테라스를 건너 뛰어가는 쥐는 모두 발톱 자국을 남긴다. 까마귀는 날아오를 때 눈 속에 날개 자국을 새긴다. 다람쥐의 발자국으로부터 나는 그 녀석의 주머니 속에 들어 있는 동전 개수까지 짐작할 수 있다.

　그러나 매번 눈이 내리고 하루 이틀 뒤에는 공기가 따뜻해지고 쓰러진 잔디와 갈색 잎 아래에 눈 녹은 물이 똑똑 흘러내린다. 너무 오랫동안 땅에는 풀 한 포기 나지 않는다. 차가운 공기가 흙 알갱이들 사이에 침투한다. 차가운 공기의 흐름이 벌레 구멍으로 스며들어 거미의 굴로 들어간다. 추위는 매일 땅 속으로 더 깊이 침투한다. 이런 일은 예정된 일이 아니다. 잠자는 뿌리와 꽃 구근과 벌레와 곤충은 자연에 의지하여 하얀 누비이불 아래에 숨을 생각이었다. 새로 내린 눈은 거의 유리섬유 단열재만큼 보호물 역할을 하여 땅의 열을 유지한다. 눈이 어느 정도 내린다면 차가운 공기가 땅 속에 침투하는 것을 늦출 것이다. 땅은 1미터 50센티미터가 아니라 1미터 20센티미터 깊이 정도로 얼 것이다.

　동지가 되었지만 아직 눈은 오지 않는다. 현관 계단 위의 손님들에게 잘 가라고 인사할 때, 내가 뱉은 숨이 별이 총총히 빛나는 맑은 하늘로 올라간다. 마침내 크리스마스에 폭풍이 내 뜰에 휘몰아친다. 높은 곳에서 수증기가 순환하는 사막의 흙, 소행성 파편, 산불의 재에 달라붙는다. 바람이 구름을 동쪽으로 밀어내자 이 얼음 핵은 별 같은 눈송이로 자랐다. 너무 무거워져서 바람을 탈 수 없게 되자 눈송이는 떨어졌다. 이제 눈송이가 떨어질 때 강풍이 눈송이를 강타한다. 눈송이의 가지가 꺾여 떨어진다. 눈 부스러기가 내 덧문을 살랑살랑 두드린다. 6미터 거리에 있는 이웃 휴의 집이 보이지 않는다. 서쪽에 있는 뉴욕 올버니Albany에서는 눈 부스러기들이 시간당 13센티미터씩 내리고 있다. 텍사스도 화이트크리스마스를 맞이한다. 커다란 구름 아래의 내 뜰은 이른 오후에도 어둡다. 그리고 우리가 크리스마스 다음 날 햇빛 속에 다시 걸어갈 때 잔디는 45센티미터 두께의 담요 밑에 있다.

이는 지표 밑의 동물들에게는 아주 좋은 일이다. 마침내 이 동물들은 얼마간의 보호를 받게 되었다. 그러나 지표 위의 동물들은 무엇을 먹을까? 어젯밤까지 쥐들은 씨앗을 찾아 풀 한 포기 없는 땅을 돌아다녔을 것이다. 흰관참새들은 마른 잔디를 자세히 조사할 수 있었다. 까마귀들은 언 배를 마구 쪼고 대기 중에서 추위에 잘 견딘 파리를 낚아챌 수 있었다. 나는 나가서 까마귀들에게 먹이를 준다. 개 사료가 눈 속으로 가라앉아 보이지 않지만, 까마귀들은 아무튼 떡갈나무 가지에서 내려온다. 까마귀들은 가슴까지 눈 속에 파묻혀서 먹이를 찾아 비틀거리며 나아간다. 까마귀들은 폭신한 눈에 정신이 팔려서 머리를 적시고 퍼덕거리며 목욕을 한다. 꼬리가 L자로 구부러진 다람쥐 '갈고리'는 까마귀들을 지나 뛰어가 열심히 길을 헤쳐 간다. 이렇게 가는 것은 앞으로 더 쉬워질 것이다. 맨 위의 눈송이가 뭉쳐서 딱딱해지면 까마귀나 다람쥐를 지탱할 수 있을 것이다. 그리고 새해 전날 내 뜰은 훨씬 전형적인 폭풍우를 맞았다.

대서양이 따뜻하게 데운 공기가 미국 동해안 위로 소용돌이쳐 올라가 비를 퍼붓는다. 이 비가 내 추운 세계와 만나서 언다. 모든 가지에 얼음 층이 쌓인다. 나무 테라스 난간은 아주 미끄러워서 앉으러 온 찌르레기들이 바로 반대쪽으로 미끄러진다. 녀석들은 광대처럼 넘어진다. 쌓인 눈이 굳은 표면 위에서 까마귀들이 넘어져, 샛길을 타고 작은 우묵한 땅까지 미끄러진다. 어린 소나무들은 잎을 땅 쪽으로 구부린다. 해안 쪽에 사는 사람들의 집에는 전기가 나간다. 잎에 얼음이 붙은 소나무 가지가 뚝 부러져 지붕을 들이받는다. 차들은 전신주에서 빙글 돈다. 그렇다. 이번 겨울은 메인 주 해안 특유의 겨울이다.

데이브 산토로는 대서양의 따뜻한 멕시코만류가 찬 대륙과 뚜렷이 온도 차이가 나서 이 폭풍우를 동부 해안에 보냈다고 말한다. 나는 북쪽에서 불어오는 건조하고 찬 폭풍을 더 좋아한다. 내 동물들도 그럴 것이라고 나는 생각한다.

추위를 견디자

이 곤란한 상황을 피하기 위해 왜 살아 있는 모든 다람쥐와 까마귀는 겨울잠을 자거나 남쪽으로 급히 도망가지 않을까? 왜 녀석들은 매섭게 추운 날씨 내내 잠을 자지 않고 끝까지 버틸까?

한편, 나는 이주할 능력이 있는 포유류인데 왜 플로리다로 가지 않을까? 이에 대한 실질적인 답은, 남쪽으로 가려면 내가 이동해서 남쪽 영역을 확보하는 데 비용이 들 것이기 때문이다. 그리고 봄에 돌아왔을 때는 내 이전 영역이 침입당했을 가능성이 높다. 게다가 나는 겨울에 이곳에서 식량을 찾는 방법을 알고 있고 꽁꽁

얼 위험을 줄이는 행동을 채택했다. 그리고 까마귀나 다람쥐도 아마 나와 똑같이 대답했을 것이다. 까마귀나 다람쥐는 돈보다는 체지방으로 비용을 계산하겠지만 경제적인 원리는 같다. 따라서 그답은 분명 다람쥐나 까마귀로서는, 몰아치는 바람과 눈 속에서 사는 것이 이주하거나 겨울잠을 자는 것보다는 쉽다는 것이다. 물론 쉬워 보이지는 않지만 말이다.

"한 해의 가장 추운 열사흘은 평균 언제일까요?" 데이브 산토로는 1월 13일 텔레비전 화면에서 이렇게 질문한다. "언제 시작될까요?" 그의 눈썹이 올라간다. 파란색 단어가 점점 더 크게 빛나며 결국 화면 전체를 채운다. **내일입니다**. 최근의 밤에는 수은주가 영하 12도, 심지어 영하 15도까지 떨어졌다. 데이브는 다음 며칠 밤은 영하 18도까지 떨어질 것이라고 말한다. 다음 날 아침 눈신끈을 묶을 때는 영하 11도이다. 나는 뜰을 둘러보며 누가 살아남았는지 확인한다.

일부 포유류는 그해의 가장 추운 열사흘 내내 겨울잠을 자는 대안을 갖고 있다. 그러나 대부분의 종은 정면으로 추위에 맞서도록 진화했다. 오늘 아침에 쥐가 지나간 자국이 나무 테라스 계단에서 차로 쪽으로 삽으로 판 길을 따라 찍혀 있다. 쥐는 방향을 틀어서 쌓인 눈 더미의 구멍으로 들어갔다. 나는 무릎을 꿇고 굴로 들어가는 출입구들을 찾는다.

나는 크리스마스에 폭풍이 불어 45센티미터 두께의 눈에 쥐가 깔렸을 때 안됐다는 생각이 들었다. 그러나 그 눈은 아마 축복이었을 것이다. 우선 녀석들은 이제 올빼미와 고양이, 그리고 다른 야행성 사냥꾼들의 시야에서 벗어나 돌아다닐 수 있다. 녀석들은 비밀리에 새 모이에서부터 훔친 옥수수를 감춘 곳까지, 썩어가는 할로윈 호박등불까지 부지런히 돌아다닐 수 있다. 나는 삽으로 얼음과 눈의 45센티미터 층을 파서 언 잔디 위에 온도계를 놓고 구멍을 메운다. 이 온도계를 30분 뒤에 도로 꺼내어 수은주를 읽었다. 영하 3도로 대기 온도보다 8도 높다.

하루 중 이때 내 쥐들은 눈 아래 깊은 곳에서 지방을 아긴다. 녀석들은 지방을 더 오래 유지하기 위해서 가을에 털을 여몄다. 사슴쥐의 겨울털은 여름털보다 3분의 1 더 따뜻하며 부풀어 있다. 오웬스 코닝Owens Corning(세계 최대의 유리섬유 제조 회사—옮긴이) 단열재의 핵심은 유리섬유가 공기를 막아서 열의 이동을 늦추는 것이다. 쥐털은 조절 가능한 유리섬유라 할 수 있다. 이런 날에 내 쥐들은 털에 공기를 넣어 부풀린다. 그리고 운이 좋아 1월에 눈이 녹으면 털을 펴서 공기를 내보낼 수 있다. 또 쥐들은 긴 내복을 입을 수 있다. 가을에 낮이 짧아질 때 쥐들은 아마 갈색지방을 준비하기 시작했을 것이다. 갈색지방은 백색지방과 마찬가지로 채열을 잡아두는 역할을 한다. 그러나 갈색지방은 온기를 내기도 한다. 여름에 한기를 느끼는 쥐는 몸을 떨어, 근육세포에서 대사 작용을 하여 체온을 높인다. 그러나 이는 우리가 주차장에서 차 엔진을 가동하여 히터를 계속 켜두는 것과 비슷한 일이다. 갈색지방은 근육의 마모나 파손 없이 자체로 열을 생성한다.

숨어 있는 쥐들에서 열이 발산되는 것은 불가피해 보인다. 그러나 이 열이 차가운 공기로 곧장 나가는 것은 아니다. 눈 아래와 나무 구멍 속에서 쥐들은 풀과 잘린 잎으로 가장자리를 두른 보금자리를 지었다. 보금자리는 침낭처럼 체열이 급히 새나가는 것을 막는다. 쥐들이 침낭 하나에 모두 들어간다면, 지방을 훨씬 더 잘 이용할 수 있다. 쥐들은 여름에는 적극적이고 영역을 중요시하지만, 겨울에는 서로 껴안는다. 서로 모르는 열두 마리까지 보금자리 하나를 함께 쓸 것이다. 쥐들의 몸 표면 대부분에 다른 쥐가 붙어 있어서 공기에 노출되는 부분이 적어진다. 모든 쥐들은 더 오랫동안 따뜻하게 머물 수 있다. 이렇게 뭉쳐 사는 일에는 한 가지 심각한 문제가 있는데, 둥지 근처의 구역에서 먹이 경쟁이 치열해진다는 것이다. 그러나 바싹 붙어 있음으로써 얻는 이익이 손해에 비해 더 큰 것이 분명하다. 뭉쳐 있는 쥐들은 따로 있는 쥐들보다 몸무게가 주는 경향이 있고, 이는 동료들과 평화를 유지하는 것이 먹이를 먹는 것보다 더 중요하다는 사실을 가리킨다.

이런 모든 예방조치를 취해도 쥐는 매일 태우는 열량만큼의 양분을 찾는 데 여전히 실패할 수 있다. 그런 경우 녀석은 체온을 이삼 도 낮추어 얕은 휴면 상태에 들어간다. 그리고 이것은 효과가 있다. 이 차디찬 날을 한 둥지 안에서 처음 보는 녀석들과 바싹 붙어 지내고 좀 게을러진 쥐는, 침낭이나 친구 없이 깨어 있는 쥐에게 필요한 열량의 반도 안 되는 양만 태울 것이다.

다람쥐들은 겨울 내내 더 어려운 길을 걷는다. 뭉툭이와 갈고리와 친구들은 체온과 먹이 공급 주기가 바닥으로 푹 꺼져 있는 때에 짝짓기 마라톤을 실시한다. 나는 가장 가까운 사과나무에서 뒤틀린 줄기 위의 하얀 눈을 자세히 본다. 황갈색이 보인다. 오줌인가? 놀랍게도 향긋한 꽃 냄새가 난다. 그러나 오줌이 분명하다. 줄기 주위를 돌면서, 다람쥐가 나무줄기에 뚫린 구멍 주위에서 나무껍질 덩어리를 이빨로 자른 것을 발견한다. 다람쥐 수컷은 암컷들에게 보내는 메시지를 남겼다.

녀석들은 모두 요즈음 괴상하게 행동했다. 나는 덤불에서 기이한 짓을 하는 갈고리를 보았다. 1분간은 멀쩡하다가 그 다음엔 근처의 가지에 숨고 가지 주위를 열두 차례 빙빙 돈다. 나는 녀석이 덤불과 싸우고 있는지 아니면 덤불과 하나가 되고 있는지 아니면 그저 힘을 빼고 있는 건지 구분할 수 없다. 갈고리는 나뭇가지에서 튀어나가 자리를 잡기 전에 30초 동안 몸부림을 친다. 이 행동이 어떤 기능을 하는지 알지 못하기에 녀석이 열량을 낭비하고 있다고 말할 수는 없다. 녀석은 '피투성이 짝짓기 경주'에 대비해 훈련을 하고 있는 중인지도 모른다. 이 일은 분명히 열량의 측면에서는 막심한 손해일 것이지만 낭비는 아니다. 이를 통해 새끼들을 낳을 수 있다.

추운 날들이 지나가면서 경주 전 정식 절차는 강화된다. 다리가 절단된 작은 뭉툭이는 평소에는 검게 변한 도토리를 나무 아래의 메마른 흙에서 캐내는 한 마리의 다람쥐에 불과하다. 어느 날부터 뭉툭이는 스타가 된다. 어디를 가도 최소한 수컷 한 마리는 따라온다. 항상 뭉툭이의 자국을 따라 두세 마리가 성큼성큼 걸어온다. 그리고 이것은 가장 중요한 행사도 아니다. 수컷들은 그저 뭉툭이의 호르몬 상태를 점검하고 있는 것이다. 수컷들은 뭉툭이가 짝짓기를 할 준비가 된 아침에 자신들이 잠들어 있는 상황을 맞이하고 싶어 하지 않는다. 그래서 이삼일 동안 수컷들은 열량 모으기를 그만두고 뭉툭이의 페로몬 냄새를 맡는 데 전념한다. 녀석들은 모아둔 지방을 무모하게 태운다. 뭉툭이를 쫓아 나무줄기 위에 한 번 올라갈 때마다 상당한 열량을 태운다. 경쟁 상대인 수컷 한 마리를 쫓아낼 때마다 또 열량이 소비된다. 그리고 뭉툭이는 이 수컷들의 유일한 목표가 아니다. 아마 매일 아침 인근의 모든 수컷들은 뜰을 한 바퀴를 돌며 암컷 여섯 마리의 냄새를 맡고 있을 것이다.

뭉툭이 인생 최고의 날이 밝으면, 뭉툭이는 암컷 가족과 함께 쓰는 떡갈나무 나뭇잎 보금자리 밖으로 고개를 내민다. 녀석은 인근의 모든 수컷과 얼굴을 맞댄다. 수컷들은 때가 왔음을 알고 있다. 일부 수컷들은 이 보금자리 근처의 위치를 두고 싸워서 이미 귀나 궁둥이에 피를 흘리고 있을 것이다. 어떤 수컷 한 마리는 그 보금자리 안으로 기어 들어가려고까지 할 것이다. 뭉툭이는 이 녀석에게 나가라고 호통칠 것이다. 그리고 뭉툭이는 도망갈 것이다.

수컷들은 따라간다. 과학자들은 이 이벤트를 짝짓기 시합이라고 부른다. 다람쥐들에게 짝짓기는 접촉 스포츠이다. 뭉툭이가 지그재그로 움직이며 나무줄기 위아래로 곡선을 그리며 나아갈 때 수컷들은 그 뒤에서 서로 떠밀면서 으르렁거린다. 앞선 녀석들은 뒤에 따라오는 녀석들에게 궁둥이와 꼬리를 노출시킨다. 뒤처진 녀석들은 그 궁둥이에 상처를 입히고 꼬리를 물어뜯는다. 수컷들 간의 경쟁이 광분 상태까지 되면 수컷들은 암컷의 모습을 놓쳐버린다. 그럴 때 녀석들은 새나 착각을 일으킬 수 있는 다람쥐만한 다른 것을 보고 쫓아 달려갈 것이다. 다람쥐 연구자 마이클 스틸과 존 코프로스키가 한번은 짝짓기 추적 중에 소프트볼 공을 굴리자, 수컷 여섯 마리가 무리에서 벗어나 공에게 구애했다고 한다. 수컷 한 마리는 결국 높은 나뭇가지 위에서 뭉툭이를 꾀어 잡고 짝짓기를 할 것이다. 그러나 이 수컷이 다른 수컷들의 들이받고 치는 공격을 물리칠 수 있다고 해도 여전히 수정의 특권을 놓칠 수 있다. 뭉툭이는 이른바 '이탈' 시간에 수컷의 손아귀에서 휙 벗어날 수 있다. 뭉툭이는 나무에서 내려와 더 안전하고 조용한 지점으로 갈 것이다. 그곳에서 녀석은 자신을 발견한 첫 번째 수컷과 짝짓기를 할 것이다. 어린 수컷들은 이때를 노리고 있다. 나이 많은 수컷들과 싸우며 에너지를 낭비하는 대신에, 몇몇 현명한 젊은 수컷들은 땅에서 이탈 시간을 기대하며 시간을 보냈다.

뭉툭이와 짝짓기를 하는 수컷은 두 단계를 거쳐 정자의 성공을 도모한다. 일을 확실히 굳히기 위해, 수컷의 사정액은 굳어져 '생식 마개'가 되어 뭉툭이의 질을 막는다. 그리고 수컷은 한동안 뭉툭이를 보호하여 그의 정자들이 경쟁에서 한발 앞서 나갈 수 있게 한다. 뭉툭이는 자기 털을 고르고, 생식 마개를 뽑고 나서 짝짓기 경주를 재개한다. 오후의 태양과 함께 흥분이 가라앉을 때쯤 뭉툭이는 수컷 두 마리 내지 네 마리의 정자를 모았을 것이다. 그중 일부는 아주 건강한 녀석들이고, 일부는 아주 운이 좋았다. 수컷 몇 마리는 이 경주에 자신들이 가진 모든 것을 불태웠을 것이다. 『북아메리카 나무다람쥐』에서 스틸과 코프로스키는 어느 날 아침 여우다람쥐가 잠자리에서 기어 나와 땅 위에 엎드려 죽었다고 기록한

다. 이 난봉꾼 같은 녀석은 이전에 암컷 다섯 마리와 짝짓기를 했었
고, 부검 결과 굶어 죽었다고 한다. 내가 사는 지역의 다람쥐들은
난투극으로 약간 다친 정도에서 그쳤다. 모두들 꼬리털에 이빨 크
기의 틈이 있고 두 마리는 귀가 찢겼다.

　　뭉툭이는 이제부터 먹이가 눈과 얼음 50센티미터 아래에
묻힌 막막한 겨울에 뱃속의 새끼를 길러야 한다. 그러나 이런 매서
운 한겨울에도 살아갈 방법이 있다. 새끼들이 나오는 시기는 봄에
먹이가 쏟아져 나올 때와 일치할 것이다. 그리고 내 뜰의 다람쥐 숫
자를 봤을 때, 이 다람쥐들은 잘 해나가고 있다. 그럼에도 불구하고
나는 뭉툭이에게 미안함을 느낀다. 그래서 나는 매일 아침 눈 위에
옥수수와 해바라기 씨 혼합물을 열심히 뿌린다. 갈고리와 꼬리가
큰 다람쥐 ‘솜털’이 이 혼합물 대부분을 먹는다. 그러나 뭉툭이는
오후에 나머지를 찾아서 온다. 내가 나가서 뭉툭이에게 더 던져주
면, 녀석은 가짜 다리를 끌고 덤불로 달려간다.

동물들의 겨울잠

내 포유류들 대부분은 쥐와 다람쥐들처럼 터벅터벅 힘겨운
발걸음으로 겨울을 헤쳐 나간다. 설치류는 추위에 떠는 곤충을 사
냥한다. 주머니쥐들은 퇴비 더미를 파고 새끼를 임신한다. 스컹크
구리구리도 내가 스컹크의 흔적을 보고 피하기 전에 현관 아래에
서 가끔 화학 구름을 분출한다. 그러나 눈에 띄는 동물은 한 마리
도 없다.

　　나는 헛간을 지나 저벅저벅 걸어가 구석에서 마못의 구멍을

점검한다. 나는 투명한 바람 속에 서서, 아무것도 못 들을 줄 알면서도 귀를 기울인다. '뚱보 엄마'가 바로 내 신발 밑에 있다고 해도 나는 결코 알지 못할 것이다. 내가 뚱보 엄마의 동면 장소 안에 있더라도 들리는 것이 거의 없을 것이다. 뚱보 엄마는 어느 곳에서 웅크리고 자고 있든지 이삼 분에 한 번씩만 숨을 들이쉰다. 내게 청진기가 있어서 녀석의 가슴에 대볼 수 있다면, 15초를 기다려야 심장 소리를 들을 것이다.

겨울잠은 드문 기술이다. 내가 겨울잠에 대해 알고 있다고 생각한 모든 것은 잘못되었다. 예를 들어, 흑곰은 겨울잠을 자는 대표적인 동물일까? 학술적으로 볼 때 흑곰은 겨울잠을 자지 않는다. 흑곰은 너무 자주 숨을 들이쉬고, 너무 따뜻한 채로 있고, 너무 쉽게 잠에서 깬다. 흑곰은 자격미달이다. 이삼 일 동안 연이어 정신을 잃는 스컹크, 너구리, 얼룩다람쥐 등의 동물들도 겨울잠을 잔다고 할 수 없다. 그러나 마못은 겨울잠을 자는 동물이다.

뚱보 엄마가 지난 가을에 풀을 깔아놓은 동면 장소로 들어갈 때, 뚱보 엄마의 세포들은 연료를 태우는 속도를 늦추었다. 차갑게 타는 세포들은 연료를 조금만 필요로 하기 때문에 심장이 뛰는 속도가 1분당 두세 번씩 펌프질을 하는 수준까지 떨어졌다. 세포에 산소가 덜 필요해졌기 때문에 호흡도 삼사 분에 한 번만 숨 쉬는 것으로 줄어들었다(이와 대조적으로 혹독한 날씨에 이삼 일씩 잠을 자는 얼룩다람쥐는 여전히 1분에 스무 차례씩 숨을 쉰다). 뚱보 엄마의 느린 대사 작용은 열을 덜 발산해서 체온이 영상 4도까지 내려갔다. 뚱보 엄마는 얼어붙는 것을 피하기 위해 갈색지방을 조금씩 태우고 있다.

　이 정도만 해도 된다면 겨울잠은 식은 죽 먹기일 것이다. 그러나 문제가 몇 가지 있다. 우선, 갈색지방이 타려면 물이 필요하다. 눈 아래, 그리고 땅 아래에서, 뚱보 엄마의 몸이 점점 탈수되어 가고 있다. 이 문제는 다른 문제로 일부 해결된다. 녀석은 근육도 태운다. 이 때문에 녀석은 봄에 약해질 것이지만, 최소한 이 과정에서 물 일부를 피에 보낸다. 두 번째 어려운 점은 약 2주마다 한 번은 체온을 높여 겨울잠에서 깨어나야 한다는 것이다. 이는 저장된 지방을 소름끼치게 많이 소비해야 하는 일이다. 겨울잠을 자는 동물들은 이렇게 몸을 데우는 데 겨울 지방층의 최소한 절반은 쓴다.

　뚱보 엄마는 일어날 때마다 땅 속의 변소에 몸을 끌고 가서 배변을 한다. 그러나 그렇게 많은 지방을 써서 일어나는 이유가 배변하기 위해서는 아닐 것이다. 오히려 필사적으로 잠을 자야 하기 때문일 것이다. 이상하게 들릴지 몰라도, 들다람쥐의 뇌파는 들다람쥐가 겨울잠을 잘 때부터 수면 부족을 느끼기 시작한다고 나타난다. 이 수면 부족은 누적된다. 일주일 정도 지난 다음 겨울잠을 자는 들다람쥐는 지방 한 양동이를 불 속에 붓고 체온을 정상 범위까지 올린다. 그리고 녀석은 정상적인 수면을 취한다. 한나절 뒤에 녀석은 다시 체온을 낮추어 깊은 겨울잠으로 돌아간다.

　잠에서 깨어나는 목적은 복합적이다. 오하이오 대학교의 한 젊은 심리학자는, 겨울잠을 자는 동물들이 잠에서 깨어 면역계에 병원균을 찾을 기회를 주는 것이 아닌가 생각한다. 브라이언 프렌더개스트Brian Prendergast는 겨울잠을 자는 노란목덜미땅다람쥐에게 박테리아 조각을 주입하여, 면역계가 방어적인 열을 내도록 했다. 그러나 아무 반응도 일어나지 않았다. 적어도 이 다람쥐들이 이삼 일 뒤에 몸을 데우는 자연스러운 주기로 들어갈 때까지는 그랬다. 그러고 나서야 열이 났다. 프렌더개스트는 백혈구가 겨울잠을 잘 때의 저체온에서는 기능할 수 없다는 이론을 세운다. 프렌더개스트는 다람쥐가 겨울 동안 이렇게 체온을 올리면서 체지방의 80퍼센트를 소비한다는 것을 알아냈다. 그러므로 무엇 때문이든지 잠에서 깨는 것은 중요한 일일 것이다.

뚱보 엄마는 내 신발 아래에서 숨을 쉰다. 겨울잠은 알려진 것처럼 쉬운 삶이 아니다. 겨울 내내 사냥하는 설치류 동물들은 추운 가운데서도 체중을 늘릴 수 있지만, 뚱보 엄마는 야위고 약해지고 있다. 그러나 겨울을 헤쳐 가는 어떤 길도 쉽지 않다. 이 마못은 지난 가을에 마르고 죽은 풀만 먹었기 때문에 겨울잠을 잔다. 녀석은 아침에 먹이를 새로 구하기 전까지는 저녁 먹은 것으로 오래 버티려는 생각으로, 천천히 열량을 태우는 것이다. 이와 대조적으로, 겨울에 먹이를 저장하는 데 에너지를 투자한 다람쥐와 쥐는 이제 먹이를 도둑질당하는 위험에 처하는데, 이것은 비참한 결과를 가져올 수 있다. 식성이 다양해서 눈 더미에서 파내는 무엇이든 먹을 수 있는 너구리와 스컹크도, 열량을 찾는 개나 코요테에게 당할 수 있다. 겨울은 언제나 누구에게나 힘들다.

새들의 겨울나기

이렇게 쌀쌀한 날에 작은 새들은 뜰에 잘 나타나지 않는다. 아마 이런 새들은 여행사 창문 밖에 앉아서 코스타리카를 꿈꾸고 있을 것이다. 그러나 까마귀들은 단 하루도 빼먹지 않는다.

요즘 아침에 까마귀들은 까마귀 떼에서 배고픈 채로 나와 집으로 온다. 까마귀들은 떡갈나무에 앉아서 내가 녀석들을 알아채기를 기다린다. 내가 먹이를 던지면 까마귀들은 보통 때보다 덜 빈둥거리고 눈치 보면서 퍼덕거리며 내려온다. 안 그러면 갈매기나 찌르레기가 먹이를 채가는 일이 많기 때문이다. 새들은 먹이를 먹는 사이에 발 하나를 들어서 가슴 깃털 가운데에 두어 이 발을 따뜻하게 데운다. 나는 내 발가락을 실내에서 데우며, 피터 마천드Peter Marchand의 『추위 속의 삶Life in the Cold』을 참고하여 왜 까마귀의 발이 오랫동안 얼지 않는지 본다. 까마귀들의 다리에는 열 교환기가 들어 있다고 마천드는 설명한다. 날이 추울 때, 차가운 피는 뜨거운 동맥 주위에 싸인 특별한 정맥들을 타고 몸의 중심으로 돌아간다. 차가운 피가 따뜻해진다. 그리고 발에서 흐르는 동맥의 피는 발을 순환하기 전에 귀중한 열을 정맥으로 옮긴다. 발은 여전히 몸의 나머지 부분보다 차갑지만, 충분히 순환을 시켜 얼음을 기어오르거나 수상쩍은 스테이크 조각을 발차기로 날릴 수 있다. 나는 창문 밖으로 까마귀들이 곡물을 움켜쥐는 것을 본다. 요즘 까악과 늘 보는 어른 까마귀가 아주 가까이에서 먹이를 먹을 때 갑자기 찔리는 일을 당한다. 이 두 마리는 연장자들에게 넓은 장소를 줘야 한다는 사실을 배우고 있다. 이렇게 찌르는 것은 예절 학습일까, 아니면 까마귀들이 나만큼이나 올해의 가장 추운 열사흘을 달가워하지 않는다는 뜻일까? 데이브 산토로는 모든 공기 덩어리에는 그 자체의 분위기가 있다고 주장한다. 영하 11도로 계속된 날들에 서려 있는 분위기는 떨림과 긴장이다.

나는 까마귀와, 박새와 홍관조 같은 겨울새들 말고도 다른 누군가 있다는 것을 알고 놀랐다. 어느 날 나는 밖에서 떡갈나무에 있는 까마귀 두 마리가 눈 위에 있는 곡물을 챙기느라 신경을 곤두세우는 것을 본다. 가운데로 내 오랜 친구인 줄무늬새매가 달려들자 이웃의 뜰에서 두 마리가 더 날아온다. 줄무늬새매는 날개와 다리를 구부리고, 여러 까마귀와 나뭇가지를 피하며 목표로 날아간다. 줄무늬새매는 갈라진 나뭇가지에 불시착하여 몸을 흔든다. 녀석이 까마귀를 잡으려 해도, 내 친구들은 호락호락 당하지 않을 것이다. 아마 줄무늬새매는 풀이 죽어서 떠날 것이다. 이삼 일 뒤에 나는 대나무 숲에서 작은 참새를 발견한다. 눈은 피로 물들었고 깃털이 떨어져 있지만, 뼈는 거의 남아 있지 않다. 나는 나뭇가지로 눈을 헤쳐서 날개와 아랫부리와 분리된 윗부리 부분만 찾는다. 짓밟힌 눈 속에서 내가 구분할 수 있는 유일한 흔적은 살해 현장에서 오륙 센티미터 떨어진 반달 모양이다. 행복한 매가 꼬리를 흔든 걸까?

먹을 것이 없다면 육식 새들은 겨울에 이 부근에 계속 있지 않을 것이다. 찌르레기들은 많이 남아 있다. 나는 줄무늬새매가 찌르레기들을 즐겨 잡는다는 것을 알고 있고, 까마귀들도 곡물을 훔치는 찌르레기 떼를 발견하면 달려든다. 또한 까마귀들은 짹짹거리는 집참새를 먹는 것을 반기며, 까마귀들은 이 사냥에 성공했을 것이다. 어느 날 나는 1미터 80센티미터 높이의 개나리 덤불에서 갈색 덩어리 하나를 찾았다. 죽은 참새 한 마리가 뒤틀린 나뭇가지에 거꾸로 박혀 있다. 배고픈 날을 위해 남겨놓은 것이다. 이곳 주변에는 까마귀와 어치만 고기를 저장했고, 다음 날 나는 어치 한 마리가 죽은 참새 조각을 저장하는 것을 목격한다. 녀석은 대나무 줄기 옆의 눈 속에 덩어리 하나를 밀어 넣는다. 녀석은 날개 하나를 찢어서 남쪽 이웃의 지붕으로 가져가 지붕널들 사이에 꽂아 넣는다. 그러나 녀석이 그 참새를 죽인 건지 아니면 다른 새가 잡은 것을 약탈한 것인지는 모르겠다.

누가 갈매기를 죽였는지도 역시 수수께끼이다. 이번에는 핏자국이 없지만, 갈매기 깃털 절반 정도가 눈 위에서 날린다. 현장에는 흔적이 하나도 남지 않았다. 갈매기의 깃털을 뜯은 것이 누구이든지 나무에서 일을 저질렀다. 나와 까마귀들 모두 이번 겨울에 하늘에 떠 있던, 붉은꼬리매인 듯한 큰 매를 의심했다. 갈매기를 죽인 것은 올빼미일지도 모른다. 어떤 겨울에는 흰올빼미 한 마리가 캐나다에서 내려와 도심 건물이나 가로등에서 쥐를 잡는다. 흰올빼미들은 뒤뜰의 닭을 잡기도 하기 때문에, 갈매기를 잡을 수도 있을 것이다. 수리부엉이들도 닭과 까마귀를 잡는데, 왜 갈매기라고 잡지 못할까? 그러나 나는 이번 겨울에 이 녀석들을 한 마리도 보지 못했다.

도시의 포식동물들은 이삼십 년 전보다 지금 더 많은 메뉴를 선택할 수 있다. 박새와 검은방울새는 겨울에도 언제나 풍부한 먹이였다. 그러나 겨울이 따뜻해지면서 다른 맛있는 먹이들도 먹을 수 있게 됐다. 이번 겨울에는 흰관참새가 특별 메뉴이다. 이 줄무늬 머리의 귀여운 새들이 10월에 뜰에 나타났을 때, 나는 이 새들이 겨울에 계속 남쪽으로 갈 거라고 생각했다. 그러나 쌀쌀한 11월과 추운 12월 내내 이 새들은 뜰에 머물러 잔디 위에서 놀았다. 크리스마스에 눈이 내릴 때 나는 새들이 분명 떠날 거라고 생각했다. 그러나 새들은 떠나지 않았다. 이 새들은 집참새들의 위협을 무시하고 개나리 울타리에 둥지를 짓고 내가 매일 뿌린 씨앗을 모았다. 나는 피터슨의 안내서에서 새의 겨울 서식 범위를 나타내는 지도를 찾았다. 흰관참새의 서식 범위를 나타내는 푸른색 부분은 약 840킬로미터 남쪽의 뉴욕 롱아일랜드에서 끝났다. 그러나 내 안내서는 1980년에 발간되었다. 나는 인터넷에서 좀더 새로운 지도를 뽑았고, 푸른색은 이제 메인 주 해안까지 뻗어 있다.

북쪽에서 사는 것에 적응하고 있든지, 기후 변화의 이득을 보고 있든지, 흰관참새들은 힘든 올 한 해에 자신들의 한계를 시험하고 있다. 데이브 산토로에 따르면, 대서양을 건너는 제트기류의 속도를 늦추는 대기의 기어가 올해 기능을 제대로 못 했다고 한다. 그 결과 캐나다의 차가운 공기와 대륙의 매우 찬 공기 사이의 경계를 짓는 제트기류가 남동쪽 깊이 흘러갔다. 미국 동부는 강한 눈보라와 혹한에 습격당하고 있다. 어느 바람 부는 밤에 거센 바람이 우리 집의 북서쪽 벽을 뚫고 식기세척기 밸브 안의 물을 얼렸다. 아침에 식기세척기 밸브가 녹자 부엌 바닥 전체에 물이 홍건히 고였다. 나는 수건을 짜면서, 이주의 경제성을 다시 생각해본다. 그러나 아래로 처진 제트기류도 흰관참새를 롱아일랜드로 내쫓지는 못한다.

아마 흰관참새는 짐을 싸는 긴 시간 동안 먹지 않고 버틸 수 없을 것이다.

겨울의 하루를 지내는 것은 어떤 새에게도 쉽지 않다. 그리고 밤은 치명적일 수 있다. 그러나 물론 새들에게는 나름대로의 전략이 있다. 밤이 되면 울새들은 상록수에서 잘 곳을 찾는다. 그곳에서 울새들은 아마 밤새 몸을 부르르 떨며 근육을 움직여 열을 생성할 것이다. 녀석들은 깃털을 부풀린다. 또 머리를 뒤로 쑤셔 넣어서 몸의 표면적을 최소화한다. 어떤 녀석들은 체온을 이삼 도 떨어뜨려서 활기가 좀 없어지기도 한다. 나는 어떤 종은 쥐들처럼 한 곳에 모일지도 모른다고 생각한다. 숲에 사는 상모솔새가 그러는 것이 딱 한 번 보고되었다. 그렇지만 이 모든 예방책에도, 대부분의 새들은 가차 없는 밤을 단 하루만 버틸 수 있는 지방만 가지고 있다. 낮이 되면 새들은 더 연료를 찾는 것밖에는 다른 선택의 여지가 없다.

이 지식에 대한 내 반응은 예상할 수 있듯이 객관적이지 않다. 나는 내 새들이 처한 위험을 알기 때문에, 녀석들에게 성실하게 먹이를 준다. 홍관조들은 해바라기 씨를 받아먹는다. 참새와 검은 방울새는 작은 씨를 받아먹는다. 나는 울새들의 작은 다리가 지치지 않도록 눈을 단단히 다졌다. 까마귀들은 곡물과 식탁에 남은 찌꺼기를 얻는다. 그리고 새를 끌어들이고 이웃들에게 최악의 의심을 받지 않을 정도의 중용의 목소리로, 나는 속삭이듯 소리쳤다. "깍-깍. 깍-깍!" 그러자 까마귀들이 온다. 까마귀는 고기를 가장 좋아한다. 까마귀는 견과류도 몹시 좋아한다. 까마귀는 마른 고양이 사료도 먹긴 하지만, 아마 삼키는 것이 어려울 것이다. 까마귀는 잘 넘어가는 것을 찾을 때까지 X자 모양의 사료를 계속 뱉는다. 작은 곡물로 된 개 사료가 낫다. 크래커는 언제나 노력만큼의 가치가 있지는 않다. 빵도 괜찮지만, 어떤 먹이든지 큰 조각들은 갈매기들을 끌어들일 수 있다.

갈매기가 퍼드덕 퍼드덕 날개짓하는 소리가 내 얼굴에 위선의 찬바람을 일으킨다. 까마귀의 찬 발가락은 안타까워하면서, 갈매기나 찌르레기가 내려올 때는 창문을 세게 두드려 쫓아내는 것을 어떻게 생각해야 할까? 내 자신을 변호하자면, 찌르레기들은 무리를 지어 여행하여 60초에 곡물 0.5리터를 비울 수 있지만, 까마귀들은 여전히 혹시 악어가 있을까 살피며 발끝으로 눈을 건너고 있다. 그리고 찌르레기들은 세계를 정복하는 데도 도움이 필요 없는 유럽 종이다. 갈매기들…… 뭐 녀석들은 욕심이 많고 여섯 배 더 크다. 편치 않은 점은, 갈매기들이 이 인근에 와도 되는 유효한 여권을 가진 토종 새라는 점이다. 왜 갈매기들에게는 먹이를 주지 않나? 나는 이를 곰곰이 생각하면서, 까마귀들에게 먹이를 주기 시작해서 까마귀들을 뜰로 끌어들여 까마귀들의 멋진 행동을 관찰할 수 있게 된 것을 회상한다. 그리고 갈매기는 매혹적이지 않다. 나는 갈매기와 함께 자랐지만 갈매기가 재미있는 행동을 하는 것을 본 적이 없다. 여동생이 갈매기를 알 때부터 키웠지만, 그 갈매기가 삼킬 수 있는 물건이 얼마나 큰지 보고서만 강한 인상을 받았을 뿐이다. 그래서 거의 어떤 죄책감도 느끼지 않고 나는 찌르레기와 갈매기들에게 계속 돌, 정원의 쓰레기, 벙어리장갑 등을 던진다.

식물들의 겨울나기

작은 복숭아나무가 뜰에 보호받지 않고 서 있다는 것을 기억한 때는 1월 말이다. 이 나무의 부드러운 껍질이 쥐들에게 노출되어, 쥐들이 이 껍질을 뚫고 들어가 벗길 것이다. 나무의 순환계가 벗겨지면 이 나무는 겨울에 마른 막대기가 될 것이다. 나는 눈이 오기 전에 나무를 보호할 작정이었지만, 눈이 오기 전에 해야 할 일이 너무 많았다. 나는 나무 주위의 눈을 짓뭉개러 나갔다. 쥐들이 이 복숭아나무를 원한다면, 눈 위로 올라와 환한 별빛 아래에서 공격해야 할 것이다. 나는 눈을 짓뭉개면서 나무줄기에 흠을 내보는데 나무껍질 밑에 밝은 녹색이 나타나서 놀란다. 그러나 이는 다음과 같은 내용을 증명하는 것이다. 혹한의 몇 달 내내 겨울잠을 자는 동물들조차 완전히 멈추어 있지는 않다. 대부분의 생물은 살아 있기 위해서는 약간 깨어 있어야 한다.

민들레나 아스클레피아스 같은 여러 식물들은 살아남을 시도조차 하지 않는다. 이 일년생 식물들은 봄에 자신들의 이름을 이어받을 씨앗에 모든 에너지를 쏟아 붓는다. 그리고 이 식물들은 쓰러져 죽는다. 그러나 겨울에 삐걱거리는 떡갈나무를 포함한 다년생 식물들은 서서 추위에 맞서야 한다. 동물과 달리 식물들은 한 곳에 붙박여 있기 때문에 겨울잠을 자거나 보금자리를 짓는 선택을 할 수 없다.

다시 한 번 내 생각보다 식물들은 더 똑똑하게 행동한다. 8월로 돌아가서, 떡갈나무와 소나무는 그때 낮이 짧아지고 있는 것을 감지했다. 성장을 멈추는 호르몬이 나뭇가지와 잎에 퍼졌다. 얼음 결정이 세포 주위에 형성되리라고 예상한 세포들은 안쪽을 단단하게 만들어서 상처 입는 것을 방지한다. 이 나무들과 뜰에 있는 다른 모든 월동 식물은 얼지 않는 분자를 모아서 수액 속에 섞어 넣었다. 어떤 식물은 물을 당분으로 대체했다. 어떤 식물은 단백질을 수정했다. 어떤 식물은 바늘잎에 지방을 더했다. 어떤 식물은 여러 전략들을 결합하고 조화시켰다. 어떻게 했든지 간에, 내 나무들은 8월 말에 이미 혹한과 싸울 준비를 마쳤다. 나무들은 쉬면서 기다렸다. 10월 9일에 서리가 내렸다. 나무 주위의 일년생 식물은 얼었다. 토마토 잎 위에 내린 이슬이 얼고, 이 얼음 결정이 잎 조직 안으로 퍼져서 세포를 뚫었다. 아침 햇빛이 서리 앉은 잎에 내리쬐어, 결정이 녹고 세포는 진을 흘리고 잎은 흐느적거렸다. 내 나무들은 이런 황폐한 난장판 가운데에서도 굳건히 서서 다시 일을 했다. 나무들은 10월 내내 매일 더 많은 부동액을 저장했다.

수은주는 내려갔고 내 떡갈나무의 가지들은 찬 공기에 차가워졌다. 나뭇가지의 온도가 영하로 떨어진 날, 나무는 약간의 열을 얻었다. 내 떡갈나무는 온혈 식물인가? 냉혈 곤충이 체온을 올리고, 온혈 조류와 포유류가 체온을 낮추는 능력을 고려한다면 이런 질문도 용서받을 수 있을 것이다. 그러나 이런 열 분출은 얼음의 작용이다. 나무 세포들 사이의 공간에서 결정이 형성되었고 액체가 고체로 변하면서 열을 방출했다. 아주 잠깐의 현상일 뿐이다. 이 나무는 세포 내에서 물을 끌어낸 얼음 덕분에 좀더 이득을 얻었다. 이 세포들 안에는 부동액만이 남았다. 태양이 정오에도 남쪽 이웃의 지붕 뒤에 있는 겨울이 되었을 때, 이 나무는 거의 준비가 끝났다.

잎들은 사용하지 않는 양분을 나뭇가지에 다시 돌려놓았다. 나뭇잎과 나뭇가지 사이에 세포층이 자라서 둘 사이의 순환을 차단했다. 녹색 엽록소가 죽어가는 잎에서 사라졌다. 그리고 11월 중순에, 강풍이 몰아쳐서 하룻밤에 죽은 잎들을 모두 떨어뜨렸다. 옻나무는 수 주 전에 잎을 잃었다. 사과나무도 마찬가지였다. 라일락과 산벚나무는 잎이 이미 없었다. 내 조그마한 숲은 회색이 되었고 준비가 끝났다.

소나무는 예외이다. 소나무는 잎을 꼭 붙잡고 있기 때문에 소나무의 준비성을 측정하기는 힘들다. 소나무가 잎을 떨어뜨리지 않는 것은 희생이 큰 것 같다. 잎들은 하나하나마다 건조한 겨울 공기에 습기를 흘려서 나무의 수분을 감소시킬 수 있다. 그리고 잎은 부동액에 흠뻑 젖어 있어야 한다. 그렇다면 왜 소나무는 낙엽수처럼 잎을 던져버리지 않을까? 다시 『추위 속의 삶』으로 돌아가본다. 피터 마천드는 새기 쉬운 잎의 위험이 조금 과장되었다고 주장한다. 상록수는 특별히 추위 속에서 작용하는 질이 좋은 왁스로 잎을 봉한다. 그리고 상록수의 기공, 즉 잎 아랫부분에 있는 작은 공기 배출구는 낙엽수 기공보다 더 꽉 닫힌다. 나는 겨울에 내 소나무가 가장 위험한 날은 햇빛이 잘 드는 날이라는 사실에 놀랐다. 소나무 잎에 갇힌 수증기는 가열되고 차가운 공기 속으로 빠져나가고 싶어 한다. 이 때문에 겨울이 진행되면서 내 소나무는 조금 마를 것이다. 그렇다고 해도 마천드의 실험 중 하나는 눈 아래에 묻힌 가문비나무 줄기에 칼로 홈집을 내면 나무가 겨울 내내 수분을 함유한 채로 남아 있을 수 있다는 것을 알려준다. 최소한 봄의 기온 정도는 되야, 나무는 수분을 치명적인 수준으로 내보낼 것이다.

그래서 모든 잎에 부동 장치를 할 필요가 있긴 하지만, 소나무들은 자신들이 하는 일의 의미를 알고 있다. 소나무들은 작년의 잎을 다시 씀으로써 내년 봄에 에너지 한 묶음을 아낄 것이다. 그리고 태양이 이웃의 지붕 위로 다시 올라가는 날, 소나무들은 햇빛을 모아 자랄 준비가 될 것이다. 나무들은 빠르면 2월에 빛을 거둬들이는 일을 다시 시작할 것이다.

자연의 숲에서 소나무와 떡갈나무는 햇빛을 두고 경쟁한다. 햇빛을 더 많이 받으면 더 크게 자라고 경쟁하는 나무를 가릴 수 있기 때문이다. 소나무가 한 해에 일찍 빛을 모으는 방법을 발달시켰다면, 떡갈나무도 똑같이 하는 것이 나을 것이다. 이것은 작은 복숭아나무 나뭇가지의 껍질 안쪽이 녹색인 이유를 설명할 수 있다. 복숭아나무, 떡갈나무 등의 낙엽수는 겨울 내내 껍질 속에 엽록소를 간직한다. 소나무 잎이 2월에 햇빛을 받기 시작할 때, 내 떡갈나무들 역시 잎이 떨어진 나뭇가지로 햇빛을 모으기 시작할 것이다. 지금 내 숲은 죽은 것처럼 보이고 나뭇가지들은 눈에 묻히기까지 했지만, 이 나뭇가지들은 눈을 뚫고 들어온 빛을 광합성하여 약간의 탄수화물을 생산할 것이다. 눈이 오래되어 얼음으로 바뀌면, 더 많은 빛이 통과하여 묻힌 식물들을 깨울 것이다. 내 나무들은 얼어붙은 뜰에서 한 모금 정도의 물을 끌어올리기까지 할 것이다. 실험 결과 한겨울에 나무껍질 속의 물관이 얼었을 때에도 여러 나무와 덤불들은 목질 줄기를 통해 물을 서서히 끌어올린다. 이 나무들이 어디에서 마실 것을 발견하는지는 확실치 않다. 피터 마천드는 얼어

붙은 땅에서도 물의 얇은 막이 일부 토양 입자의 표면을 덮을 것이라고 추측한다.

내 장화 아래, 토양 아래의 모든 다년생식물의 뿌리는 어둠 속에서도 의기양양하게 휘파람을 불고 있다. 이 식물들은 죽지도 얼지도 않는다. 떡갈나무 뿌리, 대나무 뿌리, 튤립 구근, 붓꽃 덩이줄기 모두 어두워지는 가을날에 비바람을 견딜 준비를 끝냈다. 이 식물들은 녹색의 윗부분을 벗어버리고 토양의 보호 속으로 들어갔다. 주변의 흙은 단단하게 변했지만, 식물 세포 속의 부동액은 추위로부터 식물을 보호했다. 이 식물들은 마못처럼 기다린다.

나무껍질 속의 곤충들

나는 멀리 있는 사과나무의 그늘에서 바람을 피한다. 요즘은 정오에도 태양이 중간까지도 올라오지 않지만 약간의 열은 전달한다. 어두운 색깔의 나무줄기는 이 햇빛 일부를 흡수하고 있다. 나는 나무껍질들을 찌르며 얼지 않은 곤충을 찾는다. 내 벙어리장갑이 너무 커서 우아하게 찾을 수가 없지만 너무 추워서 장갑을 벗을 수는 없다. 그러나 곤충이 여기에 있다는 것을 나는 알고 있다. 정말 이주하는 것은 제왕나비 한 마리이다. 그래서 나머지 곤충은 여기에 있는 것이 틀림없다. 곤충들은 모든 곳에 있을 것이다. 뻣뻣한 애벌레, 빛나는 번데기, 알 덩어리, 심지어 성충까지 나무껍질, 돌, 떨어진 나뭇잎 아래에 숨어 있고, 쥐와 마못 보금자리들 사이의 흙 속에 흩어져 있다.

곤충은 조류와 포유류에게 있는 단열재가 없다. 알몸의 작디작은 곤충들은 자기들보다 큰 눈송이를 말똥말똥 쳐다볼 수밖에 없다. 많은 곤충들이 일년생 식물이 하는 방식을 선택한다. 아직 따뜻할 동안 곤충들은 파괴당하지 않는 알을 낳고 죽는다. 그러나 겨울에 용감하게 맞선 곤충들은, 곤충들이 단순하다는 평판이 거짓임을 증명하는 변태 과정을 경험한다.

모든 월동의 천재 중에서도 메역취과일파리*Eurosta solidaginis*는 특별한 재능이 있다. 이 호두나무색 과일파리는, 8월에 겨자색 꽃을 흩날리는 키 큰 일년생 식물 메역취의 줄기 위에 알을 낳는다. 메역취과일파리의 구더기는 메역취 줄기를 갉아 먹고, 유전공학을 활용해서 메역취 줄기 위에 2.5센티미터의 구슬 같은 엽육을 자라게 한다. 애벌레는 식물의 혹 안에서 메역취 조직을 먹고 자라며 두 차례 탈피를 한다. 그러나 애벌레는 세 번째 '영齡'(탈피와 탈피 사이의 중간 단계—옮긴이) 단계에서 추위를 느낀다. 녀석은 자신의 내장을 변경한다.

낮이 짧아지면, 애벌레의 몸은 인산칼슘의 과립을 만들고, 뼈 같은 것을 만든다. 또 녀석은 다량의 당분과 알코올을 만들어 체액의 어는점을 낮춘다. 애벌레가 먹이를 먹는 동안 수은주는 쭉 내려가서 애벌레는 추위로 인해 먹는 것을 멈추게 된다. 어느 날 밤 메역취 줄기 위에 서리가 내려 식물세포에 얼음이 박히면 이 식물은 죽는다. 갈색 줄기 위의 혹 속에서 애벌레는 움직이지 않고 있다. 다음 몇 주 동안 혹 속의 온도가 영하 1도까지 내려간다. 애벌레는 여전히 부드럽다. 녀석은 영하 6도에서도 아직도 부드럽다. 그리고 영하 9도. 녀석은 과냉각되어 빙점 아래에서도 놀랍게도 액체 상태이다.

곤충 대부분은 이 정도 일은 해서 얼어붙는 것을 피할 수 있다. 곤충들은 얼어붙지 않기 위해 완벽하게 과냉각된다. 예를 들어, 쉬파리는 영하 10도까지도 얼지 않은 채로 남아 있을 수 있다. 과냉각되는 곤충들은 얼지 않는 능력에 더해 다른 형태의 보호에 의존한다. 이 곤충들은 토양 오륙 센티미터 아래나 나무껍질 아래나 내 집의 차양 안에 고치를 짓거나 보금자리 자리를 찾는다. 그리고 매역취과일파리는 몸속에 작은 입자를 만드는 데 비해서, 진지한 과냉각 곤충들은 얼음 결정이 붙을 만한 어떤 것도 남겨두지 않는다. 이 곤충들은 장을 비워서 과냉각 액체가 얼어붙을 어떤 박테리아나 균류도 남겨두지 않는다. 곤충들은 얼음이 달라붙을 수 있는 피 속의 모든 고형 양분을 제거한다. 누군가가 과냉각된 곤충에 눈송이를 떨어뜨리면, 그 차가운 액체 속에서 결정화의 소동이 일어나는 데는 그리 긴 시간이 걸리지 않는다. 그러나 과냉각된 곤충이 양분을 섭취하거나, 숨을 들이쉬거나, 연쇄 반응을 일으킬 수 있는 입자에 부딪치지 않는 한 괜찮을 것이다. 어느 정도까지는 그럴 것이다(황벌은 과냉각이 실패하고 결정화가 일어나는 지점이 영하 7도이다. 최고로 낮은 기록은 캐나다 북극지방의 한 딱정벌레가 세운 영하 61도이다).

그러나 매역취과일파리는 대재앙적인 결정화가 일어나도 안전하다. 온도계의 수은주가 크게 떨어질 때, 애벌레는 과냉각의 날이 오고 있다는 것을 알았다. 애벌레는 입자를 제거하는 대신 체액에 입자를 배치했다. 순환하는 인산칼슘 조각이 애벌레의 체액을 얼게 했고, 재빨리 이 시도를 확장해서 결정화가 갑자기 일어나지 않고 점차적으로 일어나게 했다. 세포 사이의 공간에서 이 액체는 응고했다. 세포 안의 수분이 새어나와 점점 커지는 결정과 합쳐졌다. 세포 안에 남은 부동액은 세포막을 강화하여 무너지는 것을 막았다. 이제 시럽을 담고 있는 세포는 얼지 않을 것이다. 아마 수은주가 영하 45도까지 내려가지 않는다면 그럴 것이다. 그 정도로 온도가 내려가면 애벌레의 계획은 수포로 돌아갈 것이다.

만약 추위가 잠깐 온다면 아마 녀석은 상처만 입는 것에서 그칠 것이다. 추위에 약한 쉬파리 번데기는 혹한 속에서 껍질 속에만 계속 있어야 살아남을 것이다. 쉬파리 번데기가 밖으로 나온다면 신경에 손상을 입어 먹이를 먹거나 몸단장을 하지 못하게 될 것이다. 번식하지도 못할 것이다. 쉬파리는 살아남은 것을 원망하게 될 것이다. 물론 심한 혹한은 모두에게 치명적이다.

곤충은 부동액 전략을 성장의 모든 단계인 알, 애벌레, 번데기, 성충에서 활용한다. 어떤 단계에서 겨울을 맞이하더라도 모두 잔뜩 살찌우고 몸을 웅크린다. 그리고 곤충들의 능력이 놀랍긴 하지만, 완벽한 것은 아니다. 특히 단열재 역할을 하는 눈이 오지 않는다면 추운 겨울에 여러 곤충과 곤충 알에 고드름이 달린다. 따스한 겨울도 어떤 곤충들에게는 힘들 수 있다. 추위로 대사 작용이 중단되지 않는다면 메역취과일파리는 너무 많은 에너지를 태워서 죽을 수도 있다. 박새와 딱따구리가 메역취 줄기의 갈색 구슬을 알아보는 법을 익혔기 때문에, 녀석은 적절히 추운 날씨에도 죽을 것이다. 호두를 우두둑 까는 아이들처럼 새들이 먹을 것이 들어 있는 벽을 부수고 차가워진 고기를 조심스럽게 삼킨다.

지금 나는 뜰에서 곤충이 움직이는 것을 전혀 보지 못한다. 하지만 나는 눈 아래에서는 어떤 비범한 동물들이 겨울 내내 작업하고 있다는 것을 알고 있다. 언 잔디밭의 눈 아래에서는 개미, 톡토기, 진드기, 선충류가 겨울 작업을 하고 있다.

1월 중의 열사흘은 춥고, 또 다른 며칠간도 춥다. 2월은 온통 회백색일 것이다. 이번 겨울은 추위의 기간과 정도가 다른 어느 해보다 대단한 것 같다. 이번 겨울은 곤충을 죽이는 데 탁월한 겨울이 될 것이다. 봄에는 진드기, 모기, 흰개미가 더 적게 올 것이다. 그러나 나비, 개미, 파리매도 적을 것이다. 그리고 먹이를 주어야 할 배고픈 가족이 있는 내 새들은 이 차이를 감지할 것이다.

한 해의 이 시기에 북극은 태양에서 먼 쪽으로 기운다. 낮 동안 햇빛은 내가 있는 위도의 사람들의 늑골에 내리쬔다. 우리 머리 꼭대기에는 햇빛이 비치지 않는다. 해는 오후 네 시 직후에 진다. 그리고 오늘밤 자정에 내 뜰의 나무들은 태양과 거의 일직선상에 있을 것이다. 지구는 그만큼 기울어 있다.

북위도의 우리 동식물은 우주의 어둠을 접하며 긴 겨울밤을 보낸다. 오늘밤 인도네시아에 햇볕이 쨍쨍 쬐고 있을 때 간혹 광자가 지구 전체에 흩어져 쌩쌩 소리를 내며 우리의 하늘을 가로질러 갈 것이다. 그러나 광자는 극히 드물 것이다. 지구의 어깨 부분에 해당하는 이곳의 겨울은 분명히 그저 캄캄하다. 겨울은 춥다. 겨울은 오랫동안 지속된다. 그리고 우리 위도에 머물러 있는 우리들은 함께 뭉쳐서 지낼 상대도 없이 시달리며 겨울을 난다. 내가 생각하기에 결코 날씨를 가지고 불평하지 않을 것 같은 데이브 산토로조차 이 추위에 인내심이 한계에 도달하고 있다.

그는 이렇게 말한다. "누가 제임스타운Jamestown(미국 남부 버지니아 주의 유적지. 영국인이 아메리카에 건설한 최초의 마을—옮긴이)에 도착해서 '아냐, 아냐, 아냐, 아직 그렇게 춥지 않아. 겨울이 더 긴 북쪽으로 삼사백 킬로미터 더 가야겠어'라고 말했다고요?" 그는 두 손을 들고는 다시 축 늘어뜨린다. 창문 밖에는 나무들이 어둠 속에 움직이지 않고 서 있고, 뭉툭한 화살 같은 나무의 머리들은 또 다른 긴 밤을 향한다.

11 찌르레기의 습격

깃털들로 둘러싸인 가운데 줄무늬새매가 점심 때 먹고 남은 것이 놓여 있다. 이 점심의 가슴뼈는 푸른빛이 도는 흰색으로서, 줄무늬새매의 부리에 씹혀 너덜너덜해졌다. 적갈색 살이 뼈에 붙어 있다. 늑골은 손상되지 않았지만 장은 사라졌다. 모래주머니가 식도 끝에 달려 있다. 심장은 흉강 안에서 빛난다. 넓적다리 고기는 뜯겨져나갔고 등가죽은 사라졌다. 노란색의 작은 지방이 가슴살이 있던 곳에 남아 있다. 날개는 완전히 펼쳐져 있고 깃털은 진줏빛 녹색이다. 머리는 떡갈나무 나뭇잎들 속에 던져져서, 검은 벨벳 같은 목과 노란색 부리를 드러낸다. 30분 전에 줄무늬새매가 먹이를 놓고 힘들게 사투를 벌이는 것을 볼 때 나는 이 먹이가 어떤 새인지 분간할 수 없었다. 이제는 그 먹이가 찌르레기였다는 것을 안다.

식물학자인 한 친구는 올해 여름에 내게 내 뜰이 세계적인 문제를 대표적으로 보여준다고 말했다. 외래 동식물이 발을 붙이고 토종들을 깊은 숲과 험한 사막으로 내모는 문제 말이다. 내 뜰에서 정복은 거의 완료되었다. 식물들 사이에서는 외래종이 숫자 면에서 토종을 4대 1로 앞선다. 포유류들 간의 경쟁은 더 치열하다. 외래종 쥐와 고양이가 토종 너구리, 스컹크, 주머니쥐, 쥐, 뾰족뒤쥐와 맞선다. 새의 경우에서도 나는 외래종들이 이기고 있다고 말해야 할 것이다. 개나리 울타리는 집참새 소리로 시끄럽다. 비둘기들이 떼를 지어 내려와 이 지방의 검은방울새와 홍관조를 나뭇잎처럼 흩 뜨러놓는다. 찌르레기는 아주 많아서 뜰에 떼지어 급강하한다. 뭐, 오늘은 찌르레기가 한 마리 줄어들었다.

찌르레기들은 어떻게 이 대륙에서 무리를 짓게 됐을까? 이 찌르레기는 이례적인 경우다. 사람들이 의도적으로 애정을 가지고 찌르레기를 데려왔다. 대부분의 침입종들은 우연히 온다. 노르웨이 쥐는 배의 선창 안에 몰래 타고 왔다. 북동부 숲을 바꾸고 있는 지 렁이들은 아마 꽃가루의 흙이나 밸러스트 먼지 속에서 왔거나 지저 분한 가축과 함께 왔을 것이다. 좀더 최근에는 장수하늘소가 중국 에서 온 재목 속에 숨어서 들키지 않고 들어왔다. 그러나 이 찌르레 기는 일부러 들어왔다. 1890년에 뉴욕 시의 이민자들은 찌르레기 60마리를 들여와서 센트럴파크에 풀어놓았다. 미국 풍토순화협회 American Acclimatization Society 회원들은 셰익스피어의 희곡에 등 장하는 모든 새가 이곳에 있다면, 자신들이 새로운 고향에 좀더 잘 적응할 수 있을 것이라고 생각했다. 운반된 찌르레기 다수가 죽었 지만 살아남은 새들은 오늘날 해안에서 해안으로 휩쓸고 다니는 무 리를 이루었다(캐나다 북부는 찌르레기에게는 너무 추워서 찌르레기 의 정복 영역을 제한한다).

그 결과는 처음의 영감보다는 시적이지 않았다. 찌르레기는 농작물을 파괴한다. 시끄러운 찌르레기 떼가 다른 새들을 도망가게 만든다. 찌르레기는 번식기에 희귀한 붉은머리딱따구리를 포함한 딱따구리들에게서 둥지 구멍을 억지로 빼앗는다. 그리고 찌르레기들이 횃대에 모일 때, 찌르레기들의 똥은 사람들에게 분아균증 blastomycosis과 히스토플라즈마증histoplasmosis을 유발하는 균류의 번식지가 된다. 생태학자들은 침입종이 생태계의 빈자리를 필요로 한다고 생각했었다. 찌르레기들은 운이 따르는 뛰어난 침입종이 다른 동물의 생태적 자리를 빼앗는다는 것을 보여준다. 내 뜰에서 찌르레기들은 최고의 나무 구멍을 독점할 뿐만 아니라 까마귀로부터 먹이를 훔치기까지 한다. 내가 곡물을 던질 때, 까마귀들이 숨겨진 위험이 있는지 잔디를 재차 확인하고 있는 동안 찌르레기 떼는 폭풍처럼 달려들어 먹이를 채가는 경우가 많다.

침입동물의 습격

찌르레기들의 난동도 꼴보기 싫지만, 줄무늬새매가 내 뜰에서 무엇을 잡아먹어야 하는지 내게 한 표를 던지라고 한다면 나는 집참새를 먹으라고 요청할 것이다. 찌르레기는 딱따구리의 번식 장소를 침범함으로써 딱따구리 개체군을 누를지 몰라도 최소한 다른 새들을 공공연히 죽이지는 않는다. 집참새는 새들을 직접 죽인다. 집참새는 다른 새들의 머리를 쪼아 떨어뜨리고, 웨스트나일 바이러스로 사람도 죽일 수 있다.

내 뜰에서 집참새들은 최상의 겨울 서식지인 울창한 개나리 울타리를 독점한다. 집참새들은 서로 싸우지 않을 때는 시끄럽고 단조롭게 "짹! 짹! 짹!" 운다. 이 새들은 겉모습도 볼품없다. 수컷은 머리 부분이 회색이고, 등은 밤색이고, 볼은 하얀색, 가슴 부분은 검정색이다. 암컷은 설명할 것도 없이 단조롭다. 부리는 두꺼워서 이 참새가 되새 종류라는 점을 분명히 보여준다.

나는 일정 시간 간격으로 새 모이를 주던 것을 집참새들 때문에 그만둔다. 집참새들이 새 모이에 몰려들어 그쪽으로 용기 내서 오는 모든 배고픈 토종 새들을 위협한다. 검은방울새가 쫓겨나고, 흰관참새도 쫓겨난다. 참새보다 몸집이 두 배로 큰 홍관조는 물러나는 게 좀 느리지만, 집참새들은 악착같다. 산딸기가 나는 시기로 돌아가면, 나는 집참새들이 산딸기 줄기 근처의 울타리에 앉아 있는 홍관조를 공격 목표로 삼는 것을 보았다. 집참새들은 홍관조에 몸을 가까이 붙여서 흔들고 떠밀며 괴롭혔다. 녀석들은 요란한 소리로 짹짹거렸다. 결국 홍관조는 포기하고 먹이에서 멀리 날아갔다. 또 다른 날에는 집참새들이 사과나무 한 그루에서 다음 사과나무로 솜털딱따구리downy woodpecker를 따라가서 녀석을 둘러싸고 어디로든 먹이를 찾으려고 가는 곳마다 소리를 질러대며 괴롭히는 것을 보았다. 솜털딱따구리는 집참새들을 쉴새없이 상대해야 했었고 그러고 나서는 휴식을 위해 날아갔다. 솜털딱따구리가 돌아올 때마다 집참새들은 다시 몰려들었다. 집참새들이 점점 싫어진다. 나는 그물로 집참새들을 잡아서 작은 목을 비틀어 대나무 숲에 던져 스컹크에게 주는 꿈을 꾼다.

이런 꿈을 꾸는 게 나 혼자가 아니라는 사실을 알고 안도한다. 나는 파랑지빠귀를 죽인 집참새들의 소문을 들은 적이 있었다. 이 소문을 확인하면서, 나처럼 참새를 싫어하는 사람들을 찾아냈다. 이 사람들이 고안한 덫과 사냥 기법을 웹상에서 쉽게 찾을 수 있다. 이 사이트들에는 참새들이 다른 새들의 알을 쪼아 먹고 있는 모습과 참새들이 둥지에서 내던져 땅 위에 떨어져 죽은 파랑지빠귀 새끼의 모습을 담은 스냅 사진이 올라와 있다. 나는 파랑지빠귀를 사랑하는 사람의 마음속에 이 장면이 불러일으킨 분노를 상상할 수 있다. 불규칙하게 뻗은 도시와 농장이 서식지를 없애버리면서, 동부파랑지빠귀의 숫자가 크게 줄었다. 동부파랑지빠귀의 둥지용 상자를 조립하는 사람들의 열렬한 조직은 이 새들의 생존을 돕고 있다. 출입구 크기를 제한하여 찌르레기들은 상자에 못 들어가게 만든다. 그러나 집참새들은 더 작은 구멍도 비집고 들어갈 수 있다. 그리고 집참새는 파랑지빠귀의 상자를 가족용으로 쓸 마음이 없어도, 상자에 들어가서 파랑지빠귀를 죽이는 것을 기본 방침으로 삼고 있다.

그래서 나는 참새를 위협하는 기구, 참새 씨앗 함정, 참새 둥지 함정의 세계를 찾는다. 잡은 참새를 죽이는 방법들의 목록은 다양하다. 30초간 가슴 누르기. 머리를 잡고 채찍질하듯 때리기. 참새를 자루 속에 넣고 단단한 물체에 던지기. 물속에 자루를 담그기. 그 자루를 밟기. 예전에 나와 함께 일한 조류 연구자는 가슴을 누르는 방법을 내게 가르쳐주었지만, 이건 죽은 새가 멀쩡하게 보이기를 원할 때 사용하는 방법이라 생각한다. 내 생각에는 빠르면 빠를수록 더 친절한 방법 같다. 나라면 단단한 물체를 선택할 것이다. 참새는 토종이 아니기 때문에, 완벽하게 합법적인 일이다. 비둘기와 찌르레기의 경우도 마찬가지이다.

웨스트나일 바이러스가 이 땅에 퍼지면서 집참새가 내 적 목록에서 더 위로 올라갔다. 집참새는 유라시아에서 진화했는데, 이 바이러스의 진화지와 겹친다. 집참새의 면역 체계는 이 바이러스와 싸울 수 있고, 집참새는 피를 빨아먹는 모기에게 바이러스를 옮긴다. 모기는 그 뒤에 무는 모든 것에 자국을 남기고 웨스트나일 바이러스를 주입한다. 내 까마귀들은 이 바이러스에 감염되기 아주 쉽고, 이곳에서 까마귀들은 이 바이러스가 가득한 집참새와 뜰을 공유한다. 후우!

찌르레기처럼 집참새도 한 낙천적인 인간이 이 해안으로 인도해온 것이다. 그는 집참새가 유럽에서처럼 자벌레 숫자를 줄일 것이라고 생각했다. 그러나 모든 도시 거주민들이 알고 있듯이, 이 겁 없는 새들은 베이글 부스러기부터 볼로냐소시지까지 어떤 것이든 먹는다. 집참새들은 150년 동안 북아메리카 전역에서 짹짹거렸다. 그리고 앞으로도 계속 그럴 것이다. 찌르레기들처럼 집참새는 지구 대부분을 정복했다. 집참새는 곤충들로부터 농부를 보호하기는커녕 곡식을 실컷 먹는다.

어떻게 몇몇 이주 동물들은 새 영역을 차지할 수 있을까? 찌르레기들처럼 너른 땅에서 사냥하는 성공적인 몇몇 침입종은 교란된 생태계를 이용하는 데 특화되어 있다. 이 동물들이 목초지와 농장으로 쓰기 위해 개간된 대륙에 도착했을 때, 이런 특성은 이 동물들에게 도움을 주었다. 다른 동물들은 본국을 떠나면서 몇몇 적들을 떨쳐버렸기 때문에 새 고향에서 번성할 수 있다. 예를 들어 곰쥐*Rattus rattus*는 유럽에서 이주할 때 고향에 기생충 대부분을 남겼다. 무임승차자가 한 종류도 없는 곰쥐는 더 많은 에너지를 번식에 쓴다. 이렇게 침입종 대부분이 기생충을 고향에 남겨두고 오기 때문에 본국에서보다 새 나라에서 번식을 더 잘 할 것이다. 외래 침입 동물 26종을 조사한 결과, 새로 들어온 종들은 토종 포유류가 가지고 있는 다양한 기생충을 절반 정도만 가지고 있다고 한다.

여러 종들이 뒤섞인 '종들의 도가니'의 시대는 전혀 지나가지 않았다. 50년 전에 유럽꿀벌의 열에 대한 내성을 길러주기 위해 브라질에서 아프리카 남부의 벌 한 종을 수입했다. 아이쿠! 벌들이 도망가버렸다. 이제 열에 내성이 있고 게다가 성을 잘 내는 잡종 벌들이 미국 남부 전체에서 생태적 지위를 구축하고 있다. 1988년에 얼룩무늬홍합이 아마도 배의 밸러스트용 물에 섞여서 오대호에 침입했다. 얼룩무늬홍합은 현재 오대호부터 뉴올리언스까지 미국 동부 대부분을 가로지르는 강과 파이프를 오염시키고 있다. 그리고 2002년에 메릴랜드의 한 연못에 폭식하는 '가물치'가 들어왔다. 사람들이 여행을 하면서 침입동물들을 같이 데려왔다. 이제 사람들은 어느 때보다 더 많이 이동하고 있고, 우리는 한 대륙에서 다른 대륙으로 동물들을 계속 이동시키고 있다.

일부 침입자들은 피해를 벌충하기도 한다. 찌르레기들은 붉은머리딱따구리에게 치명적인 위협을 가할 것이다. 그러나 찌르레기는 줄무늬새매 같은 육식 조류가 잡기 쉬운 먹이가 되기도 한다.

지긋지긋한 집참새도 자연사의 경이를 드러낼 수 있다. 나는 집참새 덕분에 까마귀들은 숨어 있는 먹이의 냄새를 맡을 수 있다는 것을 알게 됐다. 어느 날 집참새의 큰 소리가 내 신경을 건드릴 때, 나는 손에 가까이 있는 것—내가 예전에 정원에서 수확한 커다란 콩 씨앗—을 한 움큼 잡고 덤불에다 대고 던졌다. 집참새들은 흩어졌고 평화가 되돌아왔다. 두 시간 뒤에 까마귀들이 곡물을 확인하러 왔다. 나는 까마귀 한 마리가 떨어진 잎과 덤불 속을 깊이 탐사하고 있다는 것을 곧 알아차렸다. 이 까마귀는 그늘에 더 깊이 걸어가 부리로 잎들을 콕콕 쩔렀다. 그러자 잎은 상품을 내놓았다. 콩이 햇빛 속으로 튀어나왔다. 까마귀는 콩을 부리로 쪼아 먹었다. 녀석은 덤불로 여섯 번 더 돌아가 씨앗을 찾았다.

토종 식물과 침입종의 싸움

침입종 식물에 관해서 이미 나는 대나무와 노박덩굴에 대한 미움을 언급한 적이 있다. 그렇지만 나는 식물학자 조시 로이테Josh Royte가 뜰에서 '공포 투어'를 안내하고 나서 처음으로 상황이 얼마나 나쁜지 깨닫게 되었다. 노박덩굴과 대나무는 크고 불쾌해서 분명히 해롭다는 것을 알 수 있다. 덜 분명한 것은 이미 내 뜰의 99퍼센트를 차지한 작은 침입자들이다. 그리고 그것들은 전형적인 잔디보다 토종에게 더 나은 기회를 주는 '자유 잔디밭' 안에도 있다. 자연보호위원회Nature Conservancy 메인 주 지부의 식물학자 조시에게 이 식물의 침입은 전쟁이나 다름없다. 그리고 그는 비슷한 마음으로 대응하고 있다.

"저는 대나무용 DNA 파괴 병기를 만들려고요." 그는 올해 초에 내 뜰에 들어와서 이웃집의 대나무 숲을 발견했을 때 말했다. "헬리콥터로 넓은 지역에 이 대항 무기를 발사하는 겁니다. 대나무나 노박덩굴의 DNA를 겨냥하고 탕! DNA를 파괴하는 겁니다." 조시가 자연보호위원회에서 하는 일 중에는 다양한 생태계를 조사하여 땅의 구획이 보존할 가치가 있는지 확인하는 것이 있다. 그 생태계에 외래종이 떼지어 몰려 있다면 너무 늦다. 그는 DNA 파괴 병기를 이용할 수 있을 때까지는 대나무를 먹어치우는 게 어떻겠냐고 내게 정중히 제안한다. 그는 대나무 어린 가지 맛이 셀러리 같다고 말한다. 그리고 그는 대나무 그늘에서 움츠린 어린 옻나무를 찾는다.

"와, 이건 포기하지 않았네요!" 그는 싹 위로 웅크리며 말한다. 녹색 줄기 위의 자홍색 솜털이 그의 눈을 사로잡았다. "놀랍지 않나요?" 정말 그렇다. 진한 녹색에 가장자리가 보라색인 새 잎이 나오고 있다. 이 뜰에 있는 생물들 중 가장 이국적으로 보인다. 그러나 조시는 그렇지 않다고 한다. 이것은 토종이다.

그는 쑥부쟁이도 마찬가지로 이 부근에서 번성하고 있다고 지적한다. 떡갈나무에 달린 포도덩굴도 마찬가지이다. 바이킹 탐험가들은 아무 이유 없이 세계의 이 부분을 빈란드Vinland(콜럼버스 이전에 아메리카 동부 해안을 발견한 바이킹들이 그 땅을 가리켜 부른 명칭. Vin은 '포도'를 의미한다─옮긴이)라고 부르지 않았다. 그러나 우리가 나쁜 땅으로 만들고 있다. 정원사들이 수입한 섬괴불나무Morrow's honeysuckle는 잔인하게 이 땅을 침탈한다. 가지과 식물은 외래종이다. 노란조팝나물yellow hawkweed과 구주개밀quack grass도 마찬가지이다. 조시는 그 담장에 도착하여 잎을 뜯어 줄기를 눌러 으깬다. 하얀 수액이 흘러나온다. "노르웨이단풍이죠." 그가 말한다. "또 다른 주요 침입종입니다." 담장 위에는 이국적인 홉 덩굴이 있다. 토종인 내 산딸기들 사이에서 외래종 살갈퀴와 지중해명아주를 찾는다. "밸러스트 종이에요." 이 식물이 배 안의 진흙 밸러스트와 함께 우연히 도착했을 것이기 때문에 그렇게 부른다.

"토종 세인트존스워트!" 그가 감탄한다. 이 식물은 긴 줄기에 쥐의 귀를 닮은 잎이 달렸다. 세인트존스워트는 유럽의 사촌에 포함된 것 같은 항우울성 효과는 없지만, 아무튼 조시의 기분을 밝게 한다. 우리는 집으로 돌아가는 길에, 수입된 흰색 토끼풀과 붉은색 토끼풀을 발견다.

조시는 이렇게 말한다. "저는 이제 우리에게 손가락 수보다 많은 토종이 있다고 확신하지 못하겠어요. 그러나 이것이 또 하나가 될 수 있을 겁니다." 그는 씨앗머리에 가시가 많은 껑충한 식물을 뽑아서 셔츠 주머니에 넣는다. 뿌리가 그의 턱 아래에서 까딱까딱거린다. 조시는 내가 방풍림으로 심은 백송에 가서 잎을 가리킨다. 나는 이 소나무들이 생태계의 토종이기 때문에 선택했다. 그러나 나는 속은 것인지 모른다. 그는 이렇게 말한다. "좀 의심스럽군요. 잎들이 정말 길어요. 저는 이 소나무가 노스캐롤라이나에서 자라서 메인 주의 종묘원으로 실려 갔다고 추측합니다. 따라서……조금 모자란 토종이죠." 나무 테라스 옆에 번식하도록 내가 허용한 토종 달맞이꽃에 대해서는 걱정이 덜 된다. 물론 이 달맞이꽃은 튤립(중앙아시아), 하루백합(유럽), 모란(중국), 붓꽃(러시아)에 둘러싸여 있다.

"어디 다른 데는 또 없나요?" 조시는 잔디를 다시 보면서 간청한다. "토종을 더 찾을 데가 어디 또 없을까요?" 그는 차도 옆에서 개나리 울타리 아래로 기어가 뜻밖의 수확을 거둔다. 그는 토종 제비꽃으로 보이는 것, 토종 사초로 보이는 것, 나는 그냥 풀이라고 불렀을 진한 녹색 식물을 찾는다. 그는 토종의 요건을 만족하는 이끼 몇 가닥을 주머니에 넣는다. 그는 앞에서 쥐똥나무 울타리에 머리를 묻고 큰 잎 하나를 자세히 살펴본다. "와아!" 그는 진심으로 탄성을 지른다. "토종 붉은단풍! 그리고 캐나다주목! 와!" 그는 노란색 셔츠가 나무껍질, 거미줄, 뿌리 흙으로 얼룩덜룩해졌지만 행복해 보인다. 내 현관 앞 길에는 토종 황무지잔디poverty grass 줄기 하나가 있다. 인접한 화단에는 내가 나비들을 위해 남긴 아스클레피아스 줄기 세 개가 있다. 그리고 이 집의 북쪽에서 조시는 15센티미터의 푸른가문비나무를 발견한다. 이 푸른가문비나무는 메인주 토종은 아니지만 적어도 북아메리카 토종이다. 그리고 이걸로 끝이다.

조시는 다음과 같이 결론을 내린다. "아마 비非토종이 40종이고 토종이 15종일 것입니다. 토종 모두 침입종에게 괴멸당할 위험에 처해 있습니다. 미국 전체의 경우도 마찬가지죠. 사실 침입종은 두 번째로 큰 위협입니다. 가장 큰 위협은 서식지 전부를 없애는 개발과 스프롤 현상(대도시의 교외가 무질서·무계획적으로 발전하는 현상—옮긴이)입니다."

우리가 수수께끼의 식물들을 자세히 조사하러 집 안을 향할 때, 조시는 멍하니 있다가 갑자기 무언가를 깨닫고 거리를 가로질러 이웃의 잔디로 걸어간다. "보라색 부처꽃이에요." 그는 손가락으로 길고 끝이 뾰족한 꽃대를 가리킨다. "이 부처꽃이 사람들의 정원에서 빠져나와 습지대를 파괴합니다." 그는 꽃을 꺾기까지는 하지 않는다. 그리고 한숨을 쉰다. "제가 아는 사실을 알게 된 사람들은 이 풍경을 마냥 즐기는 즐거움 일부를 빼앗기는 겁니다." 그는 말한다.

북아메리카에서 빼기는 많은 수의 화려한 식물들은 이곳에 의도적으로 가져온 것이다. 그리고 이를테면 노박덩굴과 모란 간의 비교는 성공적인 침입종과 다루기 쉬운 원예식물 간의 중요한 차이점을 보여준다. 모란은 손이 많이 간다. 모란은 퍼지지 않는다. 모란은 몇 년간은 샐쭉한 채로 꽃을 피우려 하지 않는다. 그러나 노박덩굴은 만족시키기가 이보다 쉬울 수가 없다. 1밀리미터의 땅만 쥐도 1킬로미터나 자랄 수 있다.

노박덩굴은 교란된 풍경이 필요한 식물 중 한 가지이다. 새가 숲의 그늘 아래에 노박덩굴 씨앗을 두면, 이 씨앗은 자라는 데 필요한 빛을 찾지 못할 것이다. 그걸로 이야기는 끝난다. 그러나 씨앗이 위로 뻗은 나무가 없는 한 지점, 이를테면 갓길, 주차장가, 내 인근 대부분에 떨어진다면, 씨앗은 활동을 개시할 것이다. 노박덩굴은 인접한 식물들 주위를 휘감아 올라가 시들게 하여, 자기의 씨앗들을 위해 새로운 영역을 개척할 것이다. 해가 가면서 노박덩굴 왕조는 나무를 한 그루씩 질식시켜가며 땅 전체에 퍼질 것이다. 새들은 씨앗을 퍼뜨림으로써 덩굴을 도울 것이다.

노박덩굴이 모란에 비해 가지는 이점 또 한 가지는, 노박덩굴이 원산지인 동아시아에 더 많은 질병을 남겼다는 점이다. 그래서 모란은 이전처럼 예전의 균류와 바이러스와 싸우는 데 에너지를 쓰지만, 노박덩굴은 어깨를 짓누르던 짐이 사라졌다. 노박덩굴은 솟아오른다! 연구원들은 침입식물이 북아메리카에 이주할 때 평균적으로 균류와 바이러스 박해자들의 4분의 3으로부터 벗어난다는 사실을 발견했다.

나는 노박덩굴이 흙에 다른 식물들을 죽이는 독을 넣는다는 증거는 찾지 못했지만, 여러 다른 침입식물들은 그런 전략을 사용한다. 유럽에서 온 예쁜 보라색 꽃인 점박이수레국화spotted knap-weed는 토양에 독소를 방출하며 북아메리카의 영역을 차지한다. 점박이수레국화는 유럽의 옛 이웃들과 마찬가지로 자신의 독에는 면역되어 있다. 그러나 북아메리카 식물은 이 뿌리를 침식하는 화학전에 전혀 방어할 준비가 되어 있지 않다. 북아메리카 식물은 패배하여 뒤로 물러나 점박이수레국화가 살 공간을 내준다.

노박덩굴은 다른 모든 이점이 있기 때문에 화학무기가 사실 필요치 않다. 노박덩굴은 감아서 죽인다. 노박덩굴은 거의 눈에 보일 정도의 속도로 자란다. 노박덩굴은 새들이 좋아하는 많은 씨앗을 생산한다. 사람들도 노박덩굴 열매의 아름다움에 속아서, 노박덩굴이 퍼져나가도록 돕는다. 노박덩굴은 자신이 택한 땅을 차지한다. 대나무도 그렇고 노르웨이단풍나무도 그렇다.

침입식물들을 베고 뿌리째 뽑는 일을 그만두면 무슨 일이 일어날까? 모두가 이 개척자들을 통제하는 것을 멈추고 근교지역이 야생지역이 되도록 한다면 무슨 일이 일어날까? 생태과학에서, 천이는 산불이나 경작으로 개간된 땅을 식물들이 개척한 순서를 가리키는 용어이다. 토종 식물만 역할을 하도록 허용된다면, 내 뜰에서 천이의 단순한 형태는 다음과 같을 것이다. 제일 먼저 메역취, 아스클레피아스, 산딸기들이 지배적이고, 이 식물들은 백송에 가리울 것이다. 활엽수들은 점점 상록수들과 섞여서 안정기를 맞이할 것이다.

그러나 현실에서는 관리하는 인간이 없다면 이런 일은 일어날 수 없다. 내가 침입종을 자르기를 멈추면 그 결과는 노박덩굴, 노르웨이단풍나무, 대나무 간의 살벌한 경쟁이 될 것이다. 각 식물은 싸움에 특화된 무기들을 가지고 있다. 멋진 볼거리일 것이다. 단풍나무와 대나무는 모두 이른 봄에 잎이 돋아나 경쟁자들을 가린다. 노박덩굴 잎은 나중에 나서 가장자리와 틈을 요긴하게 이용할 것이다. 또한 노박덩굴은 노르웨이단풍나무의 호전적인 뿌리와 경쟁해야 할 것이다. 노르웨이단풍나무 뿌리는 지표 바로 아래에서 빽빽한 돗자리를 이룬다. 하지만 노박덩굴의 뿌리 역시 만만치 않아서 3미터 또는 6미터까지 퍼져 토양으로부터 양분을 빨아들인다. 대나무 역시 단풍나무의 그늘을 피해야 할 것이다. 그러나 대나무는 새싹을 밀어 올리기 위해 땅 속 깊은 곳까지 뿌리를 내리고 있다. 그래서 단풍나무와 대나무는 각각 잎으로 경쟁자들을 가릴 것이다. 노박덩굴은 가장자리를 빙 돌며 솟아올라 대나무 줄기를 기어 올라간다. 단풍나무에 직접 닿을 수 없는 노박덩굴은 대나무의 꼭대기에서 단풍나무의 낮은 가지로 뻗을 것이다. 노박덩굴은 나무의 남쪽을 덮어서 햇빛을 훔칠 때까지, 기어 올라가 나뭇가지를 칭칭 감을 것이다. 이 나무는 죽고 쓰러질 것이다. 노박덩굴과 대나무는 햇볕이 잘 드는 지점을 차지하려고 경쟁할 것이다. 그리고 노박덩굴이 한 해를 군림하면, 대나무는 다음 해에 다시 밀어닥치고 하면서 아마 교착 상태가 이어질 것이다.

조시와 나는 부엌에서 『뉴컴의 야생화 안내서*Newcomb's Wildflower Guide*』를 보며 수수께끼의 식물 중에서 토종 한 가지와 침입식물 두 가지를 확인한다. 조시가 떠날 때 찌르레기 한 무리가 전신주를 떠나 빙빙 돌며 뒤뜰로 향한다.

조시는 말한다. "또 저는 찌르레기용으로 무언가를 발명하려고요. 그것 역시 헬리콥터를 기반으로 할 수 있겠죠. 우리가 헬리콥터를 타고 주위를 날면서 찌르레기의 큰 무리 하나를 발견하면 발포하는 거죠. 갈은 찌르레기 고기로 애완견 먹이를 만드는 회사가 이를 후원하고요."

"멋진데요." 나는 말한다. "집참새에게도 사용할 수 있겠죠?"

야생환경 조성

나는 다시 내 뜰을 떠나, 이번에는 멀리 샌디에이고 동쪽으로 갔다. 30년 동안 전국야생동식물연합National Wildlife Federation, NWF은 잔디밭 주인들에게 뜰을 동물친화적으로 만들도록 촉구했다. 모린 오스틴Maureen Austin의 도시 캘리포니아 주 알파인은 공동체 전체가 이 시도를 한 최초의 도시였다. NWF는 이 도시 전체를 뒤뜰야생동식물서식지Backyard Wildlife Habitat로 공인했다. 현재 잔디밭 주인 약 200명이 이 운동에 참여하고 있다. 모린은 정원사 같은 황갈색 피부와 모래투성이의 손톱으로 이들을 이끌었다. 모린은 어머니 같은 자연을 위해 부지런히 돌아다니고 교육하고 조직을 이끄는 정원의 디바이다.

나는 먼저 솔직히 밝혀야겠다. 나는 '야생환경조성wildscaping'에 의구심을 품고 있다. 내 걱정은 두 가지이다. 첫째, 내 뜰에서 명백하게 본 것처럼 이 일은 침입 동식물을 끌어들이기가 쉽다. 나는 집참새들이 더 편하게 살도록 하고 싶지 않다. 두 번째, 나는 야생환경조성의 효율성을 밝히는 연구 결과를 별로 찾지 못했으며, 내가 찾은 몇 가지 소규모의 연구 결과는 야생환경조성이 만병통치약이 아님을 보여준다. 나는 의구심을 따라 행동할 준비가 되어 있지 않다. 나는 집에서 지침대로 뜰 가장자리의 죽은 나무와 덤불을 균류와 딱정벌레들을 위해 둔다. 나는 아스클레피아스 한 구획을 돌보며, 제왕나비 애벌레가 어느 날 그곳에서 번데기가 되어 매달려 있기를 기대한다. 포도 수확기에 나는 고양이새와 홍관조에게 모든 과일을 딸 권리를 넘긴다. 나는 이것이 도움이 된다고 믿긴 하지만, 먹이와 물을 주고 빽빽한 덤불을 키우는 것이 자동적으로 자연을 도울 것이라는 개념이 불편하다. 나는 그것보다 공격적인 침입종을 물리치는 것에 더 주력할 필요가 있다고 생각한다. 그러나 나는 야생환경조성을 직접 보려고 알파인에 갔다.

나는 모린을 도시의 간선 도로 오른편에 위치한 그녀의 '서식지 오두막' 상점에서 만난다. 그 오두막 뒤에는 나무와 덤불의 도시 밀림이 있고, 이 밀림 전체에는 곤충과 새가 날아다닌다. 모린은 나를 자신의 트럭에 태우고 자기가 좋아하는 뜰 두세 군데를 방문하러 간다.

우리가 차를 타고 도시를 통과해 가는 동안 모린은 내게 자신이 정원을 가꾸면서 이 프로젝트를 시작하게 되었다고 말한다. 모린의 유기농 허브 정원은 아주 유명해져서, 모린은 허브 정원 투어를 하면서 낮 시간을 보냈다. "그리고 사람들은 '와, 이 새들을 다 어디에서 가져왔어요? 이 나비들을 어떻게 구해요? 내 정원에는 벌이 없어요'라고 말합니다. 그러면 저는 이렇게 대답하죠. '사람들이 자기 뜰에서 나비 한 마리 본 적이 없다는 것은 정말 슬픈 일이죠.'" 모린은 사명감을 느꼈다. 나와 이야기한 뒤뜰야생동식물서식지 회원 한 사람은 모린이 이 도시를 바꾸려 할 때 처음에는 불신의 시선으로 지켜보았다고 말했다. 그 정원사는 이렇게 말했다. "저는 모린이 이곳에서 그렇게 할 수 없다고 생각했습니다. 알파인 사람들은 케케묵었습니다. 우리는 다른 사람들의 말에 별로 귀를 기울이지 않습니다." 그러나 모린이 선전한 첫 모임에 백 명이 왔다. 그리고 1998년에 알파인은 NWF의 도시 인증서를 받은 첫 도시가 되었다.

모린과 내가 메릴린과 에드의 마당에 도착하여 트럭에서 내릴 때 새 울음소리의 불협화음이 들려온다. 나는 이 소리 중에 어떤 소리도 구분하지 못한다. "우리 땅에는 푸른머리밀화부리, 푸른머리멧새, 비단풍금조, 다이아몬드비둘기가 있습니다." 메릴린이 이렇게 말하며 노련한 정원사답게 우아하면서도 절도 있게 움직인다. "새가 하도 많아서 몇 마리인지는 세다 다 잊어버리죠." 극락조화,

재스민, 아스파라거스 등 키 큰 종 주위에서 몸을 이리저리 움직이다가, 내 머리가 되새를 위한 씨앗으로 가득한 주머니에 부딪친다. 수반이 그늘에서 어렴풋이 보이고 채소밭에도 있다. 뒷담장 위에는 하얀색과 적갈색의 우스꽝스러운 꽃이 피는 꽃시계덩굴이 자란다. 메릴린과 모린은 고개를 숙여 작은멋쟁이나비 애벌레를 찾아 서식지 오두마의 나비 정원으로 다시 데려간다. 메릴린은 끝이 뾰족한 주황색과 보라색의 생물 하나를 꺼내어 잎 위에 얹어 모린에게 건넨다. 모린은 이 애벌레가 사랑스럽다는 듯이 이야기하며 '글로리아'라는 이름을 붙인다. 우리는 미친 듯이 날뛰는 글로리아를 트럭 뒷좌석에 싣고 계속 차를 타고 달린다.

다음 정원은 그늘이 적다. 도마뱀이 우리 앞에 휙 나타나 굵은 모래를 흩뿌린다. 까마귀들은 인근 초지에서 소리 높여 운다. 더 멀리서 공작새가 끽끽 소리를 낸다. 정원사는 집에 없지만 모린은 나를 이끌고 소형 과수원, 선인장 정원, 야생동물을 즐겁게 하는 수많은 꽃과 덤불을 보여준다. 세 번째 정원에서 우리는 연보라색 바지 정장을 입은 엘마 테리Elma Terry 아주머니를 만난다. 우리는 금붕어 웅덩이로 물이 흘러 들어가는 인조 개울인, 아주머니가 만든 새로운 형태의 물길을 보고 감탄한다. 이번에도 모린은 이 정원에서 본 유용한 식물 수십 가지를 거침없이 말한다.

"어떤 나비가 이 부들레이아를 찾을까요?" 우리가 더위 속에 돌아다닐 때 엘마 아주머니가 묻는다.

"전부 다요!" 모린이 미소 지으며 대답한다. 모린은 도시로 돌아가는 길에 나를 인디언이 운영하는 가게에 데려간다. 인공 강이 부지 전체를 흐르며 웅덩이와 인공 표석에서 졸졸 소리를 낸다. 키 큰 잔디가 바람 속에 흔들리고, 토종 동물들의 조각이 돌과 콘크리트를 장식한다. 내가 본 어떤 쇼핑몰보다 50만 배는 더 멋지다.

그러나 나는 의심스럽다. 무엇보다 먼저 내가 만난 사람들은 원예사에 가까운 것 같다. 이 정원을 방문한 동물들은 그 추가 부분, 덤인 듯하다. NWF의 서식지 계획 지침서 또한 내 생각에 무게를 더한다. 농약 사용은 공인된 뒤뜰서식지에서 금지되어 있는 것이 아니라 권장되지 않을 뿐이다. 고양이를 반드시 실내에서 키워야 하는 것도 아니다. 야생환경조성은 곤충을 그다지 배려하지 않지만, 씨앗을 먹는 새들의 새끼들은 곤충을 먹어야 강하게 자란다.

나는 비난할 입장이 아니다. 내 뜰을 보라! 내 뜰은 자유 잔디밭이 맞지만, 너무 나간 자유 잔디밭이다. 새들에게 귀중한 보호막을 제공하는 몇 안 되는 덤불 중 대부분에는 무시무시한 집참새 암살단이 떼지어 있다. 이봐! 주제파악이나 하라고!

알파인의 한 언덕 꼭대기에서 나는 내가 누구인지 떠올려본다. 나는 타고난 별종으로 진화하고 있다.

언덕 꼭대기에 사는 돈 호하이머Don Hohimer 역시 원예사이다. 호하이머는 아마추어 식물학자로서, 식물에 열광해 있다. 그러나 오직 토종만이 호하이머의 2만 제곱미터 에덴동산에 들어갈 기회를 갖는다. 그리고 호하이머의 정원은 내가 본 것 중에 가장 화려하고 생기 넘친다. 흰양귀비의 큰 덤불이 차도 옆에서 흔들린다. 적극적인 상록수가 이웃집을 가린다. 나팔꽃이 장식하고 있는 큰 나무 때문에 이웃의 차도가 보이지 않을 정도이다. 그리고 넓은 언덕 중턱은 천연 수지와 향기를 풍기며, 생명이 불어넣어진 모네의 그림처럼 바람에 흔들린다. 결투하는 울새들이 내 귀를 지나 돌진한다. 되새들은 마른 꽃대 위에 앉아서 씨앗을 집어먹는다. 벌은 윙윙, 개미는 휙휙. 토끼 한 마리가 언덕 꼭대기의 잔디밭에서 뛰어다닌다.

호하이머는 가만히 서서 내가 감탄하도록 조용히 두고 보지 않는다. "잠시만 실례합니다. 잡초 하나만 뽑을게요." 그는 이렇게 중얼거리고 나서 덤불로 비틀거리며 걸어가 무언가를 뽑는다. 그리고 그는 언덕 주위를 굽이굽이 도는 좁은 길로 향한다. 그는 이 토지의 관리자이며, 2만 제곱미터의 정원에 잡초가 자라지 않게 하는 일 말고도 공동체 정원과 그가 가르치는 학교 안에 토종 식물 정원들을 만들었다. 그리고 그는 새로운 가족을 두고 있다.

호하이머는 이렇게 말한다. "발을 조심해요. 수확개미한테 물릴 수 있어요. 저는 샌디에이고뿔도마뱀을 기르게 된 대신 가끔씩 수확개미한테 물립니다. 샌디에이고뿔도마뱀은 수확개미만 먹거든요. 아! 토종 풀!" 그는 꽃이 만발한 골짜기를 힘차게 달려가 자생식물에 감탄한다. 캘리포니아의 풀들은 놀라울 정도로 공격을 당하고 있다. 스페인 목장주들은 이 땅에서 도착해서, 유럽산 풀의 씨앗을 퍼뜨려 방목을 증진시키려 했다. 토종 풀들은 거의 들판에서 볼 수 없게 됐다.

"저는 절대 비료를 주지 않습니다. 절대로요." 돈은 이렇게 말한다. 우리는 비非토종 포도가 철사 위에서 재배되는 집 뒤쪽에 도착했다. 호하이머는 와인에도 열광적이다. 그러나 그의 시라

Syrah(최고급 와인을 만드는 포도종—옮긴이) 포도는 유기농으로 키운 것으로 야생화와 같이 자란다. 해충은 어떨까? 내가 묻는다.

"새들과 다른 포식동물들이 아주 다양해서 일 주일쯤 뒤에는 자연히 처리되지 않는 것이 없습니다." 그에게는 농약이 필요없다. 그리고 물도 거의 필요 없다.

"거의 모두가 토종이라서 스스로 아주 잘 살아남습니다. 저는 집 앞의 잔디에는 물을 줘야 합니다. 아이들이 있다는 것이 지금으로서는 제가 할 수 있는 유일한 변명이죠. 그리고 저는 불이 나는 것을 막기 위해 가끔 물을 뿌립니다. 식물이 너무 마르도록 두고 싶지는 않으니까요. 아, 잡초 한 포기!"

그는 두세 가지 다른 개입을 한다. 그는 불이 잘 붙기로 유명해서 들불을 일으킬 수 있는 토종 처미즈chamise 덤불을 가지치기한다. 그리고 그는 토종 뒤쥐를 죽인다. 뒤쥐들을 마음대로 활동하게 내버려두면 멋진 만자니타manzanita 덤불의 뿌리를 먹을 것이다. 우리는 선택을 해야 한다. "저는 뒤쥐들을 잡으면 코요테와 여우를 위해 놓아둡니다." 그는 변명을 한다. "하지만 늘 까마귀들이 채가죠. 이런, 여기 겨자가 있네요."

우리는 거대한 양귀비 덤불로 다시 돌아갔다. 나는 천국 같은 향기가 나고 동물들이 급격히 늘고 있는, 화학물질이 없고 건조한 언덕의 중턱을 훑어본다. 필요한 것은 잡초를 뽑는 것과 뒤쥐를 죽이는 요령뿐이다. 자연은 정교하다.

자연은 정교할 수밖에 없다. 이렇게 완전해지는 데 수백만 년이 걸렸다. 세대를 거듭해가며 곤충과 식물의 다양한 종이 지구

의 이 부분에서 삶을 개척했다. 공기는 더 따뜻해지면 새 식물들이
진화했다. 공기가 더 차가워지면, 그 식물들은 더 새로운 유형으로
교체되었다. 이전 식물을 먹던 동물들은 새로운 식물을 먹는 동물
로 진화했다. 그 토양에서 사는 동식물에 의해, 비와 공기가 토양을
통해 운반한 가스와 광물질에 의해 토양은 변하고 진화했다. 이 순
간에 호하이머의 언덕에 사는 동식물은 토양에 완벽하게 적응하고
있다. 이 동식물들은 필요하도록 진화한 정확히 그만큼의 물을 얻
는다. 이 동식물들은 자신들에게 필요한 정확히 그만큼의 햇빛을
얻는다. 토양은 동식물들의 미각을 완벽하게 만족시킨다. 자연은
정말 굉장하다.

침입종의 문제

외래종의 문제는 무엇일까? 내가 이 침입종들에 대해 노발
대발할 때 어떤 친구들이 내게 묻는다. 우리 역시 외래종이 아닌가?

한 가지 문제는 돈이다. 코넬대학교의 생태학자 데이비드
피멘텔David Pimentel의 계산에 따르면, 미국에서 침입종들 때문에
발생하는 비용이 연간 1,230억 달러라고 한다. 약 290억 달러는 경
작지에 침입하는 외래종 잡초들에 사용하는 제초제 비용과 그 잡초
들이 일으키는 수확물 손실 비용이다. 또 65억 달러는 목초지와 정
원을 헤치고 들어가 여물과 작물의 자리를 대신 차지하는 조팝나물
과 수레국화 같은 종 때문이다. 그리고 여기까지는 식물뿐이다. 노
르웨이쥐와 곰쥐는 주로 곡식을 먹어치워서 매년 190억 달러의 피
해를 끼친다. 수입된 곤충은 70억 달러의 파괴를 한다. 얼룩무늬홍

합은 30억 달러만큼이고 빨리 퍼지고 있다. 피멘텔은 이 문제를 잔디밭에 적용해서 미국의 잔디밭 소유주, 정원사, 골프 선수가 매년 외래종 곤충 때문에 15억 달러를 쓴다고 추정한다.

또 다른 문제는 돈으로는 계산할 수 없는 생물다양성이다. 침입종은 미국에서 멸종위기이거나 위험에 처한 종의 42퍼센트에게 가장 큰 위험 요소이다. 미국 국립야생동물보호구역National Wildlife Refuge System의 최근 조사에 따르면 토종 동물을 보존하기 위한 300억 제곱미터의 보호구역에 침입종이 몰려 있다고 한다. 연방 습지의 약 20억 제곱미터(앞으로는 그 이상)가, 내 이웃의 담장을 빛내는 것과 같은 보라색 부처꽃으로 덮였다.

생물다양성이 뭐가 그리 중요한가? 내 트집쟁이 친구들이 질문한다. 이 질문에 대한 답 하나는 자연은 복잡해야 건강하다는 것이다. 과학은 다양한 생물 형태가 밀집한 복잡한 생태계가 질병과 재해를 잘 견디는 경향이 있다고 답하고 있다. 또 과학은 우리가 손상된 자연계를 복구할 수 없다는 것을 보여주고 있다. 인공 습지는 겉보기에는 그럴듯해 보일지 몰라도 그 표면 아래에는 자연과 닮은 것이 하나도 없다.

이제 악마는 다양성이나 대초원이나 거품이 이는 습지가 최근 나를 위해 무슨 일을 했느냐고 질문을 할 것이다. 과학자들은 우리들의 건강과 행복이 건강한 생태계에 얼마나 의존하느냐는 질문에 관심을 이제 막 돌리고 있다. 몇 가지 영향은 분명하다. 침입종 식물이 우거진 세계에서는 식량을 생산하기가 힘들고, 쥐와 찌르레기가 이 식량을 원한다면 이 식량을 지키기도 힘들다. 다른 결과는 미묘하다. 예를 들어 라임병은 작은 포유류가 풍부한 생태계에서 동물에서 사람에게로 옮겨가는 경우가 적다. 또 다양성의 가치를 나타내는 것으로, 아스피린이 버드나무에서 나왔고, 페니실린이 토양 곰팡이에서 나왔고, 택솔Taxol(주목나무에서 추출한 항암물질─옮긴이)이 태평양주목나무Pacific yew에서 나왔다는 점을 들 수 있다. 우리가 침입종 두세 종을 들여와 토종을 멸종시킨다면, 우리는 토종이 이용하는 치유력이 있는 화학물질이 무엇인지 절대 알 수 없을 것이다.

하지만 침입종의 가장 큰 문제는 입증하기가 가장 힘들다. 이 문제는 분명, 자연이나 신이나 운명이 생물들을 제자리에 놓아두는 방법을 사람들이 얼마나 높게 평가하는지와 관계가 있다. 우리가 지구 전체의 동식물 수천 종을 옮기기 시작하기 전에 작은 생태계들은 따로 천천히 진화했다. 유전적 돌연변이와 함께 빙하의 조수간만, 도마뱀이나 딱정벌레를 싣고 있는 물에 떠서 흐르는 나무토막의 갑작스러운 움직임, 가끔 일어나는 대형 유성의 충돌 등의 사고가 변화의 속도를 결정했다. 그 결과로 나타난 생태계에서 모든 식물, 동물, 박테리아는 굉장히 복잡하고 굉장히 중요한 위치를 차지한다.

나는 개인적으로 자연이 세계를 만든 방법에 하늘만큼 높은 가치를 부여한다. 북아메리카를 세계의 종 교환으로부터 보호하기는 이미 늦었다. 외래종 5만여 종이 이미 우리 생태계를 자신들에게 맞도록 재편성하고 있다. 그렇지만 나는 우리가 남아 있는 골짜기들을 보호하도록 합당한 모든 노력을 해야 한다고 생각한다. 물론 이것은 나의 생각일 뿐이다.

그리고 나에 대해서 말하자면…… 내가 외래 침입종일까?

작가 데이비드 쾀멘David Quammen은 호모사피엔스를 "잡초 같은 종"이라고 불렀다. 그러나 우리는 잡초보다는 훨씬 더 힘이 세다. 잡초에는 한계가 있다. 노르웨이단풍나무는 밀림에서 성공할 수 없다. 찌르레기는 툰드라에서 성공할 수 없다. 그러나 우리는 할 수 있다. 게다가 잡초 대부분은 털이 났든 깃털이 났든 잎이 있든지, 배나 떠다니는 나무토막을 타거나 허리케인에 실려야 새로운 영역에 갈 수 있다. 호모사피엔스는 개 한 마리만 데리고 간다. 우리는 특별한 경우이다. 우리는 침입종을 넘어서는 존재이다.

그러나 내가 보기에 호모사피엔스는, 사람들이 1만 3천 년과 3만 년 사이에는 북아메리카 생태계의 일부였다는 사실을 바탕으로 보면, 자연의 범주에 속하는 것 같다. 개인적으로, 조상들이 겨우 350년 전에 도착한 나는 재밌는 경우이다. 조시 로이테는 '조금 모자란 원주민'이라고 말할 것이다. 그의 스타일대로 말하면, 내가 원주민 호모사피엔스의 초기 시설과 타화수분할 수 있다고 해도 내 잎은 최근에 이주해 왔다는 사실을 누설할 것이다. 그러나 일반적으로 사람들은 털매머드와 검치호가 멸종될 때까지 북아메리카의 일부였다. 따라서 인간은 얼마든지 토종이라고 할 수 있다.

개들도 마찬가지라고 나는 생각한다. 유럽인들이 침입종 잔디, 노박덩굴, 집참새, 사과나무와 함께 이 대륙에 최근에야 운반해 온 고양이들은 아마 그렇지 않을 것이다.

　누가 이곳에 속하고 누가 속하지 않느냐는 어려운 문제이다. 나는 친구들과 말다툼을 할 때 결국에는 (관념적인 것의 반대라는 의미에서) 실질적인 것이 무엇인지를 두고 논쟁을 벌이게 된다. 실질적으로 호모사피엔스는 아주 철저하게 지구의 종 도가니를 휘저어놓아서, 현재의 배치에 대해 우리는 책임을 피할 길이 없다. 그리고 이제 이 책임은 무엇을 그대로 두고 무엇을 없앨 것이며, 무엇이 소중한 것이고 무엇이 살리기에는 지나치게 문제가 많은지에 대한 결정을 수반한다. '생태계의 민주 국가'에서 전 주민은 자연을 어떻게 배치할지를 결정한다. 한 사람이 하나의 표를 가진다. 파랑지빠귀들은 이 투표에서 환영받지 못하고 있다.

12 이상한 가족

　나는 뒤뜰의 눈 위에 서서 아직 조사할 것이 남은 내 뜰의 유일한 부분인 내 집을 유심히 본다. 이 집은 사람들이 도시에서 흘러나와 풍경 전체에 드문드문 흩어지던 시대인 1917년에 세워진 집이다. 집터는 넓은 구획의 땅을 마음대로 썼다.

　내 뒤뜰에서 보면 이 집은 자연 속의 섬 같다. 이 집은 비닐에 싸인 상자로서, 자연이 만들었다고 보기에는 선이 너무 직선적이다. 그러나 그런 섬은 없다. 적어도 내가 집안일을 맡은 집은 섬이 아니다. 모기가 낮에는 문제가 되지 않기 때문에 나는 여름 낮에 습관적으로 뒷문을 열어두어, 얼룩다람쥐 '뻔뻔이', 다양한 뒤영벌, 도롱이벌레까지 부엌에 들어오도록 한다. 굳이 문을 열어놓지 않아도 자연은 들어온다. 거미와 쥐는 너무 많고, 천문학적 숫자의 쥐며느리가 있다. 또한 밖에다 아무 티도 내지 않은 채, 먹고 번식하고 죽이고 죽는 우리 집 먼지 속의 미시적인 거주 생물이 있다. 올 봄 현관에 드리워진 식물에 둥지를 튼 되새를 포함한 동물들은 열심히 활동했지만 말벌들의 노력도 안 좋게 끝났다. 집이 자연에 끼치는 영향은 집의 벽을 넘어서 뻗으며, 지역의 서식지와 지구 전체의 환경으로 영향력의 파문이 퍼진다. 나는 눈을 헤치고 집의 그늘 속으로, 그리고 그 보호 속으로 걸어간다. 나는 그 중심에서 개체수 조사를 시작하여 바깥쪽을 향해 갈 것이다.

지하실의 식구들

받아들이려고 생각하지 않은 포유류가 최소한 한 가지 이상 우리 집에 있다. 11월부터 나는 이 동물이 밤에 거실 천장을 경쾌하게 달려가고 침실 벽에서 돌아다니는 소리를 들었다. 나는 지하실에서 내가 큰 구멍에 매워 넣은 유리섬유 단열재에 뚫려 있는 구멍을 찾았다. 나는 이 침입 동물이 부엌을 공격하지 않은 것에 감사한다. 하지만 그것이 어떤 동물이든 사라져야 한다. 나는 그 범인이 누구일지 생각해본다. 아메리카회색다람쥐라기에는 너무 작은 것 같고 북방청서red squirrel는 뜰에서 한 번도 본 적이 없다. 게다가 어떤 쪽도 야행성이 아니다. 얼룩다람쥐는 집 안에 거의 들어오지 않으며 역시 밤에는 잠을 잔다. 쥐들은 그렇지 않다.

철물 가게에서 나는 쥐 대상의 생포용 덫을 찾는다. 이 생포용 덫은 비록 빈약하지만 그럴듯해 보인다. 두 개를 산다. 나는 땅콩버터 덩어리를 뒤쪽에 넣고, 방아쇠를 당기고, 각 덫을 지하실 벽을 따라 조용히 놓는다. 포로를 잡으면 어떻게 해야 할지 생각하다가, 척 루벨치크가 여름에 뒤뜰에서 잡은 쥐를 어떻게 처리했는지를 기억한다. 그는 덫에 들어 있는 것을 비닐봉지에 쏟고, 꼬리를 잡을 때까지 이 쥐를 더듬었다. 나도 그렇게 할 수 있을 것이다. 그러고 나서 내가 처리하는 것이 어떤 종인지를 판단하려고 한다. 아침에 덫을 점검해보니, 덫은 발에 차이고 맞고 물린 듯한 모습이었다. 하나는 땅콩버터가 떨어질 때까지 쥐가 이리저리 굴렸다. 다른 덫은 너무 빨리 닫혀버려서, 실망한 손님이 갉아 먹으며 들어가려고 애쓴 흔적이 남았다. 나는 이 덫들을 버리고 믿을 만한 용수철덫을 다시 쓰기로 한다. 나중에 나는 우리가 생포용 덫으로 쥐를 잡고 나서 쥐들이 다시 집을 뛰어다니기를 원치 않는다면, 이 쥐들을 다른 태양계로 보내야 한다는 글을 읽었다.

나는 지하실에서 쥐며느리가 딱딱 으깨지는 소리가 발밑에서 나는 것에 익숙해졌다. 이 집에서 보낸 첫해에 나는 봄에 돌로 쌓은 기초에서 나와 바닥을 가로질러 행진하는 등각류 무리 때문에 괴로웠다. 나는 벌레를 으깰까봐 겁이 났다. 그리고 여기서는 등각류 소대가 0.7센티미터짜리 탱크처럼 시멘트를 가로질러 질주했다. 이 등각류 군대의 작전 행동에는 원칙이 없었다. 어떤 녀석들은 동쪽에서 서쪽으로 미끄러져가고, 다른 녀석들은 북쪽에서 남쪽으로 미끄러져가고, 많은 녀석들이 찻잔, 바구니, 스튜냄비, 연장통이 보관된 곳으로 나아갔다. 지하실에서 뭔가를 꺼내올 때는 이들의 시체가 바스락 부서지는 소리가 배경음악이 되었다. 첫해에 나는 진공청소기를 써서 다수의 벌레들을 짓밟지 않고 세탁기까지 걸어갈 수 있었다. 그러나 내가 등각류를 빨리 빨아들일수록 등각류가 더 많이 나타났다. 쥐며느리는 영하의 온도에서 살아남을 수 없어서, 돌로 쌓은 기초의 틈 같은 보호받는 환경에서 겨울을 보내야 한다. 바닥 위의 등각류 숫자를 생각하면서, 나는 내 기초가 얼마나 침투당할 것인지 걱정하게 됐다. 또 나는 이로 말미암아 왜 등각류가 봄에 방향을 바꾸어 녀석들이 온 길로 나가지 않는지 궁금해졌다. 대신 녀석들은 질식해서 죽어버릴 것 같은 곳까지 앞으로 나아간다. 등각류는 기본적으로 해양 동물로서 아가미가 있으며 수분이 절대적으로 필요하다. 이 죽음의 행진을 설명하기 위해 내가 세울 수 있는 최상의 이론은, 녀석들은 봄에 따뜻한 곳을 찾아 움직이도록 정해져 있으며 지하실 내부가 바깥보다 따뜻하다는 것이다. 나는 이제 등각류 무리에 항복했으며 녀석들을 피하려고 하지 않는다. 녀석들은 죽으면 금방 말라서 축축하지 않고 파삭파삭해진다.

또한 이곳 지하실에는 온실의 꽃인 양, 여름에 창문으로 몰려드는 식물이 약간 있다. 이를 보고 나는 내 기초의 보전을 더 우려하게 된다. 이 식물 가운데 하나는 창문의 다른 쪽 꽃밭에 사는 다채로운 화단 테두리 식물이다. 따라서 이 식물이 집 안에 새싹을 틔우기 위해서는 뿌리가 돌과 모르타르를 뚫고 들어와야 한다. 또 하나는 들장미인데, 들장미가 어디에서 왔는지는 모르겠다. 북쪽에서 잡초와 이끼가 들어오고 있다. 녹색 벨벳이 돌로 된 창턱 위를 덮는다. 이 벨벳은 아름답고, 분명 이런 보호받는 삶을 살게 되어 기뻐하고 있을 것이다. 내 생존을 위협하는 노박덩굴은 창문을 침범하여 계단까지 갔다. 나는 이 노박덩굴의 식물학적인 임무는 침대에 있는 나를 목 조르는 것이 아닐까 생각한다.

여러 지하실 서식 생물 중에서 균류가 가장 두드러진다. 일년 중 이 시기에 포자기를 맞는 균류는 잠을 자며 휴식하고 있다.

그러나 대지의 수분이 두세 달 뒤에 이 지하실을 뒤덮으면 균류가
계속 널리 퍼질 것이다. 모든 판지상자 아래에서 균류 군체가 번성
할 것이다. 균사는 판지를 면밀히 조사하고 쌓인 책 속으로 들어가,
페이지 사이를 더듬으며 펄프와 염료를 먹어치울 것이다. 자실체는
포자를 지하실 공기 중에 퍼뜨릴 것이고, 새로운 왕국이 배낭, 고무
옷, 오래된 흔들의자 위에 피어날 것이다. 균류의 숨결과 분해되는
균류의 냄새가 부엌으로 올라갈 것이다.

지하실의 생물 개체수를 조사하는 것은 너무 재미가 없다.
지하실은 분명히 에너지 효율 면에서 텐트 정도밖에 안 될 만큼 어
두우며, 여기에는 2층의 내 책을 옮겨놓을 만한 공간도 없다. 지금
보다 더 단순한 시대에 세워진 이 집은 이 물질의 시대에는 보관의
악몽을 겪고 있다. 그리고 틈새에 관해서는, 쥐들이 쥐며느리가 들
어오는 구멍보다 훨씬 큰 구멍을 통해 들어오고 있다는 사실이 생
각난다. 사실 쥐는 볼펜 정도 넓이의 틈을 통해서도 들어올 수 있
다. 그러나 찬 공기는 더 쉽게 들어올 수 있다. 나는 내 새로운 쥐덫
의 행운을 기원하며 떠난다.

부엌의 끔찍한 나방들!

위층에서 집파리, 거미, 그리고 다른 다양한 곤충의 개체수
는 기온이 떨어지면서 현저히 줄어들었다. 집파리들은 쥐며느리처
럼 화석 연료 의존의 덕을 보려고 창문 주위의 틈으로 끼어 들어온
다. 다른 날에는 무당벌레가 내 양말 서랍 속에서 자고 있는 것을
발견했다.

다행히 부엌에도 나방이 없다. 나는 내가 녀석들의 서식지를 파괴했다고 생각하지만, 때때로 겨울에 실내에서도 숨는다는 사실을 알고 있다. 녀석들은 그렇게 숨어 있다가 두세 달 뒤에 내 생활 속으로 퍼덕거리며 돌아올 수 있다. 나는 이번 가을에 녀석들과 만났었고 다시는 마주치지 않기를 바란다. 가을에 녀석들의 알인지 애벌레인지가 많은 식료품에 섞여 집으로 들어왔다. 녀석들은 알에서 부화하여 밤에 작은 알을 한 마리당 400개까지 낳아서 내 선반 주위를 알로 반죽을 해놓았던 모양이다. 나는 눈발이 휘날리는 것처럼 성충 나방이 실내에서 휘몰아칠 때까지는 무언가 잘못되었다는 사실을 알아차리지 못했다. 그때까지 애벌레는 모든 것을 뚫고 들어갔다. 내가 밀봉된 피칸 봉지를 땄을 때, 그 안에는 다량의 견과류와 벌레와 왕겨가 반짝이는 거미집 모양으로 들어 있었다. 묶어둔 어떤 쿠스쿠스(밀을 쪄서 만든 좁쌀처럼 생긴 음식―옮긴이) 봉지에는 꿈틀거리는 쿠스쿠스가 있었다. 옥수수가 든 유리병을 열자 하얀 고치에 싸인 옥수수 덩어리가 나왔다. 우웩. 모두 바깥 쓰레기통에 버렸다. 나는 선반을 문질러 닦고, 서투르게 날아다니는 나방들을 붙잡았다. 그리고 나는 새 밀가루와 곡식을 냉장고에 넣었다. 어떤 나방도 두세 달 동안 내 시야에 보이는 실수를 하지 않았지만, 이 곤충들은 먹이가 부족한 시기에는 벼룩 애벌레처럼 생활 주기를 가늘고 길게 늘릴 수 있다. 녀석들은 새로 식량을 발견할 때까지 가만히 기다릴 것이다.

내 다양한 동거 생물들은 아마 실내 먼지 생태계에 서식할 것이다. 나는 현미경으로 볼 수 있는 크기의 진드기와 미생물과 의

갈류의 세계를 이전 책에서 다루어서 이들의 자연사를 잘 알고 있다. 그렇기에 나는 이 생물들이 신뢰하기 힘들다는 것을 알고 있다. 이유는 이 동물들이 작기 때문이다. 이 동식물은 내가 신경 쓰지 않는다는 것을 아는 듯이 마루청, 깔개와 소파 쿠션 속의 넓은 피난처, 위층 매트리스의 굴 같은 내부 사이의 좁은 서식지를 이용한다. 박테리아와 균류는 나의 넓고 풍부한 피부 껍질, 신문 종이 섬유, 수건 천 조각 등으로 구성된 얇은 토양에서 잔디처럼 자란다. 이 '잔디'를 먹는 것은 먼지진드기와 좀이다. 가장 유명한 먼지진드기는 내 피부도 먹는다. 이 먼지진드기는 자신의 침으로 조직을 부드럽게 만들고 긁어모아, 머리도 없는 아주 간단한 자기 몸속으로 집어넣는다. 그리고 이런 잔디를 먹는 동물들을 먹는 것은 가차 없는 육식동물이다. 육식 진드기는 깔개 섬유 사이로 몰래 들어가서 눈이 없고 머리도 없는 진드기가 굴러 지나가기를 기다린다. 육식 진드기는 먹이를 찔러 체액을 빨아 마신다. 책 사이나 탁자 다리 아래에는 게를 닮은 의갈류가 진드기를 짓밟는 집게발을 들고서 가만히 있다. 내 소파 아래에 세렝게티 초원이 있고 진드기 피의 강이 단풍나무 판자 둑 사이를 흐르기에, 내 집을 자연의 고립된 한 섬으로 해석하기란 불가능하다.

쥐를 잡다

진지하게 쥐덫을 놓은 첫날밤에, 나는 득점을 올린다. 나는 덫에서 쥐를 떼어 알루미늄 호일 한 장 위에 놓는다. 두개골이 으깨어진 쥐들이 눈길을 끈다. 털은 회갈색이며, 등뼈를 가로지르는 부분은 더 갈색에 가까운 어두운 색이다. 배는 눈처럼 하얗다. 한 녀석은 어려 보이며 털이 부드럽고 흠이 없다. 작은 발은 감촉이 좋고 하얀 털로 빛난다. 머리 전체 길이보다 긴 코털은 코에 가까운 부분은 까맣고 멀리 갈수록 점점 하얀색이 된다. 꼬리는 쥐 몸통의 길이만큼 길고 윗면은 회갈색, 아랫면은 하얀색이다. 검은색 눈은 크고, 회색빛 분홍 귀는 제비꽃 꽃잎처럼 얇다. 쥐 한 마리의 길이는 꼬리까지 합쳐서 5센티미터이다.

나는 이 쥐들의 종을 확인하려고 한다. 전 세계의 호모사피엔스를 따라다니는 생쥐*Mus musculus*는 일단 배제할 수 있다. 생쥐는 몸 전체가 갈색이며 비늘이 있는 꼬리가 있다. 집을 좋아하는 다른 쥐 두 종은 서로 비슷하게 생겼다. 사슴쥐와 흰발생쥐는 두세 가지 세부사항으로만 구분되지만, 이런 구분도 신뢰할 수 없다는 사실을 동물 다양성 데이터베이스에서 봤다. 나는 세부사항을 대충 훑어본다.

사슴쥐의 꼬리는 회색 윗면과 하얀색 아랫면으로 뚜렷하게 구분되어 있다. 흰발생쥐의 꼬리는 색 구분이 덜 뚜렷하다. 내가 잡은 쥐의 꼬리에는 자로 그은 것 같은 직선의 줄들이 있다. 사슴쥐가 1점을 딴다.

사슴쥐의 뒷발은 일반적으로 22밀리미터보다 짧다. 흰발생쥐의 발은 22밀리미터보다 길다. 나는 자를 꺼낸다. 내가 잡은 쥐의 발은 20밀리미터이다. 사슴쥐가 1점을 더 딴다.

끝으로 사슴쥐는 더 진한 갈색인 데 비해 흰발생쥐는 분홍빛 담황색이다. 내 쥐의 색깔은 설명하기 힘들다. 밀크초콜릿 트러

플? 나는 진한 색이라고 말하련다. 이 쥐들은 어떤 사자와도 견줄 수 있을 정도로 멋진 털로 덮여 있다. 세 번째도 역시 사슴쥐가 점수를 딴다.

　내가 쥐를 추적하면서 알게 된 가장 재미있는 사실 한 가지는 사슴쥐가 덫에 걸려 생포된 뒤 풀려나고 나서 집을 찾아가는 능력에 관한 것이다. 과학자들은 쥐를 덫으로 잡아서 이름표를 붙이고 집에서 먼 곳에 떨어뜨려서 놓아주었다. 과학자들은 1.6킬로미터는 그렇게 먼 거리가 아니라고 기록한다. 강 하나도 장애물로 충분하지 않다. 낙원 같은 새 서식지도 사슴쥐의 마음을 움직이기에 부족하다. 같은 쥐를 두 번, 세 번 다른 곳에 두어도 문제가 되지 않는다. 과학자들은 덫으로 쥐를 잡아서 하루에 한 번씩 사흘 동안 0.8킬로미터 떨어진 곳에 두면 매번 그 다음 날 돌아온다는 사실을 발견했다. 또 다른 흥미로운 점은 이 동물 가족 모두가 밤마다 쥐덫으로 걸어갈 것이라는 사실이다. 나는 지하실 벽을 따라 덫 두 개를 30센티미터 떨어뜨려 두었지만, 덫 하나에서 죽은 친척이 보여도 두 번째 쥐가 겁을 먹고 도망가지 않았다.

　설치류의 질병 전염 역할은 결코 재밌지 않다. 사슴쥐와 흰발생쥐 모두 무서운 호흡기 질병을 일으키는 한타 바이러스를 옮길 수 있다. 이 쥐들의 똥오줌은 내게 바이러스를 옮길 수 있다. 그러나 이 위험은 들이마실 수 있는 마른 쓰레기 먼지와 더불어 있을 때보다 걱정스럽다. 나는 그렇게 많이 걱정하지 않는다. 내 책상 위의 이 쥐들은 생기 있고 축축하며, 나는 이 쥐들을 다룰 때 잘 씻을 것이다. 내가 잘못 알아본 것이어서 이 쥐들이 흰발생쥐라면, 이 녀석들은 라임병을 옮기는 사슴진드기의 중요한 숙주일 것이다. 그러나 나는 이러한 점 때문에 지역의 쥐들에게 악감정을 품지는 않는다. 우리 모두는 전염병을 옮긴다.

내가 쥐를 가지고 하는 작업을 끝마치자, 밖은 어두워졌고 까마귀는 이미 항구를 건너 겨울의 무리로 날아갔다. 나는 호일 속의 쥐를 접고 비닐봉지에 싸서 냉장고에 집어넣는다. 나는 덫에 땅콩버터를 더 발라서 지하실 안에 다시 둔다.

아침에 나는 냉장고에 보관해둔 시체를 까마귀들을 위해 눈 위로 던진다. 까마귀들의 반응은 까마귀답지 않다. 보통 까마귀들은 내가 준 선물에 조심스럽게 가까이 걸어간다. 그러나 이번에는 아니다. 까마귀 두 마리가 떡갈나무에서 내려와 착륙하자마자 쥐를 잡아챈다. 녀석들은 먹이를 먹는 나무로 똑바로 나아간다. 그날 밤 나는 쥐 한 마리를 더 잡는다. 그리고 그것이 끝이다. 이제 한겨울이 되어 쥐들은 보금자리를 찾고 먹이 창고를 마련했다. 내 집의 벽과 천장은 다음 가을까지 조용할 것이다.

말벌들아, 미안해

내 집이 제공하는 야생동물 서식지의 두 번째 무대는 집의 외벽이다. 이 외벽이 심각하게 이용되는 경우는 거의 없다는 점은 참 다행이다. 예를 들어 흰개미에게는 이 위도 지역이 너무 춥다. 우리 어머니의 나무로 지은 집을 쪼아 구멍을 만드는 데 전념하는 딱따구리들은 자신들의 관심을 이곳에서는 나무와, 겨울에는 소기름 부대에 한정했다. 나는 내 다람쥐 친구들을 지속적으로 경계한다. 그리고 나는 처음에는 중요한 수분 매개체라고 생각하며 말벌을 보고 환영했지만 이 말벌은 결국 에너지 효율의 걸림돌이 되었다. 가을에 한 건축업자가 와서 바람을 세게 맞는 벽에 단열재를 넣는 문제를 논의할 때, 그는 말벌들이 사라질 때까지는 유리섬유를 넣지 않겠다고 공언했다.

그래서 나는 말벌과 맞서야 했다. 나는 내 집 주위에 독성 화학물질을 뿌리지는 않겠다고 결정했기에 대신 집을 태울 뻔했다. 내가 본 최초의 벌집은 현관 천장 위의 야구공만한 보금자리였다. 양봉가가 연기를 이용하여 꿀벌을 진정시키는 것을 떠올리며, 나는 신문 한 부를 말고 성냥 한 묶음을 찾았다. 그리고 내가 진정 요법을 사용한 이후에도 혹시 말벌 몇 마리가 달려들 경우를 대비하여, 장갑을 끼고 얼굴을 꽉 죄는 모자가 달린 고어텍스 잠바를 입었다. 나는 빵 봉지를 준비하고 그 안에 잠자고 있는 말벌 마을을 넣어 떼내려고 했다.

나는 현관에 나가서 종이에 불을 붙이고 의자 위로 올라갔다. 불이 붙은 신문의 연기가 올라가 벌통 쪽으로 흘러갔다. 그렇다. 정말로 노랗고 까만 머리들이 나를 바라보고 있는 작은 구멍 안으로 연기가 바로 흘러들어갔다. 그러나 불이 붙은 신문지 조각들도 내 횃불에서 떨어져나갔다. 이 신문지 조각들이 현관 주위에서 떠돌았다. 연기가 말벌에 영향을 끼치기 시작했기 때문에, 나는 불꽃이 떨어진 곳에 관심을 온전히 기울일 수 없었다. 내가 말벌들의 태도의 변화를 설명해야 한다면, '진정했다'라기보다는 '엄청나게 미쳤다'라고 해야 할 것이다. 의자에서 뛰어내려와 문으로 달려갔을 때, 나는 현관 전체에 작은 불꽃들이 있는 것을 보고 깜짝 놀랐다. 나는 불꽃을 짓밟고 문을 쾅 닫고 안으로 들어갔다.

　내가 이삼 분 뒤에 머리를 내밀었을 때, 벌통은 조용해 보였다. 이제 실수는 끝났다. 나는 빵 봉지를 뜯고 의자에 뛰어올라가 이 봉지를 벌통에 달고 잡아당겼다. 식은 죽 먹기였다. 내 손에서 벌통이 흔들렸다. 이러한 진동이 여러 가지가 뒤섞인 감정을 일으켰다. 그렇다. 나는 내 적에게 이겼다. 그러나 오로지 어린 자매들을 먹이고 새 여왕벌을 만들겠다는 뜻을 품은 이 동물들은 내 플라스틱 쓰레기통 속으로 들어가 비닐봉지 안에서 죽게 될 것이다. 그것은 고귀하지 않았다. 이 아마존 전사들에게 걸맞은 결말이 아니었다. 그러나 나는 말벌들을 풀어주지 않았다. 나는 이 비닐을 묶었다. 내가 석연치 않는 기분으로 서 있을 때, 말벌 두세 마리는 천장 위에 집이 있던 자리로 갔다. 해질녘에는 열두 마리가 모였고, 몸을 따뜻하게 녹이려고 가깝게 몰려 있었다. 후우.

　이것은 쉬운 벌통이었다. 밖에서 또 한 말벌 가족은 처마의 틈새에서 틈을 여러 개를 찾았고, 이 가족들은 이 틈을 실내의 벌통으로 가는 굴로 삼았다. 나는 더 잘 보려고 사다리를 타고 올라갔다. 벌들의 출입이 많은 것 같진 않았지만, 알루미늄 배출구를 떼어내고 처마를 엿보았을 때, 나는 어두운 곳에서 아나사지족의 푸에블로(미국 원주민 부족인 아나사지족의 주거형태. 절벽을 깎아 아파트처럼 여러 층을 만들었다—옮긴이) 같은 벌통을 하나 찾았다. 이 벌통은 셀룰로오스 덩어리였다. 아마 모든 벌통을 고려해보면, 우리 집에는 내가 생각한 것보다 단열재가 더 많은 것 같았다. 그렇지만 나는 바깥의 틈새마다 알루미늄 호일 조각을 쑤셔 넣었다. 돌아오는 말벌 몇 마리가 윙윙거리면서 내 손가락 위에 앉았을 때, 나는 명상을 하며 생각을 정리했다. 내 이론은 이 말벌들이 호일을 모조리 씹을 수 없으니 안쪽의 벌들은 굶주리겠다는 것이었다. 이 죄의식이 내 맥박을 더 뛰게 했지만, 나는 내 명상에 집중했다. 나는 유리섬유가 필요했다. 과열된 지구는 유리섬유가 필요했다. 그것이 최종적으로는 모든 말벌에 유리할 것이다. 말벌은 호일을 두드리고 밀었다. 말벌 열두 마리가 마구 돌아다녔다. 그리고 스물네 마리. 서른여섯 마리가 됐을 때 나는 뒤로 물러났다. 좋다. 나쁘지 않았다.

아직 하나가 남아 있다. 이 단단한 덩어리는 지붕 꼭대기에서 축구공 크기로 커지고 있었다. 내 첫 번째 계획은 말벌들이 꿈을 꾸고 있는 캄캄한 밤에 사다리를 전부 펼쳐서 7미터 50센티미터를 올라가 비닐봉지로 낚아채는 것이었다. 그러나 내 친구들은 밤에 목 부러질 일 있냐면서 이 계획을 한사코 막았다. 나는 독성 스프레이를 쓰는 방법은 생각도 할 수 없었다. 그 깡통에는 그 내용물을 마시지 말고, 피부에 닿게 하지 말고, 애완동물이 건드리지 못하게 할 것이며, 나비, 뒤영벌, 작은 녹색 벌레, 반날개, 진줏빛 송충이, 무당벌레, 개미, 거미 바베트가 아무리 연한 농도라도 흡입하면 몸부림치고 고통스럽게 죽는다는 경고 문구가 있었다. 이 물질은 분명히 이삼백 미터 아래쪽에 있는 바다에 사는 어류에게도 아주 좋지 않았다. 나는 내 생각에 초점을 맞추었다. "으으으으음, 유리섬유우우우우우."

화학적인 구제는 실망스러웠다. 넓은 전원주택 처마에는 사다리를 너무 평평한 각으로밖에 펼칠 수 없어서, 중간부터는 너무 흔들려 계속 갈 수 없었다. 나는 세상에 독을 퍼뜨리고, 그리고 내 목을 부러뜨릴 것 같았다. 사다리가 몹시 흔들릴 때 나는 조심스럽게 조준을 했다. 거품 분출액을 종이 벌통에 뿌렸다. 이 중 어떤 것은 작은 동전만한 구멍을 뚫었다. 더 많은 거품이 튀어 올라서, 위로 향한 내 얼굴에 끼얹어졌다. 내 손이 액체에 젖었다. 물방울이 아래의 잔디와 생물을 적셨다. 말벌 두세 마리의 시체 역시 젖은 채 굴러 떨어졌다.

그러나 다른 말벌들은 면역성이 있는 것 같았다. 다음 날 이 말벌들은 바쁘게 벌통을 향해 가고 있었다. 나는 다시 녀석들을 향해 분사하고 내 몸에도 또 묻혔다. 깡통의 라벨에는 곧바로 목욕을 하라는 지침이 쓰여 있었다. 말벌들은 계속 살아남았다. 셋째 날, 나는 양을 세 배로 늘렸고, 그리고 포기했다. 나는 빗자루를 얻어서 휘청대며 가까이 가서, 벌통을 흔들었다. 벌통을 제거하기 위해서는 열다섯 번 정도는 쳐야 했다. 그러나 내가 철컥거리며 다시 사다리를 내려갈 때는 말벌 전사 몇 마리만 나를 따라왔다. 아래의 보도에 떨어진 벌통은 쪼개졌다. 큰 녹색 애벌레 암컷 한 마리가 잔디로 열심히 가고 있었다. 그리고 애벌레 여러 마리가 포장층 안에 보호된 종이질의 벌통 밖으로 머리를 내밀었다. 이 종이 도시는 놀라웠다. 나는 이 바깥층을 비닐봉지에 넣고 이삼일 간 현관에 두어 가스가 빠져나가게 했다. 그리고 나는 목욕을 했다.

벌통 종이는 멋진 재료였다. 말벌이 다양한 식물을 씹고 토해서 은색, 하얀색, 회색, 연녹색, 청동색의 줄을 만들었다. 벌통은 떨어졌지만, 여전히 매혹적이었다. 나는 벌들이 나무에 벌통을 지었으면 좋았을 것이라고 생각하지만, 서식지로 선택한 내 집이 아마도 폭풍우로부터 탁월하게 벌통을 보호했을 것이다.

나는 하우스핀치 한 쌍이 올해 이른 시기에 현관에 살림을 차렸을 때에도 같은 생각을 했다. 나뭇가지와는 달리 현관 지붕은 물이 새지 않는다. 내가 처음 현관에 있는 이 암컷을 놀라게 했을 때, 나는 수령초 벽걸이 화분은 곤충을 잡기에는 이상한 장소라고 생각했다. 그곳에서 녀석을 여섯 차례 놀라게 한 뒤에 나는 여기에 과연 어떤 맛있는 곤충이 있는지 직접 보아야겠다고 생각했다. 나는 난간으로 올라가면서 수령초 줄기들 사이에 있는 둥지 하나를 발견했다. 연한 하늘색의 알 하나가 둥지 바닥에 놓여 있었다. 멋진 빨간색 두건을 쓴 핀치, '쨱쨱이' 씨와 그 부인이 전화선 위에 앉아서 내가 떠날 때까지 쨱쨱 노래를 했다.

나는 매번 오갈 때마다 쨱쨱이 부인에게 인사했다. 쨱쨱이 부인은 서서히 날아가버리는 대신 그대로 머물러 있기 시작했다. 둥지 안에 알 다섯 개가 모였을 때 부인은 자리를 잡고 부화에 들어갔다. 쨱쨱이 부인이 부리에 먹이를 넣고 둥지로 돌아온 것을 본 날, 나는 녀석이 성공했다는 사실을 알았다. 녀석이 떠난 뒤에 나는 힐끗 둥지를 훔쳐 보았다. 노란 부리에 헐떡거리는 보라색의 어린 새 네 마리가 찻잔 모양의 둥지 속에 이틀 뒤에는 사라질 알껍질과 함께 있었다. 아기 쨱쨱이들은 성장했다. 녀석들은 혼자 힘으로 섰다. 녀석들은 큰 소리로 울어 무리에게 신호를 보냈다(나는 최근 새끼새들이 울음소리로 신호를 보내면 부모새들이 더 열심히 일한다는 내용의 글을 읽었다). 짹짹이 부모는 먹이를 찾으러 점점 더 많은 여행을 했다. 새끼새들은 몸이 불어나고 거친 깃털로 날 수 있게 되면서 꾸준히 먹었고…… 그리고 누군가가 이들을 알아차렸다. 아니면 내가 난간에 올라가 매일 이 녀석들을 볼 때 누군가가 나를 알아차렸을지도 모른다. 어느 쪽이든 이 둥지의 위치가 발각되었다. 나는 난간에 올라갔다. 새끼새 한 마리가 죽은 채로 있었다. 나는 파랑어치의 소행이라고 생각한다. 파랑어치는 두 마리를 통째로 삼키고 그 다음 한 마리는 운반해갈 수 있었을 것이다. 까마귀 같으면 수령초 잎들을 떨어뜨렸을 것이라고 생각한다. 다람쥐가 새끼새 세 마리를 가져가거나 현장에서 씹어 먹고 피 한 방울 남기지 않을 수 있을 것 같지는 않다. 고양이 한 마리가 장식용 화분에 달려들었을지도 모르지만 그렇다면 분명 까마귀들처럼 흔적을 남겼을 것이다.

짹짹이 부부는 같은 실수를 두 번 저지르지 않았다. 녀석들은 뒤뜰의 어딘가에 다시 둥지를 틀어서 엉겅퀴 씨앗 모이통을 계속 방문했다. 그리고 늦여름에 녀석들은 예쁜 새끼들을 호위하고 있었다.

거미 바베트와 현관의 여동생은 둘 다 인간 서식지에서 운이 더 좋았다. 날씨가 좋지 않았을 때 둘 다 방수가 되는 피난처에 있었지만, 꽃밭에 서식하는 셋째 여동생은 비 오는 날이면 나뭇잎 아래에서 지냈다. 이 땅으로 돌아간 여동생은 환경과 잘 어우러져 지냈지만, 처마 구멍으로 돌아갈 수 있는 바베트와 현관 천장 아래에서 먹이를 기다리곤 하는 현관의 여동생보다는 새들에게 더 취약했다. 바베트가 내 창문 밖에서 처음 일을 시작했을 때, 나는 집 주

위의 소용돌이 바람에 곤충들이 날아가버릴 것이라고 우려했지만,
셋 중에서 바베트가 가장 뚱뚱해졌다.

우리 집의 외벽에서 이득을 보는 다른 생물들은 보통 잠깐
씩 방문하는 생물들이다. 갈매기들은 한 블록 떨어진 집의 높은 굴
뚝을 자주 들른다. 내가 까마귀에게 먹이를 주는 특이한 일을 하고
있을 때 이 갈매기들이 돌아다니는 코스를 바꾸었다. 나는 조금 지
나서야 어떤 먹이든 조그만 동전보다 크기만 하면 갈매기들을 끌어
들인다는 사실을 알았다. 그래서 한동안 갈매기들은 내 지붕으로
와서 내가 먹이를 뜰에 던지기를 조용히 기다렸다. 내가 까마귀들
을 위해 작은 애완견용 곡물을 주자, 이 갈매기들은 인근 지역을 더
잘 내려다볼 수 있는 굴뚝으로 돌아갔다.

까마귀들도 가끔씩 우리 집을 횃대로 이용한다. 그러나 그
런 일은 별로 없다. 어느 날 여섯 마리 모두 이웃 휴의 나무에서 배
를 따서 휴의 지붕에서 맛있게 먹었다. 그러나 나는 이것이 특별한
경우였다고 생각한다. 나는 녀석들이 다시 그렇게 하는 것을 본 적
이 없었다. 까마귀 한 마리가 내 사무실 창문 밖의 맞배지붕 꼭대기
에 한 번 앉았지만, 녀석이 내 관심을 끌려고 했다고는 확신하지 않
는다. 버릇없는 까마귀들은 관리인들이 먹이 주는 것을 잊어버리
면, 유리창을 두드리거나 자동차 앞 유리 앞에서 난다고 알려져 있
다. 내 까마귀들이 그렇게 뻔뻔스러웠던 적은 없다. 이렇게 추운 겨
울 아침에도 녀석들은 먹이를 요구하지 않는다. 녀석들은 그저 먹
이를 기다리는 나뭇가지에 앉아서 내가 녀석들을 알아채기를 기다
린다.

내가 가장 신경 써서 지켜보는 것은 다람쥐들이다. 갈고리와 솜털은 라일락 울타리에서 테라스 지붕으로, 또 집 지붕으로도 다니곤 한다. 그래서 나는 불안하다. 아마 녀석들은 우리 집 지붕을 오르막길의 하나로 보는 것 같다. 그러나 내 처마의 오래된 얇은 철판 조각들이, 다락에 주거를 정하려는 다람쥐들의 열망을 시험한다. 누가 녀석들을 비난할 수 있을까? 그렇지만 나는 내 침대를 다람쥐와 바꾸지는 않을 것이다. 그래서 나는 녀석들이 내 지붕 위로 가는 것을 못 본 척하지 않는다. 나는 무서운 소리를 낸다. 나는 뭔가를 던진다. 나는 까다로운 이웃처럼 행동한다.

바람이 숭숭 새는 집

우리 집의 영향력이 얼마나 멀리 뻗어 있는지 나는 궁금해졌다. 나는 이 범위가 바람직한 경우보다 더 멀리 확장된 것을 알고 있다. 지붕은 단열이 되지만 벽은 단열이 되지 않는다. 나는 이곳의 배선을 갈면서 벽이 빈 것을 발견했을 때 이 사실을 확인했다. 비어 있다. 바람이 마구 통한다. 집의 연령을 생각할 때 놀라운 일이 아니다. 그렇지만 난 무섭다. 나는 1970년대의 에너지 위기 당시 감수성이 예민한 10대 소녀였다. 내 부모님들은 우리의 오래된 농가의 다락방에 단열재를 설치하고, 장작난로를 사고, 쓰지 않는 전구가 켜져 있는 것을 볼 때마다 고통으로 소리쳤다. 나중에는 에너지가 세상을 오염시키고 기후를 변화시킨다는 인식이 나에게 강하게 박혔다. 나는 낭비되는 전력에 나만의 알레르기 반응을 갖게 되었다. 나는 창문 주위로 들어가는 찬 공기의 낌새를 감지하는 탐정이 되었다. 이 오래된 주택을 샀을 때, 나는 단열을 하려면 정말 긴 길을 가야 할 것을 알았다. 그러나 나는 먼저 가장 큰 구멍을 틀어막으며, 이성적인 방법으로 하고 싶었다. 그리고 겨울이 왔을 때 나는 에너지 감사관 웨스 라일리Wes Riley를 불렀다. 그 일은 끔찍했다.

웨스 자신은 조금도 끔찍하지 않다. 다만 그는 이 집의 끔찍한 부분을 보여준다. 그중 일부는 무섭기까지 하다. 그가 한 조언들은 내게 수천 달러를 절약하게 해줬다. 그러나 그가 휴대용 송풍기를 켰을 때 거실에 퍼진 좁은 배선 공간의 먼지 냄새를 잊으려면 시간이 한참 걸릴 것이다.

"우리는 맨 위에서 시작하여 아래로 내려가며 작업할 겁니다." 웨스는 침실 안의 배선 공간의 문을 통해 들어가면서 말한다. 위층 전체는 받침벽과 만나는 경사진 천장으로 이루어진다. 받침벽 뒤에는 넓은 배선 공간이 있어서 구멍으로 바람이 들어온다. "배선 공간 바닥에 12.5센티미터의 단열재가 들어 있군요." 그는 조금 놀라며 말한다. "하지만 단열재는 삼사십 센티미터는 넣는 게 좋습니다. 그리고 지금 있는 접합선은 없애는 게 좋겠습니다." 경사진 천장이 받침벽에서 끝나기보다는 집의 외벽까지 계속 가야 한다는 뜻이다. 그는 그런 접합선에서 열이 빠져나간다고 말한다. 집은 겨울에 동물의 형태를 따라할 필요가 있다. 둥근 모양은 표면적을 최소화한다. 그리고 열은 표면으로 새나간다.

그는 나와서 8년 된 창문으로 관심을 돌린다. 나는 떨린다. 나는 그 창문이 참담하다는 것을 알고 있다. 창틀이 많이 썩었기 때문에 나는 창문을 교체할 돈을 모으기 전에, 실리콘으로 틈을 메워 유리가 잔디로 떨어지는 것을 막았다. 웨스는 내가 예상한 것만큼은 역겨워하지 않는다. "창문을 교체하라는 것은 허위 광고입니다." 그는 유리를 톡톡 두드리며 말한다. "여기 이 창문은 R-1입니다. 최신 이중 내리닫이 창문은 R-3일 겁니다. 그건 아주 조금 크죠. 그러나 여기에는," 그는 배선 공간으로 돌아가며 말한다. "R-19가 들어갈 것이고 그건 훨씬 더 넓습니다." 그는 연료를 아끼려는 보수 공사로 이득을 보려면 얼마나 오래 시간이 지나야 하는지를 생각해보면, 창문 교체가 의미가 없다고 말한다. 창문을 바꿔서 수지가 맞으려면 25년 내지 40년이 걸린다. 창문 덮개도 이와 비슷하게 비실용적이다. 나는 충격을 받는다. 그는 두꺼운 휘장 아래에 비치는 천을 단 내 커튼을 가리킨다. "유리창의 커튼 두 겹이 교체 창문과 거의 맞먹습니다"라고 그는 말한다. 나는 어안이 벙벙하면서도 기뻐서 뛸 것 같았다! 나는 지금 새 창문에 들 3천 달러를 아꼈다! 유리는 언젠가 떨어질 것이고 그러면 나는 무언가를 하겠지만, 지금으로서는 위기에서 벗어났다.

웨스는 곰팡이를 찾는다. 곰팡이는 침실의 찬 구석에서 벽 위로 자라고 있다. "따뜻하고 축축한 공기는 아래층에서 올라와 창문으로 향합니다." 그가 말한다. "그리고 이 공기가 차가운 지점에서 응축하죠." 그러고 나면 곰팡이가 벽의 이슬에서 자란다. 웨스의 요지는 집이 굴뚝처럼 기능한다는 것이다. 집 전체에서 열이 올라가 나갈 길을 찾는다. 열은 백만 개의 작은 틈을 통해 차가운 공기를 끌어들인다. 우리가 위층의 틈새를 무시하거나 창문을 열어두어 열이 올라가는 것을 가속화한다면, 찬 공기의 유입 속도를 늘리는 셈이다. 그는 천장에서 회반죽 전체에 지그재그로 있는 그런 틈을 발견한다. "이런 틈을 모두 합치면 천장에 상당히 큰 구멍을 만들 수 있습니다." 그는 펜으로 이 틈들을 짚으며 말한다. "벽 전체를 따라 있는 파이프와 전선 홈도 마찬가지입니다. 이것들을 막아야 합니다. 벽에 단열을 해야 합니다. 집의 외피를 막아야 합니다."

웨스는 지하실에서 또 5천 달러를 절약하게 해준다. "난로를 교체하려고요." 나는 앞으로 달려가 그의 시야를 가리며 말한다. 이 난로는 원래 석유난로지만 가스를 태우도록 전환되었다. 가스회사는 원래 석유난로였던 이 난로가 에너지 효율이 50퍼센트 정도밖에 안 된다고 털어놓았다. 내 가스의 나머지는 낭비되고 있다. 위층에 있는 가스를 태우는 조툴 Jøtul사의 벽난로가 훨씬 더 에너지 효율이 높기 때문에 이번 겨울에는 이 난로를 한 번도 틀지 않았다. 그러나 웨스는 이번에도 불쾌해하지 않는다.

"이 난로는 그렇게 오래된 것이 아닙니다. 변환 버너는 이 난로를 아주 비효율적으로 만듭니다. 다시 석유 버너를 놓으시죠." 그는 바닥의 베케트 Beckett사의 버너를 발끝으로 건드리며 말한다. "이 버너를 틀 수 있게 고치죠. 가장 효과적인 난로는 아니겠지만, 단열벽까지 하면 난로를 덜 쓰게 될 겁니다." 나는 또 다시 즐겁다!

나의 기쁨은 오래가지 않는다. 이제 웨스의 바람을 틀 시간이다. 그는 우리 집 정면 현관 입구의 문을 빨간색 나일론 패널로 교체했다. 바닥에는 큰 송풍기를 놓았다. 이 송풍기가 얼마나 많은 공기를 밀어내고 있는지를 컴퓨터가 측정한다. 웨스는 집 밖으로 바람을 밀어서, 외벽을 치는 시속 56킬로미터의 강풍을 흉내 낼 것이다. 그리고 그는 내가 얼마나 많은 열을 자연으로 보냈는지 계산할 것이다. 그는 송풍기를 가동시킨다. 송풍기는 제트 엔진 같은 큰 소리를 낸다. 그는 더 세게 가동한다. 또 더 세게. 공기가 너무 빨리 새어 들어와서 우리 집의 기압이 기준까지 잘 내려가지 않는다. 이건 나쁜 소식이다. 소식이 더 나빠진다. 우리는 이제 주위를 걸어 다니며 틈을 찾는다. 아니, 틈이 우리를 찾는다. 백여 개의 폭풍이 내 집 전체에서 윙윙거린다. 모든 창문이 열려 있는 것처럼 느껴진다.

위층에서는, 내가 유리섬유로 아주 신중하게 보강을 한 배선 공간 문의 가장자리가 찬 공기가 새어 들어오는 틈이다. 라디에이터 파이프가 바닥으로 들어오는 곳에서 바람도 들어온다. 내가 배선을 다시 갈고 유리섬유 아래에 조심스럽게 밀어 넣은 콘센트들. 이 콘센트들이 차가운 칼날을 토해낸다. 유일하게 좋은 소식은 창유리에 실리콘을 바르고, 덜거덕거리는 창틀을 랩으로 막은 내 창문에 빈틈이 없다는 것이다. 방에서 배선 공간의 먼지 같은 냄새가 나기 시작한다. 송풍기가 큰 소리를 내며 돌아간다. 계단 꼭대기의 전기스위치 판은 열린 냉장고 문처럼 느껴진다. 아래층 식당에 있는 붙박이장 안의 서랍들에서 강한 바람이 불어 나온다. 이제 집 전체에 배선 공간의 냄새가 난다. 웨스는 씩 웃으며 지하실 문을 조금 연다. 내 머리카락이 뒤로 날린다.

"지하실에 뭔가가 구멍을 뚫은 것 같죠?" 그가 묻는다. 실내 온도계는 14도에서 떨어지고 있지만 나는 땀을 흘린다. 이것은 고문이다. 내 집은 체처럼 샌다. 내 집은 커다란 나무 체이다. 나는 귀중한 화석 연료를 태워서 넓은 야외를 데우고 있다. 내 땀이 바람

속에 끈적끈적해진다. 웨스는 효율성 산업에 대해 말하고 있지만 나는 집중할 수가 없다. 그가 말하는 동안에도 집에서 열이 빠져나가고 있고 나는 견딜 수가 없다. 그는 송풍기의 컴퓨터를 읽는다. 내 집은 매시간 공기를 완전히 교환하고 있다. 예정 시간은 세 시간이다. 끔찍하다. 그러나 다행히 그는 팬을 끈다.

"새로 지었을 당시에는 이 집의 틈새가 작았다고 생각하세요?" 나는 묻는다. "회반죽에 금이 가고 지붕널이 수축되기 전에 말이에요."

"아뇨, 연료의 가격이 더 쌌는걸요." 웨스는 고문 도구를 싸면서 말한다. "석탄이 1톤에 5달러였죠." 그리고 당시에는 분명히 기후 변화는 난방 철학의 일부가 아니었다. 겨울바람이 몰아치면 사람들은 그저 화로에 석탄을 더 넣었을 것이다.

나는 도시의 아파트 건물과 비교한 근교 주택의 효율성이 궁금해서 에너지부 통계를 찾아보았다. 나는 놀랐다. 나는 벌통 같은 아파트가 공동 벽과 천장으로 이득을 볼 것이라고 예상했다. 그러나 거주 단위 면적당 에너지 면에서 그 수익은 아주 작다. 큰 아파트 건물과 내 집 같은 근교의 전원주택(내 집보다는 단열이 더 잘되었다고 생각한다)은 전국적인 평균으로 가장 효율적인 두 주거 형태이다. 에너지가 더 많이 드는 것은 이동 주택, 다섯 가구 이하로 구성된 아파트 건물이다. 이 중에서도 다섯 가구 이하로 구성된 아파트 건물의 에너지 효율이 가장 낮다. 그러나 통계는 복잡하다. 큰 전원주택은 아파트 건물만큼 효율적이지만, 규모가 크기 때문에 전체적으로는 여전히 두 배 이상의 에너지를 쓴다. 우리가 그렇다.

내가 그렇다. 아니, 나는 언제나 뜨거운 공기를 모두 잃기 때문에 두 배 이상을 더 쓸 것이다. 견딜 수가 없다!

그리고 나의 손실은 다른 누군가의 이득이다. 내 집 밖의 새들은 적외선 복사파에 몸을 녹이고 있지 않을까? 나는 누구에게 물어봐야 할지 알고 있다.

에너지 생산보다 절약이 우선

아모리 로빈스Amory Lovins가 내 집에 온다고 친구들에게 말하자 친구들 대부분은 눈을 껌벅이며 묻는다. "그게 누군데?" 아무튼 나는 모두에게 말한다. 이따금 놀라서 눈을 크게 뜨는 사람도 있다. 아모리 로빈스는 버려진 열량과 낭비된 전력을 한탄하는 모든 이들의 스승이다. 그는 내가 한 집 수준으로 생각하는 낭비를 지구적이고 장기적인 방법으로 생각한다. 1980년대 초 내가 환경 잡지의 젊은 편집자였을 때, 콜로라도의 에너지 싱크탱크인 그의 로키 산맥 연구소Rocky Mountain Institute에서 자료를 모으곤 했다. 이삼 년 뒤에 『아웃사이드Outside』지의 한 특집란은 그와 그의 파트너이자 전 부인인 헌터 사이의 대화를 실었다. 헌터는 지방의 소방서에 들어가고 나서, 작은 인증번호판을 트럭에 달았다. 아모리는 이런 '공기 저항'을 늘리면 트럭의 연비가 얼마나 떨어지는지를 계산했다. 알겠지만 리터당 몇 센티미터도 되지 않는다. 독자들은 이 내용을 읽고 "누가 이런 남자와 살 수 있었을까?"라고 생각했을 것이다. 나는 이 기사를 읽고 한숨을 쉬었다. "아마 어느 날 누군가 내 공기 저항을 계산할지도 몰라." 요즘 아모리 로빈스는 미국을 포함한 전 세계 국가들의 에너지 자문을 맡고 있다. 로빈스는 중요 인사이다. 그리고 그가 우리 집으로 오고 있다. 마음이 들뜬다. 그리고 죄책감이 든다. 아모리 로빈스가 우리 집에 온다고 하니, 나는 품행이 나쁜 가톨릭교도가 고해성사를 하러 가는 길에 느끼는 감정이 이런 것일까 생각하게 된다. 그러나 사실 나는 우리 집에 대한 그의 비판보다 아모리의 전체적인 상황 파악이 더 끌린다. 나는 자연을 집으로 바꾸는 일이 가져오는 누적적인 효과에 관심이 있다.

아모리는 겨울에 오지 않았다. 그는 시간이 비는 8월의 찌는 듯이 더운 오후에 왔다.

나는 그를 집으로 들이면서, 그의 전문 지식과 사적인 행동 사이의 현저한 차이를 느낀다. 한 100도 정도의 차이. 그는 열을 흡수하는 남색의 긴 바지와 긴팔 셔츠를 입고 있다. 아마 그는 계산을 해서, 여분의 땀을 증발시켜 냉각하는 것이 반바지를 입는 것보다 더 효과적이라고 결정했을 것이다. 아니면 검은색 의상을 입는 베두인 사람에 대한 글을 읽었을 것이다. 베두인 사람들의 검은색 옷은 옷 아래로 세게 들어오는 공기의 굴뚝 효과를 최대한으로 높여서 피부의 온도를 내린다는 이론이 있다.

아모리 로빈스는 단정하게 콧수염을 기른 다부진 체격의 남자로, 나를 흘끗 보고 나서 내 창문을 응시한다. "블라인드를 어떻게 쓰는지 아시는군요!" 그는 큰 소리로 말한다. "잊혀진 기술이죠!" 나는 밝게 미소 지으며 얼굴을 붉힌다. 나는 블라인드를 기울여서 직사광선은 막으면서 밖을 볼 수 있게 할 수 있다. 아모리는 블라인드 판 너머로 뜰을 보고, 앉아서 티타늄 애플 컴퓨터를 연다. 그는 철테 안경 너머 갈색 눈으로 나를 본다. 그는 준비가 다 되었다.

아모리는 지하실을 판 날부터 우리 집이 기후를 변화시키기 시작했다고 말한다. 탄소가 풍부한 균류, 박테리아와 다른 작은 생물의 수많은 시체가 뽑혀 나오고 공기에 노출되었다. "이 썩은 미생물 일부는, 음…… 말하자면 잘게 갈린 석탄으로 바뀌고 있는 중 아니었을까요?" 그가 말한다. "그러나 이 미생물들은 산화되고 말았습니다." 노출된 탄소는 산소로 둘러싸여, 탁월한 기후 변화 인자인 이산화탄소로 바뀌었다. 그것이 기후를 변화시키는 첫 번째 작용이었다. 그러나 집은 탄소 비용과 수익이 혼합되어 있다. 집은 일부 탄소를 대기 중으로 배출하고, 일부 탄소를 고정하여 순환을 막는다.

아모리는 방을 둘러본다. "집을 지을 때, 나무에 탄소를 고정했군요. 하지만 경화 시멘트와 가공 유리와 금속에서 탄소를 배출했네요." 그는 천장을 흘끗 본다. "타일이 셀룰로오스로 된 것이면 탄소 일부가 저장되었을 겁니다." 그는 다음 주제로 넘어간다.

"자, 열이 문제인데요. 열은 빠져나갑니다." 그는 웃는다. "열이 빠져나가지 않는다면, 연료비를 쓸 필요가 없겠죠. 일반적인 집에는 구멍들이 0.8제곱미터씩 있습니다. 그러나 열은 또한 선생님 집의 모든 물건들에서 각기 다른 비율로 복사되기도 합니다. 그리고 이 열이 나무와 덤불, 그리고 이웃의 집도 데우죠."

그는 내게 내 집의 자세한 사항을 간략히 말한다. 여름에 태양의 각이 클 때는 넓은 처마가 이 집에 그늘을 드리운다. 겨울에는 태양이 처마 아래로 피해서 창으로 들어올 만큼 낮게 떨어진다. 남서쪽에는 큰 창문이 있다. 햇볕이 잘 드는 겨울날에 이 창문들은 아래층을 따뜻하게 덥히기에 거의 넉넉할 정도의 복사선을 모은다. 그러나 흐린 날과 밤에는 찬 공기가 몰아쳐 들어와 바닥을 휩쓸어 간다. 웨스 라일리가 지적했듯이, 이 유리창은 커튼이나 블라인드를 치지 않으면 벽에 큰 구멍들이 있는 것보다 조금 나은 정도밖에 안 되는 R-1이다. 또 아모리는 내 현관이 좋다고 인정해줬지만(나는 또 환하게 웃으며 얼굴을 붉힌다), 현관이 내 집 주변의 여름 공기를 식히기 때문만은 아니다. 내가 현관에 앉아서 지역 사회의 의견을 열심히 이야기하기 때문에 그는 현관이 마음에 들었다(이것은 사실이다. 나는 이웃들이 지나갈 때 이웃들과 수다를 떤다). 그리고 아모리는 내 나무들의 가치도 인정했다.

이 나무들은 여름에 태양이 가장 강렬히 내리쬐는 방향인 남서쪽에 있다. 그리고 이 나무들은 낙엽수들이어서 내가 겨울에 따뜻한 빛이 필요할 때는 빛을 받을 수 있게 한다. 그러나 그는 이 나무들이 다년생인 점도 마음에 들어한다.

"집을 나무와 풀을 무성하게 가꾼 것은 정말 잘하신 일입니다." 아모리가 말한다. "왜 친척들을 밖에 두려고 하십니까?" 나는 두세 가지 이유를 댈 수 있지만, 아마 거미와 사슴쥐는 친척으로 치면 술에 취한 삼촌일 것이다.

아모리의 전문 지식은 개별적인 집을 넘어섰다. 그가 희망하는 세상에서는 모든 집들이 그의 집처럼 단열재를 꽉꽉 채워 넣고, 유리 사이에 가스를 주입한 단열 창문을 달고, 남향이고, 지붕 위에는 태양 전지판을 설치할 것이다. 그는 우리들이 쓰는 에너지의 10분의 1만 쓴다. 모든 집이 그렇게 에너지 효율적이라면 우리가 수입할 석유가 얼마나 적을지 상상해보자……. 아모리는 그런 일들을 상상했고, 그가 하이퍼카라고 부른 초고효율적인 차를 상상하는 등 생각을 다양하게 확장했다. 그와 동료 한 명은 그들의 시도를 요약하여 설명하는 용어를 만들어냈다. 네가와츠Negawatts는, 우리가 단열재를 많이 쓰고 더 작은 난로나 에어컨을 쓰거나, 모든 백열등을 형광등으로 교체하거나, 트럭에서 소방서 인증번호판을 떼어 우리가 아끼는 전력을 가리킨다. 아모리는 이것이 발전소를 더 건설하는 것보다 에너지를 추가로 얻는 더 저렴한 방법이라고 말한다. 우리 모두는 집에서 네가와츠를 생성해서 전력 수요를 넉넉히 충당할 수 있다.

그는 일어선다. "괜찮으시다면 블라인드를 조절하겠습니다"라고 그는 알린다. 태양이 기울었고, 뜨거운 빛이 블라인드 판을 뚫고 들어오고 있다. 그는 블라인드 판을 하나하나 차례로 돌려놓는다. "저기" 그는 탄소를 저장하는 내 셀룰로오스 타일을 올려다본다. "이제 신이 의도한 대로 빛이 천장으로 올라갑니다."

나는 얼마나 환경을 파괴할까

아모리가 방문한 몇 달 뒤에, 뒤뜰이 쌓인 눈으로 밝아지고 자연의 강풍이 내 열을 인근에 날려 보낼 때 나는 쭈그리고 앉아 이른바 내 '저항'을 계산한다. 나는 얼마나 많은 에너지를 내가 소비하는지, 얼마나 많은 오염 가스와 먼지가 내 집에서 흘러나가는지 알고 싶다. 이렇게 하는 데 사흘이 꼬박 걸리고, 종이가 2.5센티미터 두께로 쌓였다. 각 연방기구들은 모두 자신들에게 필요한 데이터만 모아서, 나는 수 시간 동안 사과를 오렌지로 바꾸듯 계산기로 각기 다른 데이터를 변환해야 했다. 가능한 정확하게 하려면 이 나라의 내(추운) 부분에서 온 데이터, 각 지역에서 섞어 쓰는 발전기들(석탄, 원자력, 수력, 석유)에 맞는 오염 공식들이 필요하다. 그래서 사흘 뒤에 나는 중간 정도의 확신으로 지난해에 내가 입힌 피해의 규모를 계산해낼 수 있었다.

나는 천연가스 1,850세제곱미터를 태우고, 전력 3,420킬로와트를 썼다. 두 경우에서 모두 내 소비가 뉴잉글랜드 평균보다 3분의 1 적다는 점이 기쁘다(스위치를 꾸준히 끄고, 집의 일부만 난방했다). 하지만 내가 계산한 부산물의 질량은 장난이 아니다. 가스난로와 요리용 레인지가 내보낸 쓰레기와 지역의 발전소에서 나온 폐기물은 다음과 같다

* 이산화탄소 4,656킬로그램. 이 양이 많은 것 같다면, 소각 연료에서 나오는 것은 탄소뿐이기 때문이다. 공기 중에서 무거운 산소 원자 둘이 탄소에 붙어서, 그 무게가 거의 네 배가 된다.
* 산화질소 47킬로그램. 산화질소는 스모그, 산성비, 물속에서 자라는 조류의 원인이 된다.
* 이산화황 18킬로그램. 이산화황은 산성비를 유발하는 물질이다. 또한 이산화황은 구름의 작용을 바꾸어, 간접적으로 지구의 온도를 바꾼다.
* 큰 입자(머리카락 두께의 10분의 1 이하) 85그램. 이 입자

구름들은 앞을 가로막고 콧구멍 안에 모인다.

* 미세입자(머리카락의 25분의 1이하) 284그램. 이 미세입
자들은 동물의 폐 깊숙이 들어가 미국에서 연간 6000명
의 목숨을 앗아가기 때문에 큰 입자보다 더 위험하다. 미
세입자 284그램은 다른 것 1톤과 맞먹을 만큼 해롭다.

* 휘발성 유기화합물 3킬로그램. 일부 휘발성 유기화합물
은 발암 물질이고, 다른 휘발성 유기화합물은 스모그를
유발한다.

* 메탄 88킬로그램. 메탄은 이산화탄소보다 21배 더 강력
한 온실 효과 유발 가스이다.

총 합계. 1년 동안 내 집에 난방을 하고 전기를 공급하며 생
성된 오염물질은 5톤 이상이다.

내가 사는 거리의 모든 집들은 한 해의 이 시기에 열기로 달
아오른다. 도심의 모든 사무실 건물도 섬(therm, 1000킬로칼로리)
단위의 열을 세상으로 내보내고 있다. 이 건물들은 돌과 거리, 나무
와 토양을 데우고 있다. 이 건물들은 열섬을 만들고 있다. 이 건물
들이 지구를 바꾸고 있다.

열섬은 여름에 가장 문제가 된다. 그때 애틀랜타는 아주 뜨
거워져서, 상승하는 공기가 애틀랜타표 폭풍우를 생성한다. 휴스턴
의 뜨거운 열기는 휴스턴에 다른 어느 곳보다도 더 자주 천둥을 불
러오는 범인으로 지목받고 있다. 또한 휴스턴 위로 올라가는 열기

는 만에서 습한 공기를 빨아들여, 도시에 44퍼센트의 비를 더 쏟아 붓는 구름을 생성한다. 설상가상으로 여름의 지나친 열은 스모그 생성을 가속화한다. 그리고 이 열 때문에 사람들은 에어컨을 틀어서 화석 연료를 더 태우고, 열과 스모그를 더 생성하게 된다…….

그러나 열섬은 겨울에도 계속된다. 알래스카 주 배로Barrow의 열섬은 겨울에만 나타난다. 연구원들은 겨울에 이 도시의 기온을 주변의 툰드라보다 높게 올리는 것이 난로에서 새어나가는 열이라고 추측한다. 나는 여름에 뜨거워진 석조 건물과 아스팔트가 남부의 도시를 덥히는 가장 주된 요인이라고는 믿지 않지만, 북쪽 도시에서 겨울의 연료 사용은 큰 차이를 가져온다. 그러나 추측 단계일 뿐 아직 본격적인 연구는 이루어지지 않았다. 사람들을 과열시키고 공기를 오염시키고 거친 날씨를 유발하는 여름의 문제에 연구가 집중된다.

식물이 풍부한 내 인근 지역도 열기로 부글부글 끓는다는 것은 추측이 아니다. 대도시가 10도를 올릴 수 있는 데 비해, 도시 근교는 주변에 이삼 도를 더할 뿐일 것이다. 그러나 이것도 늘어나는 것은 늘어나는 것이다. 내 집은 지구 전체의 온도를 높인다.

내가 지구 온난화와 공해에 일조한다는 사실은 이미 상당히 울적한 것이어서, 나는 내 자동차도 기록하는 편이 좋다고 생각한다. 다행히도 내 차는 나온 지 얼마 안 된 소형 도요타 승용차이며, 나의 통근 거리는 0킬로미터이다. 그러나 정기적인 연구 여행, 식료품 구입, 방문으로 올해 1만 3천 킬로미터는 달렸다. 그래서 내 목록에 더한다.

　　　* 이산화탄소 2,300킬로그램.
　　　* 산화질소 9킬로그램.
　　　* 휘발성 화학물 5킬로그램.

끔찍하다! 내가 배출한 오염물질의 총합이 이제 8톤 언저리가 된다. 그나마 내가 두 배의 오염물질을 냈을 포드 익스플로러를 몰지 않는 것이 다행이다.

아모리가 방문했을 때, 나는 그에게 휘발유의 양을 등식화하는 연구, 예를 들어 공룡 고기 몇 킬로그램이 부패해야 휘발유 1갤런(3.8리터)이 나오는지 아냐고 물었다. 그는 몰랐다. 그러나 그 직후에 한 젊은 과학자가 바로 그런 논문을 발표했다. 생태학자 제프 듀크스Jeff Dukes는 대학 소유의 차를 타고 솔트레이크시티를 다니고 있을 때 차의 엔진이 얼마만큼의 고대 식물을 태우는지가 궁금해졌다. 답은 휘발유 1갤런당 식물 98톤이다.

식물 98톤이 얼마만큼이나 많은 건지 상상이 안 된다. 듀크스는 밀 16만 제곱미터라고 말하지만, 나는 16만 제곱미터도 상상할 수 없다. 나는 98톤에 해당하는 다른 것을 찾아본다. 코끼리 열여섯 마리. 또는 당근 약 150만 개. 아, 지금은 크리스마스 시즌이니 트리 개수로 환산하면 2미터짜리 크리스마스트리 6,500그루가 1갤런의 휘발유를 생성한다. 아직도 감이 잘 안 온다. 이것은 어떤가. 내 차로 나는 1.6킬로미터당 고대의 크리스마스트리 200그루에 해당하는 휘발유를 태운다. 내 차를 주차 공간에서 후진시켜 나가려면 나무 한 그루가 필요하다. 큰 차는 주차 공간에서 후진하려면 나무 두 그루를 태워야 한다. 우리가 화석 연료가 된 죽은 식물을 소비하는 속도는 아찔하다.

방정식의 다른 쪽은 더 알기 힘들다. 내 뒤뜰에서 식물이 해치우고 저장하는 탄소는 얼마나 될까? 나무 한 그루당 넉넉히 어림잡을 때 연간 이산화탄소 11킬로그램이다. 그리고 이것은 소나무와 떡갈나무처럼 젊고 건강한 나무들에만 적용될 뿐 내 늙은 사과나무는 이에 해당하지 않는다. 그래서 내 젊은 나무 세 그루의 '숲'은 내 집과 차에서 배출한 탄소를 실망스럽게도 33킬로그램만 해치운다. 이 정도는 아마 내가 고려하지도 않고 무시한 잔디깎기 기계를 벌충할 정도도 되지 않을 것이다. 또 나는 항공 여행과 내 식료품의 재배와 운반과 냉장, 기계의 제작과 운반, 영화관과 내가 좋아하는 중국 음식점의 난방 같은 상품 및 서비스 네트워크에서 공동으로 사용하는 양을 빠뜨렸다. 미국에 사는 한 사람은 적게 잡아도 매년 평균 20톤의 이산화탄소를 배출한다. 따라서 내가 뒤뜰의 나무들에 의지하여 배출한 이산화탄소를 처리해야 한다면, 나는 나무 1,600그루를 추가로 심어야 한다. 그리고 이것은 메탄 청구서, 미세입자 청구서, 휘발성 유기물 청구서, 석유 유출과 핵폐기물 저장의 몫, 다른 수많은 에너지 관련 부채를 포함하지 않는다. 긍정적인 측면은 내 토양, 잔디, 덤불이 눈 45센티미터 아래에서 얼지 않을 때에는 활발한 탄소 흡수자라는 사실이다.

내가 대기에 진 빚은 전국적인 상황을 대표한다. 미국에는 우리의 탄소 배출량의 10퍼센트에서 30퍼센트를 흡수할 만큼의 식물이 있다고 추정된다. 이 더러움의 기록 때문에 최소한 나는 다시금 집의 모든 틈을 랩으로 씌우고 일 주일에 두 차례만 자동차를 타고 가서 일을 보도록 정리하는 새로운 시도를 한다(아모리 로빈스가 차에 대해 했을 법한 말로 나를 괴롭히지 말라! 자동차는 내가 아닌 자동차 자체를 움직이는 데 엄청난 연료를 쓴다는 것을 나도 안다). 왜, 왜, 나는 이 집을 사서 최고의 영화관과 최고의 식품점이 15분만 걸어가면 있는 도심에서 이사했을까?

내 위치는 어디일까

나는 여기에 있다. 그리고 나는 다른 수백만 명과 같은 이유로 여기에 있다. 나는 자유로운 집을 원한다. 작은 녹색의 땅. 이웃들과 약간 떨어진 곳. 그리고 나처럼 푸른 나무와 고요에 감탄하는 좋은 이웃들.

나는 훨씬 더 많은 것을 얻었다. 나는 내가 계약한 것보다 더 많은 짐을 졌다. 나는 지구 표면의 이 직사각형 땅에서 내가 하게 될 일이 얼마나 심각한 것인지 예상하지 못했다. 내 잔디깎기 기계의 칼날이 지날 때마다 동물들의 삶이 바뀌는 것을 알게 되자, 왜 잔디를 깎아야 하는지 의문이 든다. 내 개나리 덤불이 토종 덤불이 자랄 수 있는 공간을 차지한다는 사실을 알고 나는 생각을 하게 된다. 토종 덤불은 힘들게 살아가는 명금의 먹이인 토종 곤충이 먹는 꽃을 피울 텐데. 이 8백 제곱미터에서 내 위치는 어디일까? 내 권리와 책임은 무엇일까? 이것들은 내가 예상하지 않았던 윤리적인 문제이다.

다른 한편 나는 내가 꿈꾸었던 것보다 많은 좋은 이웃을 두었다. 한겨울인 지금도 그 이웃들은 밖에 있다. 다람쥐는 성마르고 꼬리를 자르기도 하지만, 나는 다람쥐가 햇볕이 들거나 눈이 올 때 일을 하러 가는 것을 보는 것이 좋다. 내 곤충 친구들은 땅 속에서 멈추어 거의 살아 있지도 않은 것 같지만 여전히 봄에는 살아날 것이다. 내 마못은 땅 속 더 깊은 곳의 열을 아끼는 공간에서 몸을 오그리고 있다. 녀석의 넓은 머리가 내 잡초들 사이를 다시 헤치는 것을 보면 정말 기쁠 것이다.

나는 계획하지 않았던 시끄럽고 까다로운 이웃도 얻었다. 내 까마귀들은 일찍 일어나서는 시끄럽게 소리 내기를 좋아한다. 그러나 까마귀의 검은 얼굴이 나타나 내 창을 엿보지 않은 날은 마음이 텅 빈 느낌이다.

이웃과 친구, 그 구분은 흐릿하다. 이삼백 년 전에 내 뜰을 소유했던 인디언들에게는 '이상한 종족의 친척'이란 뜻의 느투템 ntu'tem이라는 말이 있었다. 느투템은 서른 명의 사람이 흐르는 물 속으로 달려가, 이 세계의 동물들로 변했다는 전설에서 유래했다. 아르무치콰스족에게는 주변에 사는 이 동물들이 가족이었다. 아마 그것은 얼룩다람쥐 '뻔뻔이', 거미 바베트, 까마귀들, 나무와 버섯 등이 내게 의미하는 것과 같은 의미일 것이다. 느투템. 정말 이상한 가족. 그러나 나의 가족. 소중히 여겨야 할 나의 가족, 내가 할 수 있는 한 최선을 다하여 돌보아야 할 나의 가족이다.

감사의 말

과학 저술은 팀을 이뤄 노력한 결과이다. 열정과 호기심을 잘 갖춘 작가들은 흥미를 자아내는 분야의 요점에 서투른 경우가 많다. 나는 이 책을 만들기 위해 과학자들에 크게 의지했다. 이 과학자들이 준 시간은, 나에게 그리고 나처럼 우리 지구가 어떻게 작용하는지에 매혹을 느끼는 모든 독자에게 훌륭한 선물이다. 나의 감사와 감탄은 까마귀의 날개를 타고 이들에게 날아가리라!

생물학 지식뿐만 아니라 여러 가지 풍부한 제안, 소개, 관찰로 이 책을 만드는 데 도움을 준 메인 주 곤충학회의 현장 생물학자 척 루벨치크에게 특히 감사한다. 비할 데 없는 기상통보관 데이브 산토로에게도 감사한다. 부엌 식탁의 '날씨 살롱'이 그립다. 이질적인 풍경 속을 애써서 나아가고 원고를 신중하게 검토한 자연보호위원회의 메인 주 지부의 조시 로이테에게 감사한다. 나는 아직도 세계적인 에너지 권위자 아모리 로빈스가 내 보잘것없는(그리고 정말 비효율적인) 집을 서둘러 방문해준 것을 믿을 수 없다! 사람들이 야생생물과 이 지구를 어떻게 하면 더 잘 공유할 수 있을지에 대한 첨예한 문제를 제기하고 상당히 많은 용어를 검토한 화이트 버펄로의 앤서니 드니콜에게도 감사한다. 멀리까지 자동차를 타고 가서 나를 오래 전에 내 뜰에서 살던 사람들에게 소개시켜주고, 이삼십만 년 전의 사건에 대한 나의 주장을 날카롭게 비판해준 메인 대학교 인류학자 데이비드 생어에게 감사한다. 찌는 듯이 더운 날 나를 다리 여섯 개의 이웃들에게 소개해준 메인 주 곤충학회 회원들에게도 감사한다. 나의 뜰을 방문하고 토양을 조사해준 서던메인 대학교의 토양 연구원, 사만사 랭글리-턴바우에게도 감사한다. 나의 뜰을 방문하고 지도를 제공해준 같은 학회의 지질학자 마크 스완슨 Mark Swanson에게도 감사한다.

상당량의 원고를 검토해준 러트거스 대학의 수문학자 리 슬레이터Lee Slater 박사, 존스 홉킨스 대학의 토양생물 권위자 카탈린 슬라베치 박사, 도시 역사학자이자 조경 설계자인 다이애나 발모리에게 감사한다.

또 나는 전국의 진기한 잔디를 여행하면서 만난 모든 사람에게 정말 따뜻한 환영을 받았다. 카탈린 슬라베치, 국립공원 본부의 짐 셰럴드 박사, 애리조나 주립대학교의 크리스 마틴 박사, 투손의 잡초학자 브래드 랭카스터와 로드 랭커스터, 캘리포니아 주 알파인에서 야생의 뜰을 만드는 여신 모린 오스틴.

또한 내 뜰을 방문하고 내 질문에 대처하여 유머와 연구와 인용으로 답변한 다른 연구원 수백 명에게도 감사한다. 여러분들과 함께 일하게 된 것이 정말 기쁘고 영광스럽다!

이 책에 이분들의 여러 의견을 반영했지만, 이 책은 미국 블룸스버리의 편집자 파니오 지오노폴로스Panio Gianopoulos와 콜린 디커먼Colin Dickerman의 명확한 통찰력의 도움을 받기도 했다. 그리고 이 모든 지침에도 불구하고 남아 있는 문제를 능숙하게 조율을 한 테슬러 저작권 대리사의 미셸 테슬러Michelle Tessler에게도 깊이 감사한다.

나는 다시 한 번 도서관계의 마에스트로, 데이비드 바드먼David Vardeman과 서던메인 대학교 도서관의 동료들에게도 큰 빚을 졌다.

그리고 끝으로 나는 모든 것을 축하하라고 내게 일깨워준 칙스에게 건배한다. 그리고 분노를 좋은 비판에 대한 합당한 반응으로 받아들일 정도로 현명한 클로드에게도 감사한다! 다시 한 번 고맙습니다!

한나 홈스는 자기 집 뒤뜰을 1년 동안 관찰한 후 『*Suburban Safari*』란 제목으로 이 책을 썼다. 사파리란, 원래 스와힐리어로 '여행'이라는 뜻으로, 사냥감을 찾아 원정하는 일을 이르던 말이지만, 보통 야생 동물을 놓아기르는 자연공원에 자동차를 타고 다니며 차 안에서 구경하는 일을 일컫는다. 왜 홈스는 자기 집 뒤뜰을 관찰하면서 이런 어울리지 않은 이름을 붙였을까? 우리가 흔히 생각하는 푸른 잔디가 있고 나무 몇 그루가 있고 애완동물 몇 마리가 뛰노는 그런 마당이라면 사파리라는 단어가 맞지 않을 것이다. 홈스는 뒤뜰을 될 수 있는 한 자연 그대로 두어 잡초가 자라고 야생동물들도 드나들게끔 만들었다. 그리고 뒤뜰에 드나드는 동물들을 애정 어린 시선으로 관찰하고 몇몇 동물에게는 이름까지 지어주고 먹이도 놓아주되 가두어 기르지는 않았다. 때로는 집 안에서 밖을 바라보고, 또 테라스에 앉아서, 아니면 직접 잔디 위를 기어 다니면서 각종 곤충과 새와 다람쥐 등을 자세히 보고 만졌다. 그렇게 홈스는 자연공원에 자동차를 타고 다니며 차 안에서 구경하는 일 못지않게 흥미진진한 경험을 했다. 그뿐만 아니라 홈스는 자연에 대한 궁금증을 인터넷과 여러 사람들의 도움을 받아 풀었다. 그리고 다른 사람들의 뒤뜰도 방문하여 어떻게 잔디를 관리하는지 직접 확인해보기도 했다.

호기심 많은 저자 덕분에 우리는 다람쥐가 어떻게 도토리를 구분하여 저장해두는지 등 동물들의 습성을 살펴볼 수 있을 뿐만 아니라, 에너지 절약, 간략한 미국의 역사, 잔디의 유래 등에 대한 상식도 자연히 얻게 된다.

미국의 집 마당 하면 생각나는 드넓은 잔디가 실은 영국의 습하고 서늘한 날씨에 적합한 식물 종으로 구성되어서 미국인들이 잔디를 보기 좋게 유지하려면 많은 비용과 노력을 들여야 한다. 이렇게 잔디를 많이 심음으로써 미국의 토종 식물들이 오히려 밀려났고, 이 식물들이 사라지면서, 이 식물들을 먹는 초식동물들이 사라지고, 또 이 초식동물을 먹는 육식동물이 사라졌다.

우리 인간의 한순간의 실수로 생태계를 뒤흔드는 경우는 헤아릴 수 없이 많다. 우리도 한나 홈스처럼 주변의 자연에 관심을 기울이는 일부터 시작해야 생태계를 보호하는 데 신경을 쓰게 될 것이다. 우리 인간 역시 자연의 일부이므로, 자연을 파괴하고는 우리도 살아남을 수 없다.

풀 위의 생명들
— 도시 근교 자연의 사계

초판 1쇄 인쇄일 | 2008년 4월 23일
초판 1쇄 발행일 | 2008년 4월 28일

지은이 한나 홈스
옮긴이 안소연

발행처 지호출판사
발행인 장인용
출판등록 1995년 1월 4일
등록번호 제10-1087호
주소 고양시 일산동구 장항동 751 삼성라크빌 1319
전화 031-903-9350
팩시밀리 031-903-9969
이메일 chihopub@yahoo.co.kr

표지 디자인 오필민
본문 디자인 노승우
마케팅 윤규성

종이 대림지업
인쇄 대원인쇄
라미네이팅 영민사
제본 경문제책

ISBN 978-89-5909-036-5